国防科技图书出版基金

液体火箭发动机推力室设计

Design for Thrust Chamber of Liquid Propellant Rocket Engines

王治军　常新龙　田　干　张晓军　编著

国防工业出版社
·北京·

图书在版编目（CIP）数据

液体火箭发动机推力室设计／王治军，田干等编著
—北京：国防工业出版社，2014.9
ISBN SBN 978-7-118-09517-3

Ⅰ. ①液… Ⅱ. ①王… ②常… Ⅲ. ①液体火箭
—应用—作战—研究 Ⅳ. ①E83-39

中国版本图书馆 CIP 数据核字(2013)第 149126 号

※

国防工业出版社出版发行
（北京市海淀区紫竹院南路 23 号　邮政编码 100048）
北京嘉恒彩色印刷有限责任公司
新华书店经售
*
开本 710×1000　1/16　印张 21¼　字数 386 千字
2014 年 9 月第 1 版第 1 次印刷　印数 1—2000 册　定价 88.00 元

（本书如有印装错误，我社负责调换）

国防书店：(010)88540777　　发行邮购：(010)88540776
发行传真：(010)88540755　　发行业务：(010)88540717

致 读 者

本书由国防科技图书出版基金资助出版。

国防科技图书出版工作是国防科技事业的一个重要方面。优秀的国防科技图书既是国防科技成果的一部分,又是国防科技水平的重要标志。为了促进国防科技和武器装备建设事业的发展,加强社会主义物质文明和精神文明建设,培养优秀科技人才,确保国防科技优秀图书的出版,原国防科工委于1988年初决定每年拨出专款,设立国防科技图书出版基金,成立评审委员会,扶持、审定出版国防科技优秀图书。

国防科技图书出版基金资助的对象是:

1. 在国防科学技术领域中,学术水平高,内容有创见,在学科上居领先地位的基础科学理论图书;在工程技术理论方面有突破的应用科学专著。

2. 学术思想新颖,内容具体、实用,对国防科技和武器装备发展具有较大推动作用的专著;密切结合国防现代化和武器装备现代化需要的高新技术内容的专著。

3. 有重要发展前景和有重大开拓使用价值,密切结合国防现代化和武器装备现代化需要的新工艺、新材料内容的专著。

4. 填补目前我国科技领域空白并具有军事应用前景的薄弱学科和边缘学科的科技图书。

国防科技图书出版基金评审委员会在总装备部的领导下开展工作,负责掌握出版基金的使用方向,评审受理的图书选题,决定资助的图书选题和资助金额,以及决定中断或取消资助等。经评审给予资助的图书,由总装备部国防工业出版社列选出版。

国防科技事业已经取得了举世瞩目的成就。国防科技图书承担着记载和弘扬这些成就,积累和传播科技知识的使命。在改革开放的新形势下,原国防科工委率先设立出版基金,扶持出版科技图书,这是一项具有深远意义的创举。此举势必促使国防科技图书的出版随着国防科技事业的发展更加兴旺。

设立出版基金是一件新生事物，是对出版工作的一项改革。因而，评审工作需要不断地摸索、认真地总结和及时地改进，这样，才能使有限的基金发挥出巨大的效能。评审工作更需要国防科技和武器装备建设战线广大科技工作者、专家、教授，以及社会各界朋友的热情支持。

让我们携起手来，为祖国昌盛、科技腾飞、出版繁荣而共同奋斗！

国防科技图书出版基金
评审委员会

V

前　言

　　火箭发动机是唯一能够在大气层外工作的动力装置。运载火箭的核心部件——液体火箭发动机是当前技术发展最完善、应用最广泛的化学能火箭发动机。液体火箭发动机推力室是发动机中唯一主要产生推力的重要组件。尽管液体火箭发动机系统各种各样，但系统中所有其他组件都是围绕着能使推力室产生推力这一目的而设置的。推力室由专门从事液体火箭发动机这一行业的人来研制，其他任何机械行业都不涉及。许多研究航天技术的先驱者首先研究的就是火箭发动机，尤其是液体火箭发动机，而首要研究的就是推力室的工作原理、设计方法和生产、试验技术。推力室技术的进步，推动了整个液体火箭发动机技术的进步，从而促进了航天事业的发展。液体火箭发动机自 20 世纪 40 年代在德国导弹武器上正式应用以来，20 世纪 50 至 70 年代的 30 年间在苏联和美国经过发展突破，其技术水平取得了长足的进步，研制出了以 RD－120、RD－170 高压补燃液氧煤油发动机和 RD－0120 氢氧发动机以及 SSME 氢氧发动机为代表的高水平液体火箭发动机。50 多年来，我国为适应武器和运载火箭的需要，经过长期艰苦的努力，在液体火箭发动机研制方面做了大量工作，研制出了以"长征"系列运载火箭用大推力发动机为代表的多种型号的不同推力等级的液体火箭发动机。近些年，由于大推力高压补燃液氧煤油发动机的研制成功，又使中国液体火箭发动机技术迈上了一个新台阶。

　　我国航天事业方兴未艾，仍需大批后继人才，还会有不少相关专业的本科生、研究生陆续进入到这一领域工作。作为第一代航天人，将过去所做工作的点滴体会和小部分可解密的资料编写出来，为广大的青年学子提供一个能够尽快入门的平台，也算了却了一个心愿。

　　因已有"微小型液体火箭发动机"方面的专著出版，本书略去了有关这方面的内容。把介绍中、大推力液体火箭发动机推力室设计方面的内容作为重点。编著者力图从基本概念入手，由浅入深、循序渐近地对推力室设计的基础知识作一介绍。

　　全书共分 11 章。第 1 章绪论，介绍了推力室的基本工作原理。第 2 章对推力室使用的液体推进剂做了简要介绍，因为有关推进剂的一些性能参数将是推力室热力参数计算的原始数据。第 3 章热力参数计算，在分析热力过程的基础上介绍了推力室性能参数和几何尺寸的计算方法。第 4、5、8、10 章对推力室各

部分的结构设计原理和设计方法、设计方案做了具体介绍。第6、7章介绍了推力室内不同的工作过程,以及对结构设计的要求。第9、11章对结构设计方案从热防护和结构强度两方面进行的检验性校核计算做了较详细的介绍。

本书由王治军教授主笔,常新龙教授、田干讲师参与了编写。研究生们为本书的录入工作付出了辛勤劳动。航天科技集团公司六院葛李虎研究员、卢天寿研究员和吕奇伟主任对本书做了认真的评阅,提出了许多宝贵意见,在此表示衷心感谢。

特别感谢国防科技图书出版基金的资助和国防工业出版社程邦仁编辑的大力支持。

编著者在编写过程中也参考了不少专家和学者的著作、学术论文等,在此对他们表示最诚挚的谢意。有些论文和不少外文翻译文稿已无法找到出处,因此无法在参考文献中列出,这里也向诸位作者和译者深表歉意。

编著者水平有限,书中难免存在不妥之处和缺点错误,欢迎使用本书的师生和读者批评、指正。

2009 年 10 月

目　录

Contents

XX

第1章　绪　　论

1.1　液体火箭发动机系统的组成和
推力室在其中的地位

1.1.1　系统构成

　　现代的液体火箭发动机作为一个完整的动力装置,其系统构成有三种典型的形式(图1-1)。从图1-1中可以看出,一个液体火箭发动机系统通常由推力室、推进剂贮箱、推进剂输送系统、涡轮工质供应系统、增压系统及自动器和调节器六部分组成。

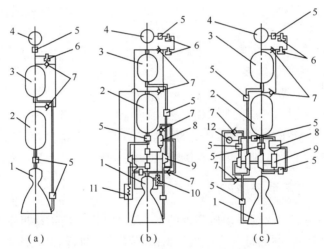

图1-1　不同类型的液体火箭发动机工作系统
(a)挤压式系统；(b)泵压式系统；(c)泵压式补燃系统。
1—推力室；2—氧化剂贮箱；3—燃料贮箱；4—气瓶；5—开关,活门；6—减压器；7—单向活门；
8—燃气发生器；9—涡轮泵联动装置；10—燃气降温器；11—氧化剂蒸发器；12—起动箱。

　　推进剂贮箱用于存放发动机工作期间消耗的大量推进剂。对于大型液体火箭发动机,贮箱的体积要占整个火箭或导弹体积的绝大部分,约60%~90%。

　　推进剂输送系统的功用是在发动机启动和正常工作过程中不间断地将贮箱中的推进剂输送到推力室中。因为推力室中为高温高压气体,所以进入推力室的推进剂本身的压力必须超过燃烧室中的压力。按提高推进剂压力的方法不

1

同,通常采用两种主要的输送形式,即挤压式和泵压式。挤压式输送系统是利用储存在专用气瓶中的高压气体,将贮箱中的推进剂挤出,顺管道进入推力室。由于挤压压力较高,当工作时间较长时,使得贮箱和气瓶的壁较厚,且体积较大,导致整个发动机装置的重量增加。目前这种系统多在推力较小、工作时间较短的小型双组元或单组元液体火箭发动机上采用;泵压式输送系统是推进剂组元在较低的压力下进入高速旋转的泵,压力升高后进入推力室。带动泵旋转的动力通常采用体积较小但能产生大功率的冲动式燃气涡轮。在结构上常把涡轮和泵做成一个整体,称为涡轮泵联动装置。

涡轮工质供应系统的功用是提供泵压式输送系统中涡轮工作所需要的工质(一般为压力较高、温度较高的燃气或其他气体)。发动机启动时,常用固体火药启动器为涡轮提供初始工质。发动机在持续稳定工作期间,则用和燃烧室结构相类似的燃气发生器作为提供涡轮工质的装置。产生涡轮工质的两个燃烧组元,可以和主推力室的推进剂组元一样,也可以是另外专门引进的其他组元。

增压系统的功用是给贮箱增压,增压系统一般有两种形式:采用额外气体的气瓶式和利用本身推进剂产生增压气体的"自身式"。在气瓶式增压系统中,气瓶中盛放的增压气体可以是压缩空气,也可以是其他惰性气体(如氮气、氦气、氩气等)。"自身式"增压系统中的增压气体可以是某一组元经过加温后的蒸气,小部分经过降温后的涡轮工质,或者由专门气体发生器产生的增压气体。

自动器和调节器的功用是保证发动机能按一定的程序启动、关机、稳定工作和转变工作状态,并且不会因某种因素影响而偏离正常工作状态。在上述三种系统中,也必须有一定的结构进行必要的控制和调节,分别是自动活门(开启活门、关机活门、单向活门等)、调节器(推力调节器、混合比调节器等)和减压器等装置。

1.1.2 推力室在系统中的地位

提供推力是应用火箭发动机的目的所在,推力室就是发动机系统中唯一主要产生推力的组件,尽管液体火箭发动机的系统各种各样,但系统中所有其他组件都是围绕着能使推力室产生推力这一目的而设置的。

推力室又是由专门从事液体液体火箭发动机这一行业的人来研究、设计,其他任何机械行业都不涉及,不像系统中所应用的其他组件(如燃气涡轮、离心泵、自动活门和调节阀等),在液体火箭发动机上未应用之前,其工作原理和设计技术,以及工艺上的实现方法,在不少其他工业领域都有所涉及。为了适应火箭发动机的高温高压、高腐蚀性和工作时间较短的特点,以及作为航天动力装置的尺寸小、重量轻的要求,这些组件在液体火箭发动机上应用时,无论是单独的结构设计形式,或者是其和总体的连接形式,与它们在一般民用工业领域应用时相比,都做了很大的变动,有自身独特而显著的特点。

许多研究航天技术的先驱者首先要研究的就是能够在真空条件下工作的动力装置——火箭发动机,尤其是液体火箭发动机,且总是先从研究推力室的工作原理、设计方法和生产、试验技术开始起步。推力室研制水平的逐步提高,又大大推动了航天事业的发展。从某种意义上可以认为,液体火箭发动机推力室的研制水平,代表了这个国家航天技术发展的水平。

现代火箭发动机的推力室一般都做成一个轴对称形的钟形几何体(见图 1-2),由带有平板式喷注器的头部、圆筒形燃烧室和先收敛后扩散的拉瓦尔几何喷管三部分组成。头部的喷注器部分安装有各种类型、不同规格的喷注元件,将推进剂喷入燃烧室,两种推进剂组元在燃烧室相遇后,完成所有物理过程和化学过程(燃烧)。燃烧产物在喷管中加速成超声速燃气流喷出。整个推力室处在高温高压燃气作用下,为了防止燃烧室和喷管内壁不被烧坏,大多数推力室都做成夹层式,使推进剂组员(或其中一种组元,多数情况下是燃料)在夹层中流过进行冷却,而后进入燃烧室。

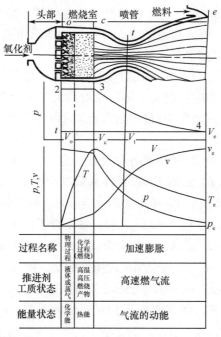

图 1-2 液体火箭发动机推力室中的能量转换过程示意图

1.2 推力室中的能量转换

1.2.1 能量转换过程的理想热力循环

液体火箭发动机中的能量转换过程也可以仿效其他热机,将其近似地以循

3

环的形式展示在 p—V 坐标上。由图 1–2 可以看出，一个推力室的理想热力循环由四个过程构成。

等容线 1—2 所表示的实际上还不是推力室中的工作，而是输送系统中的工作。推进剂的两个组元（氧化剂和燃料）在输送系统中用挤压式或泵压式的方法，将其压力由点"1"提升到点"2"，即升到和燃烧室内的压力相等。这一过程表明，液体虽受到压缩，但体积变化甚微，所以用平行于 p 轴的等容线表示。

等压线 2—3 表示燃烧室中的过程。液体推进剂进入燃烧室后，经历了物理变化（喷射、雾化、蒸发、混合）和化学变化（燃烧）成为了高温高压的燃烧产物（通称燃气）。只有通过燃烧，蕴藏在推进剂中的化学能才能释放出来，变成燃气的热能。因这些过程都是在近似等压的情况下（实际上气流是有速度的，静压沿燃烧室轴向有所下降）进行的，所以用一条平行于 V 轴的等压线表示。

绝热线 3—4 表示从燃烧室出来的燃气流在喷管中的加速过程，燃气由点"3"等熵膨胀到点"4"，压力和温度大大降低。而体积和速度则大大增加，将燃气的热能的大部分转换成了气流的动能。

等压线 4—1 表示燃气从喷管出口喷到周围大气中的过程。当喷管出口压力和周围介质中的压力相等时（$p_e = p_a$），喷射到大气中的高温气流逐步得到冷却，并将热量扩散到周围大气中，这个过程也差不多是在等压下进行的，所以用等压线表示。

从图 1–2 还可以看出，伴随着各种过程的进行，工质经受着一个体积上的变化。体积由 V_0 经过 V_c 变到 V_e，在液体火箭发动机中一般要改变 $(8\sim20)\times10^3$ 倍，因此表示液体体积的 V_0 和膨胀到一定压力下的气体体积比较起来，小得可以忽略不计（$V_0 \approx 0$），这样 1—2 线就和 p 轴重合了。压力 p 的单位为 Pa（N/m^2），V 为比体积，单位为 m^3/kg，这样循环 1—2—3—4 这块面积的单位为 N·m/kg，表示 1kg 的工质在完成这个循环时所做的功。

这个热力循环也可以在 $p - a_m$ 坐标上表示（见图 1–3）。这个循环图形描述了推力室中的压力和内部截面面积相互变化的关系。a_m 为比面积，单位是 $\dfrac{m^2 \cdot s}{kg}$。这时面积 1—2—3—4 的单位是 N·s/kg = m/s，为冲量单位，表示一单位流量的工质所产生的冲量大小，我们把这个量叫做比冲。

1.2.2　能量转换过程中的状态参数变化

1kg 工质在推力室中稳定流动时，虽经历着物理变化和化学变化，但不做外功，也没有重力位能变化。根据热力学第一定律，其化学反应过程中的能量方程可以写成

4

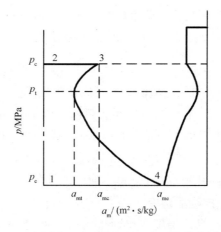

图 1 – 3   在压力—比面积坐标上表示的热力循环图

$$h_0 - h_{\Sigma i} = q + \frac{1}{2}(v_i^2 - v_0^2) \qquad (1-1)$$

或

$$u_0 - u_i = (p_i V_i - p_0 V_0) + \frac{1}{2}(v_i^2 - v_0^2) + q \qquad (1-1)'$$

式中　h、q、u、v——工质的焓值、热量、内能(单位是 J/kg)和速度;

下标 0、Σ、i——零截面、燃烧产物和任意截面。

对于常规的液体火箭发动机推力室,一般情况是,由于"0"截面液体推进剂的流速 v_0 和体积 V_0 与其他截面的 v_i 和 V_i 相比,小得可以忽略不计,而且在"0"截面推进剂尚处于液体状态,此处工质的焓值即为液体推进剂的焓值 h_p,因此,上两式又可以写成:

$$h_p - h_{\Sigma i} = q + \frac{v_i^2}{2} \qquad (1-2)$$

或

$$u_p - u_{\Sigma i} = p_i V_i + q + \frac{v_i^2}{2} \qquad (1-2)'$$

在化学反应过程中,工质的内能应该理解为包括两个部分:一部分是由分子的热运动的内动能和内位能所组成的物理内能,用 e_{ph} 表示,对于理想气体来说,它只取决于气体的温度和比容;另一部分是化学内能,用 e_{ch} 表示,它只取决于分子的结构变化和外界的温度,与压力因素无关。化学能的能量大小取决于反应物质和生成物质之间的能位差,这种能位差在宏观上表现为此种化学反应是吸热反应还是放热反应。化学能只有在分子结构改变时才释放出来。

式(1-2)和式(1-2)'两式表示,由于化学反应(燃烧过程)正在进行中,推进剂的一部分由于化学反应变成了燃烧产物,它所具有的焓值为 h_{Σ},且产生了反应热 q(并规定吸热为正、放热为负),燃烧产物在宏观上还具有动能 $v_i^2/2$。但化学反应还没有结束,仍有一部分化学能蕴藏在液体推进剂的内能 u_p 中。

在"0"截面:此时推进剂处于液体或混气状态,化学反应尚未开始,则有

$$h_p = u_p + (pV)_p = (e_{ch} + e_{ph})_p + (pV)_p$$

如果忽略不计物理内能(物理内能,可以认为是推进剂在使用时,由于受到某种加热,其温度高于标准温度而引起的热内能增加),且忽略流动功,内能中只有一种化学能,则可以认为推进剂的焓值和其即将释放的化学能相等,即

$$h_p = h_0 = e_{ch} \tag{1-3}$$

在"c"截面:燃烧(化学反应)过程全部结束,反应热也全部释放出来,这些热量都用来提高燃烧产物的温度 T_c 了。若化学反应是一个等压下的绝热燃烧过程,则燃烧产物达到燃烧温度 T_c 时的焓值应该等于推进剂开始温度 T_0 时的焓值,即

$$h_p = h_c \tag{1-4}$$

如果认为推进剂是处于标准状态($P = 101325\text{Pa}, T = 298\text{K}$),燃烧产物也冷却到标准状态(其焓值用 $h_{\Sigma c}^{298}$ 表示),即反应物的温度 T_0 和生成物的温度 $T_{\Sigma c}$ 相等,这时从燃烧产物中释放出来,可以与外界做交换的热量叫做标准生成热 q_{Σ}^{298}。常把 1kg 的推进剂在 298K 完全燃烧时的热效应,称为推进剂的热值(一些文献上用 Hu 表示)。当燃烧产物中的 H_2O 凝结而放出汽化潜热时,热值的数值就高,称为高热值。当燃烧产物中的 H_2O 为气态时,热值的数值就低,称为低热值。在液体火箭发动机中常用到的是低热值。这时式(1-2)可以写成

$$h_p^{298} - h_{\Sigma c}^{298} = q_{\Sigma c}^{298} + \frac{v_c^2}{2} \tag{1-5}$$

如果不计"c"截面的燃气速度,即 $v_c \approx 0$,则有

$$\Delta h = h_p^{298} - h_{\Sigma c}^{298} = q_{\Sigma c}^{298} = \text{Hu} \tag{1-6}$$

因此可以说,燃烧产物的热效应(或热值 Hu)就是推进剂燃烧前后焓的变化,或者说是推进剂的焓值与燃烧产物的焓值在同一温度下的差值。推进剂的焓值越高,燃烧产物的焓值越低,热值就越大。

在"e"截面,由于燃气在喷管中膨胀加速,燃气的大部分热能转变成了燃气的动能,即 $h_{\Sigma c}$ 减少,$\frac{v_{\Sigma}^2}{2}$ 增加,到了"e"截面达到了 $\frac{v_e^2}{2}$。这时式(1-2)可以写成

$$h_{\Sigma c} - h_e = \frac{v_e^2}{2} \tag{1-7}$$

在膨胀加速过程中,随着燃气温度和压力的下降,速度逐步增加。如果燃气严重膨胀,温度下降到了绝对零度,则有 $h_e = 0$,这时工质的全部能量(h_p)都转变成了燃气的动能。这种情况下,燃气在喷管出口处所达到的速度称为最大速

度,用 $v_{e \cdot max}$ 表示。不过在这样低的温度下,喷管出口处已不是气体了,所以实际上是得不到 $v_{e \cdot max}$ 的。

1.2.3 能量转换过程中的热损失与效率

前面我们把液体火箭发动机推力室看作一种热机,以热力循环的形式研究了它的理想能量转换过程,下面再从使用的角度,对这种热机在实际能量转换过程中的损失和作为热机的效率作进一步的讨论(图 1 - 4)。

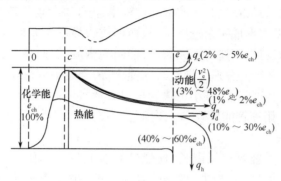

图 1 - 4　推力室中能量平衡示意图

在液体火箭发动机推力室中,从液体推进剂喷入到完全转变为动能,经历了物理过程(喷射、雾化、加热、蒸发和混合)、化学过程(着火和燃烧)以及燃烧产物的流动过程。每个分过程都十分复杂,而且在实际进行中相互重叠、相互影响、多相共存以及同时发生着能量、质量和动量的交换。由于推力室结构设计的限制和工作条件的影响,在转变过程中存在着损失是不可避免的。

推力室的转换效率就是在实际的转换过程中,1kg 的液体推进剂所能够释放出来的化学能,能够转换成喷管出口处燃气动能的程度,称为推力室的热效率,用 $\varphi_{ch \cdot h}$ 表示,则有

$$\varphi_{ch \cdot h} = \frac{v_e^2}{2e_{ch}} \qquad (1-8)$$

不利于能量完全转换的损失由以下几部分组成。

1. 燃烧损失

在燃烧室头部和燃烧室内,由于在喷注器面混合比分布不均匀、推进剂的组元雾化不良、均匀混合气体形成不佳等原因,燃烧不完全,一部分化学能转变不成动能,造成部分能量损失 q_e,用燃烧能量效率 φ_e 表示。

2. 离解损失

化学推进剂由于热值大,燃烧温度较高(约 3000K),使得部分燃烧产物离解。离解需要消耗一部分热量,不能有效地将全部热量都转变为燃烧产物的动

7

能。当燃烧产物进入喷管后,由于膨胀,温度下降,又可能引起离解产物的复合反应(再化合),复合反应中,可以释放出热量对燃气流加热,但因热力条件改变,释放出来的热量远没有原来离解时消耗的多。综合离解复合反应引起的能量损失 q_d 用离解效率 φ_d 表示。

3. 喷管损失

当燃烧产物进入喷管后,仍有一部分在燃烧室中未完全燃烧的蒸气在进行化学反应,但由于受到喷管内温度、压力的影响,化学反应速率十分有限,因而产生化学动力损失;燃气在喷管内的流动过程中,由于高速燃气流和推力室壁面的摩擦和传热,在壁面形成一个边界层,从而形成边界层损失和传热损失;由于喷管超声速段型面设计、制造的不完善,可能出现激波,以及喷管出口处的燃气流和轴线不平行存在径向分速而导致几何损失等,都使燃气的热能转变为燃气流轴向有用动能的程度降低,减小了喷管出口处燃气流的实际轴向排气速度。这部分能量损失 q_n 用喷管能量效率 φ_n 表示。

4. 排气损失

由于喷管不可能做得无限长,使燃气膨胀到温度和压力为零。根据热力学第二定律,必然伴有热损失,即从喷管向外排出的燃气热量无法利用。这部分不可避免的热量损失 q_h 用热力效率 φ_h 表示,φ_h 的表达式对于等熵过程可写成

$$\varphi_h = \frac{T_c^* - T_e}{T_c^*} = 1 - \frac{T_e}{T_c^*} = 1 - \left(\frac{p_e}{p_c^*}\right)^{\frac{k-1}{k}} \qquad (1-9)$$

式中 T_e、p_e——喷管出口截面上的温度和压力;

T_c^*、p_c^*——喷管入口截面的总温和总压;

k——等熵过程指数。

推力室的热效率为上述各效率的乘积,即

$$\varphi_{ch.h} = \varphi_c \varphi_d \varphi_n \varphi_h \qquad (1-10)$$

根据式(1-8),喷管出口处实际的排气速度可写成

$$v_e = \sqrt{2e_{ch} \cdot \varphi_{ch.h}} = \sqrt{2e_{ch} \cdot \varphi_c \varphi_d \varphi_n \varphi_h} \qquad (1-11)$$

式(1-11)中的离解效率和热力效率一般在推力室的热力参数计算中都考虑到了,仅仅考虑到这两种损失所计算出来的排气速度,通常称为理论排气速度,用 $v_{e.th}$ 表示,即

$$v_{e.th} = \sqrt{2e_{ch} \cdot \varphi_d \varphi_h} \qquad (1-12)$$

则理论排气速度和实际排气速度的关系可以写成

$$v_e = v_{e.th} \cdot \sqrt{\varphi_c \varphi_n} \qquad (1-13)$$

如果连离解损失和热力损失也不考虑,认为推进剂的全部化学能都转变成

了燃气流的动能,这时所得到的排气速度称为理想排气速度,或叫做最大排气速度。

$$v_{e.\,max} = \sqrt{2e_{ch}} = \sqrt{2h_p} \qquad\qquad (1-14)$$

1.3 理想推力室的主要简化和常用公式

1.3.1 主要简化

推力室的燃烧室和喷管往往具有不同的几何形状和结构形式,而且在其中所进行的热力过程的质量好坏也不一样。为了比较各种不同的液体火箭发动机推力室的优劣,不能以某一个具体的推力室作为标准,需要事先提出一个理想推力室作为比较的标准。

理想推力室应具备的条件如下:

(1)在燃烧室中,推进剂燃烧完全,处处满足化学平衡和能量平衡状态,燃烧产物的成分在燃烧室内腔中各点是均匀的。

(2)燃气遵循理想(完全)气体的定律,可用气体状态方程来描述。不计分子本身的体积和分子间的相互作用力,不计燃气中各气体微团之间的摩擦。因而,不存在分子之间的内位能,内能中只有内动能,其内能因此也与比容无关,只是温度的单值函数。

(3)在整个推力室内,燃气流动是绝热的。在燃烧室内气流和室壁之间没有摩擦和热交换。在喷管中气流加速是等熵的,等熵过程指数用 k 来表示。

(4)燃气的流动是定常的,它流过任何一个截面的流量,以及代表气流的热力参数和流动参数(如 p、v、ρ、T 等)均不随时间的变化而变化。

(5)燃气在推力室中的流动是一维的,即燃气只具有沿推力室轴向方向的速度,没有径向速度。

(6)在燃烧室中完成的物理、化学过程是在等压条件下进行的,燃烧室的截面积和喷管临界截面的面积相比足够大,气流在燃烧室中的速度很小,其动能忽略不计。

(7)在推力室工作期间,气流始终充满喷管内部空间,气流不会脱离内壁表面。

(8)在燃烧室内建立的化学平衡,在喷管内保持不变。

1.3.2 常用的热力和气动力方程

1. 常用方程

连续方程(质量守恒方程):

$$q_m = \rho \cdot v \cdot A = 常数 \tag{1-15}$$

能量方程：

$$\begin{cases} h_1 + \dfrac{v_1^2}{2} = h_2 + \dfrac{v_2^2}{2} = 常数 \\ c_p T_1 + \dfrac{v_1^2}{2} = c_p T_2 + \dfrac{v_2^2}{2} = 常数 \end{cases} \tag{1-16}$$

状态方程：

$$pV = RT \text{ 或 } p/\rho = RT$$

比定压热容 c_p，比定容热容 c_V 和比热比的关系为

$$k = \frac{c_p}{c_V}, c_p = c_V + R \tag{1-17}$$

式中 R——气体常数，J/kg·K 或 kJ/kg·K。

绝热过程方程：

$$p/\rho k = pV^k = 常数$$

将状态方程代入，对任意两点可得

$$\frac{T_1}{T_2} = \left(\frac{p_1}{p_2}\right)^{\frac{k-1}{k}} = \left(\frac{V_2}{V_1}\right)^{k-1} = \left(\frac{\rho_1}{\rho_2}\right)^{k-1} \tag{1-18}$$

式中 k——绝热过程指数（比热比）。

动量方程：

$$\Sigma(A_i p_i) = q_m(v_2 - v_1) \tag{1-19}$$

声速公式：

$$a = \sqrt{k \cdot p/\rho} = \sqrt{k \cdot R \cdot T} = \sqrt{k \cdot p \cdot V} \tag{1-20}$$

2. 燃气的滞止参数

在喷注器截面（即"0"截面），因气流速度相对较低，可以认为 $v_0 \approx 0$，因此这个截面的参数和滞止参数相等，即

$h_0 = h_0^*, p_0 = p_0^*, T_0 = T_0^*, \rho_0 = \rho_0^*$，则式（1-16）可以写成

$$\begin{cases} h_0^* = h_0 = h + v^2/2 \\ T_0^* = T_0 = T + v^2/2c_p \end{cases} \tag{1-21}$$

由式（1-21）可见，滞止焓（又称总焓）由两部分组成，即燃气的静焓和动焓（燃气速度滞止到零时，动能转变成的焓）。

考虑到马赫数 $M = \dfrac{v}{a}$，速度系数 $\lambda = \dfrac{v}{v_t}$，比定压热容 $c_p = \dfrac{k}{k-1}R$ 和

10

$$\lambda^2 = \frac{\left(\frac{k+1}{2}\right) \cdot M^2}{1 + \left(\frac{k-1}{2}\right) \cdot M^2} \ \text{或} \ M^2 = \frac{\left(\frac{2}{k+1}\right)\lambda^2}{1 - \frac{k-1}{k+1}\lambda^2}$$

利用式(1-20)和式(1-21),可得

$$\frac{t}{t_c^*} = \left(\frac{p}{p_c^*}\right)^{\frac{k-1}{k}} = \frac{1}{1 + \frac{k-1}{2}M^2} = 1 - \frac{k-1}{k+1}\lambda^2 \qquad (1-22)$$

$$\frac{p}{p_c^*} = \left(\frac{T}{T_c^*}\right)^{\frac{k}{k-1}} = \left(\frac{1}{1 + \frac{k-1}{2}M^2}\right)^{\frac{k}{k-1}} = \left(1 - \frac{k-1}{k+1}\lambda^2\right)^{\frac{k}{k-1}} \qquad (1-23)$$

$$\frac{\rho}{\rho_c^*} = \left(\frac{p}{p_c^*}\right)^{\frac{1}{k}} = \left(\frac{1}{1 + \frac{k-1}{2}M^2}\right)^{\frac{1}{k-1}} = \left(1 - \frac{k-1}{k+1}\lambda^2\right)^{\frac{1}{k-1}} \qquad (1-24)$$

在喷管的临界截面处(最窄小的喉部截面),一般认为燃气流的速度达到当地气流的声速,即 $M=1$、$\lambda=1$,则以上三个公式可以写成

$$\frac{T_t}{T_c^*} = \frac{2}{k+1} \qquad (1-25)$$

$$\frac{p_t}{p_c^*} = \left(\frac{2}{k+1}\right)^{\frac{k}{k-1}} \qquad (1-26)$$

$$\frac{\rho_t}{\rho_c^*} = \left(\frac{2}{k+1}\right)^{\frac{1}{k-1}} \qquad (1-27)$$

由以上三式可以看出,临界截面处的气流参数和其截面面积 A_t 无关,只取决于气流滞止参数和膨胀过程指数 k。

由式(1-21)、式(1-25)和 $c_p = \frac{k}{k-1}R$,可得到临界截面处的气流速度为

$$v_t = \sqrt{2 \cdot \frac{k}{k+1}R_c^* T_c^*} \qquad (1-28)$$

如果将几何喷管临界截面之后的部分截去,则出口处排气速度必定等于声速,要想继续加速到超声速,则必须使喷管出口与进口压力之比小于临界压力比,即

$$\frac{p_e}{p_c^*} < \frac{p_t}{p_c^*} = \left(\frac{2}{k+1}\right)^{\frac{k}{k-1}}$$

燃气成分不同,k 的值也不一样,$\frac{p_t}{p_c^*}$ 也各不相同。在一般液体火箭发动机中

$\dfrac{p_e}{p_c^*}$ 之比是足以产生超声速流动的。地面试验证明,只有当喷管入口压力(燃烧室出口压力)p_c^* 低于 2.18 个大气压时(0.22MPa),喷管的扩散段部分才有可能不会产生超声速流动。

3. 几个常用的关系式

1)速度公式

由式(1-21)~式(1-23)可得,推力室中从"0"截面到"e"截面之间任意截面的气流速度公式为

$$v = \sqrt{2(h_0 - h)} = \sqrt{\frac{2k}{k-1} R_0 T_0 \left(1 - \frac{T}{T_0}\right)}$$

$$= \sqrt{\frac{2k}{k-1} R_0 T_0 \left[1 - \left(\frac{p_e}{p_0^*}\right)^{\frac{k-1}{k}}\right]} \qquad (1-29)$$

燃气从喷管入口(燃烧室出口)"c"截面膨胀到喷管出口"e"截面而达到的速度为

$$v_e = \sqrt{\frac{2k}{k-1} R_c^* T_c^* \left[1 - \left(\frac{p_e}{p_c^*}\right)^{\frac{k-1}{k}}\right]} \qquad (1-30)$$

对于任何一个具体的推力室,当所选择的推进剂一定,燃烧室内压力 p_c^* 选定,可以认为"k"和($R_c . T_c^*$)都大致是常数,v_e 直接和压力比$\left(\dfrac{p_c^*}{p_e}\right)$有关,随$\left(\dfrac{p_c^*}{p_e}\right)$的增加而增加。即使 p_c^* 的值不太高,只要$\left(\dfrac{p_c^*}{p_e}\right)$不变,$v_e$ 的值也变化不大。当$\dfrac{p_c^*}{p_e} \to \infty$,即 $p_e \approx 0$ 时,便可以得到前面所提及的 $v_{e.max}$,即

$$v_{e.max} = \sqrt{\frac{2k}{k-1} R_c^* T_c^*} \qquad (1-30)'$$

2)流量公式

将式(1-17)、式(1-27)和式(1-28)代入式(1-15),对应"t"截面可得

$$q_m = \Gamma \cdot \frac{p_c^* \cdot A_t}{\sqrt{R_c^* T_c^*}} \qquad (1-31)$$

式中

$$\Gamma = \sqrt{k} \cdot \left(\frac{2}{k+1}\right)^{\frac{k+1}{2(k-1)}}$$

对于常用的推进剂组元和燃烧室压力 p_c^* 及喷管出口压力 p_e 选用范围,k

值多在 1.10 ~ 1.35，Γ 值变化不大(0.63 ~ 0.68)。

3) 面积比公式

面积比是指推力室喷管内任何一个截面的面积和临界截面面积 A_t 之比，用 ε 表示。利用式(1 – 15)可得

$$\varepsilon \equiv \frac{A}{A_t} \equiv \frac{\rho_t}{\rho} \times \frac{v_t}{v}$$

将式(1 – 24)、式(1 – 27) ~ 式(1 – 29)代入上式，可得

$$\varepsilon = \frac{\left(\dfrac{2}{k+1}\right)^{\frac{1}{k-1}} \cdot (p_c^*/p)^{\frac{1}{k}} \cdot \sqrt{\dfrac{k-1}{k+1}}}{\sqrt{1 - (p/p_c^*)^{\frac{k-1}{k}}}}$$

$$= \frac{\left(\dfrac{2}{k+1}\right)^{\frac{1}{k-1}} \cdot (p_c^*/p)^{\frac{1}{k}}}{\sqrt{\dfrac{k+1}{k-1}\left[1 - (p/p_c^*)^{\frac{k-1}{k}}\right]}}$$

$$= \frac{\left(\dfrac{2}{k+1}\right)^{\frac{1}{k-1}} \cdot \sqrt{\dfrac{k-1}{k+1}}}{\sqrt{(p/p_c^*)^{\frac{2}{k}} - (p/p_c^*)^{\frac{k+1}{k}}}} \tag{1 – 32}$$

由上式可以看出，面积比取决于气体性质指数 k 和压力比 p/p_c^*，当 k 值一定后，ε 仅取决于 p/p_c^*，或者说当几何喷管的尺寸为定值后，气流的膨胀程度也为一定值，速度 v 值也变化不大。

利用式(1 – 23)，ε 同样可以用 M 和 λ 来表示：

$$\varepsilon = \left[\frac{2}{k+1}\left(1 + \frac{k-1}{2}M^2\right)\right]^{\frac{k+1}{2(k-1)}} \cdot \frac{1}{M}$$

$$= \frac{1}{\lambda}\left[\frac{2}{k+1} \middle/ \left(1 - \frac{k-1}{k+1}\lambda^2\right)\right]^{\frac{1}{k-1}} \tag{1 – 33}$$

关系式 $\varepsilon = f\left(\dfrac{p_c^*}{p}, k\right)$ 和 $\varepsilon = f(M, k)$ 的图形见图 1 – 5，虚线部分表示 $\varepsilon = f(M, k)$。

由式(1 – 33)和图 1 – 5 可以看出，当 $M < 1$，也就是当气流速度为亚声速时，气流速度的增加要靠 ε 的逐渐减小；当 $M > 1$，气流速度为超声速时，气流速度的进一步增加要靠 ε 的逐渐加大，这就决定了几何喷管必然要做成一个先收敛后扩散的形状。

13

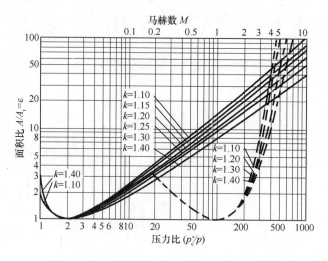

图 1 - 5 在拉瓦尔喷管的收敛段和扩散段内压力比和马赫数随面积比的变化

1.4 推力室的参数和效率

1.4.1 推力

推力就是发动机提供给飞行器飞行时产生加速度的力。推力室的推力是指由推力室喷管向外喷射燃气流时产生的反作用力,它不包括涡轮废气出口管和其他一些能够向外喷射气流的组件所产生的附加推力。推力室的推力用 F 表示,单位为 N(牛顿)。它可以看作在推力室工作时,作用在推力室内外壁表面上的压力在轴线方向上的合力。推力室工作时在推力室的内壁表面作用着燃气的压力,这个压力由喷注器面的 p_0 改变到喷管出口截面的 p_e,在推力室外表面作用着围绕推力室的外界大气压力 p_a,对应某一高度 p_a = 常数。地面或任一高度下的推力室推力公式可以写成

$$F = \int_{A_内} p \mathrm{d}A + p_a \int_{A_外} \mathrm{d}A \qquad (1 - 34)$$

式中 p——作用在推力室内壁表面上的燃气压力,为一变量,MPa。

        p_a——推力室周围的大气压力,Pa。

        $A_内$、$A_外$——推力室内外壁表面的面积,m^2。

        $\mathrm{d}A$——局部环形表面积,m^2。

1. 静推力

从图 1 - 6 可以看出,在推力室的外表面,p_a 在径向方向大小相等、方向相反,可以相互抵消。推力室本身不是封闭容器,在出口截面 A_e 无力可平衡。作用在轴向上的外力可分为两部分:一部分为($p_a \cdot A_中$),面积 $A_中$ 和燃烧室的横截

面积 A_c 相等;另一部分作用在"b"点之后喷管型面 $A_{型}$ 上的力,其有效部分为投影到轴向方向上的分力 X,即有

$$A_{型} \cdot X = p_a \cdot \sin\theta \cdot A_{型} = p_a \cdot A_{环}$$

则有

$$p_a \int_{A_{外}} dA = p_a \cdot A_{中} + p_a \cdot A_{环} = p_a \cdot A_e \qquad (1-35)$$

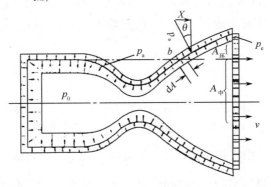

图 1-6 推力室内外表面上的压力分布示意图

这部分推力称静推力,它仅和外界压力 p_a 有关,随着 p_a 的变化而变化,和推力室中的燃气流的流动无关。这部分推力和推力的作用方向相反,所以在推力公式中必须前缀负号。

2. 真空推力

在真空条件下,$p_a = 0$,$p_a \cdot A_e = 0$,这时推力室所得到的推力为真空推力 F_v,即

$$F_v = \int_{A_{内}} p dA \qquad (1-36)$$

这部分推力仅和推力室内在因素有关,它取决于推力室的几何形状、几何尺寸和推进剂在推力室中的燃烧情况以及燃烧产物在喷管中的流动情况。由于推力室内压力 p 随室内面积变化的函数关系比较复杂,所以真空推力的表达式一般借助于动量原理来推导。

动量原理认为,作用在某个单位体积气体上的合力等于通过该单位体积表面的工质在单位时间内的动量变化。我们将推力室的内表面当作单位体积的计算表面,通常把这个计算表面所包括的气体体积叫做控制体,根据流体力学的定义,控制体可以是任意形状。如果在工质的质量力中不计重力,只考虑运动力,则当气体工质通过"0"截面流进运动到"e"截面流出时,速度由 v_0 增加到 v_e,即有

$$F_X = q_m v_e - q_m v_0 = q_m \cdot (v_e - v_0) \qquad (1-37)$$

式中 F_X——作用在控制体上在轴向上的合力。

15

控制体本身没有任何力,但是和具体的推力室结合起来就可以看出:控制体大部分被推力室内壁包围着,在这一部分上实际存在着燃气作用力,因为我们现在研究的是作用在控制体上的力,所以看作室内壁加给控制体的力,即燃气力的反作用力,其大小和原来燃气加给室壁表面的力大小相等、方向相反,它在轴向上的合力和气流流动方向一致。喷管出口处的压力 p_e 若不等于零,也有一个力存在,它也是作用在控制体上的力,其大小为 $p_e A_e$,方向和气流的流动方向相反。考虑到"0"截面处初始速度很小,可以忽略不计($v_0 \approx 0$),则总的合力 F_X 可以写成

$$F_X = \int_{A内} p \mathrm{d}A - A_e p_e = q_m \cdot v_e \qquad (1-38)$$

把推力看成作用在内外表面上的合力和从动量角度研究推力二者是一致的,是一件事物从压力平衡和动量变化两个不同的角度来进行研究,力作用在推力室内壁表面和作用在控制体上,二者通过 $\int_{A内} p \mathrm{d}A$ 联系起来。

根据式(1-34)、式(1-35)和式(1-36),地面或任一高度下推力室推力表达式最终可写成

$$F = F_v - A_e p_a = q_m v_e + A_e(p_e - p_a) \qquad (1-39)$$

为了便于比较,常把海平面推力作为地面推力。

$$F_{sl} = q_m v_e + A_e(p_e - p_{a \cdot sl})$$

式中 F_{sl}——海平面推力,kN;

       $p_{a \cdot sl}$——海平面大气压力,Pa。

当 $p_e = p_a$ 时,所得推力称为设计高度推力,用 F_d 表示:

$$F_d = q_m v_e \qquad (1-40)$$

这时外界压力的作用力 $A_e p_a$ 和推力室因气体在喷管出口存在压力而产生的正推力项 $A_e p_e$ 相互抵消。

1.4.2 比冲

比冲是一个能反映推力室经济效益的参数,它为推力室的推力与它消耗的推进剂总质量流量的比值。相应于真空中推力 F_v、任一高度下的推力 F、海平面推力 F_{sl} 和设计高度推力 F_d,比冲的公式可写成下列形式。

真空比冲:

$$I_{sv} = v_e + A_e/q_m \cdot p_e = v_e + a_{me} \cdot p_e \qquad (1-41)$$

式中 $a_{me} = A_e/q_m$——喷管出口比面积,$m^2 \cdot s/kg$。

任一高度比冲:

$$I_s = v_e + a_{me}(p_e - p_a) = I_{sv} - a_{me} p_a \qquad (1-42)$$

海平面比冲：

$$I_{s \cdot sl} = v_e + a_{me}(p_e - p_{a \cdot sl}) = I_{sv} - a_{me}p_{a \cdot sl} \qquad (1-43)$$

设计高度比冲：

$$I_{s \cdot d} = v_e \qquad (1-44)$$

1.4.3 特征速度和燃烧效率

1. 推力作用位置和组成

将作用在推力室内壁表面上的力在轴向上的投影画成分布图（因径向力相互抵消，对推力的增加无影响）。从图中的作用位置上可以看出，推力可以看作由三部分组成：中间部分的力（$p_c^* \cdot A_t$），这是形成推力的主要部分；作用在喷注器环形面上的力①和作用在收敛段内壁表面上的与推力方向相反的力②，这两部分相互抵消一部分之后，剩余的力仍然和推力方向一致，这部分推力是由于收敛段的存在而造成的，称为喷管收敛段推力；作用在喷管扩散段内壁表面的力③，其方向和推力方向一致，这部分推力称为喷管扩散段推力。喷管收敛段推力和喷管扩散段推力合起来叫做喷管推力。

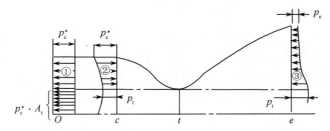

图 1-7 推力室内壁表面上作用力在轴向上的投影示意图

从推力作用位置上总体来看，整个推力由推力的主要组成部分 $p_c^* \cdot A_t$ 和喷管推力两部分组成。

2. 特征速度

特征速度是将推力的主要组成部分，除以质量秒流量（用 c^* 表示），它也是比冲的主要组成部分。考虑到式（1-31），c^* 的表达式可以写成

$$c^* = \frac{p_c^* \cdot A_t}{q_m} = \frac{1}{\Gamma}\sqrt{R_c^* T_c^*} \qquad (1-45)$$

由式（1-45）可以看出，当推力室的几何尺寸为一定值（$A_t =$ 常数）时，c^* 所表示的是单位质量流量推进剂燃烧后所产生的总压 p_c^* 的大小，p_c^* 的值一方面取决于所采用推进剂本身的能量大小，另一方面取决于推进剂在燃烧室中燃烧过程的完善程度。而燃烧过程的完善程度又与喷注器、燃烧室的结构设计和工作参数以及传热损失和摩擦损失等有关。

3. 燃烧效率

在实际的燃烧室中,当推进剂组元和其混合比选定,A_t 等于常数时,由于设计水平等原因,推进剂在由化学能向热能转变的过程中,总是存在着一系列损失,造成实际的特征速度(推力室工作时,由实测数据 q_m、p_c^* 和 A_t 计算得到)c^* 和理论值(由热力计算得到)c_{th}^* 相比有不同程度的减小。或者说,同样的 q_m 达不到它应有的 p_c^*,要达到同样的 p_c^* 需要的 q_m 比理论上需要的要多。在实际应用中,为估计燃烧室中能量转换过程的损失程度,常引进一个系数叫燃烧效率,用 η_c 表示:

$$\eta_c = c^*/c_{th}^* \text{ 或 } c^* = c_{th}^* \cdot \eta_c \tag{1-46}$$

在实际的应用过程中,通常认为 η_c 主要反映了两方面的损失:

(1) 在喷注器设计时,燃烧组织不当造成的损失,它主要是由于喷嘴结构的限制,再加上考虑边区内冷却剂流量和抑制不稳定燃烧措施等因素,往往形成喷注器面的组元混合比分布设计得不均匀,和预计的平均混合比值存在差异,因而造成损失,这部分损失用 $\eta_{c混}$ 估计;

(2) 按照实际的燃烧组织进行的物理过程和化学过程(燃烧)不完善而造成的损失,这部分损失用 $\eta_{c烧}$ 估计,则有

$$\eta_c = \eta_{c混} \cdot \eta_{c烧} \tag{1-47}$$

总之,c^* 是燃烧室参数的综合表现,和喷管的工作方式无关,p_c^* 是燃气在燃烧室出口截面(喷管入口截面)处的总压,它只是为在喷管中进行另一形式的能量转换做好能量储备,而实际的能量转换过程尚未开始。c^* 是燃烧室出口处的燃气性质(k,R_c)及温度 T_c^* 的函数。

1.4.4 推力系数和喷管效率

1. 推力系数的定义和公式

推力系数是整个推力室的推力和该推力的主要组成部分 $p_c^* \cdot A_t$ 之间的比值,用"C_F"表示,则有

$$C_F = \frac{F}{p_c^* \cdot A_t} \tag{1-48}$$

C_F 是个无因次量,它表示在推力组成中,除了推力的主要组成部分(燃烧室推力)之外,其余部分推力所占的分量大小,或者说由于喷管的作用使燃烧室推力增加了多少倍。式(1-48)的分子、分母同除以 q_m,可得

$$C_F = \frac{F/q_m}{p_c^* \cdot A_t/q_m} = I_s/c^*$$

即

$$I_s = c^* \cdot C_F \tag{1-49}$$

18

由上式可以看出，喷管的工作为增加比冲所做的贡献，C_F 值越大，说明喷管在产生推力室比冲方面的作用越大。

如果将式(1-30)和式(1-31)代入式(1-39)，可得

$$F = p_c^* \cdot A_t \cdot \sqrt{\frac{2k^2}{k-1}\left(\frac{2}{k+1}\right)^{\frac{k+1}{k-1}}\left[1-(p_e/p_c^*)^{\frac{k-1}{k}}\right]} + A_e(p_e - p_a) \quad (1-50)$$

将上式(1-50)代入式(1-48)，便可得到任一高度下的推力系数：

$$C_F = \sqrt{\frac{2k^2}{k-1}\left(\frac{2}{k+1}\right)^{\frac{k+1}{k-1}}\left[1-(p_e/p_c^*)^{\frac{k-1}{k}}\right]} + \varepsilon_e\left(\frac{p_e - p_a}{p_c^*}\right) \quad (1-51)$$

当 $p_a = 0$ 时，可得到真空推力系数：

$$C_{F_v} = \sqrt{\frac{2k^2}{k-1}\left(\frac{2}{k+1}\right)^{\frac{k+1}{k-1}}\left[1-(p_e/p_c^*)^{\frac{k-1}{k}}\right]} + \varepsilon_e \cdot \frac{p_e}{p_c^*} \quad (1-52)$$

即

$$C_F = C_{F_v} - \varepsilon_e \cdot p_a/p_c^* \quad (1-52)'$$

当 $p_e = p_a$ 时，可得设计高度推力系数：

$$C_{F_d} = \sqrt{\frac{2k^2}{k-1}\left(\frac{2}{k+1}\right)^{\frac{k+1}{k-1}}\left[1-(p_e/p_c^*)^{\frac{k-1}{k}}\right]} \quad (1-53)$$

2. 真空推力系数

由式(1-52)可以看出，真空推力系数 C_{F_v} 中排除了外界大气压力的影响，所以它能更直接准确地反映出喷管的工作情况以及它对增加比冲所起的作用。由式(1-38)，真空推力 F_v 可写成

$$F_v = A_e \cdot p_e\left(1 + \frac{v_e \cdot q_m}{A_e \cdot p_e}\right)$$

将式(1-15)和式(1-17)代入上式，可得

$$F_v = A_e \cdot p_e\left(1 + \frac{v_e \cdot q_m}{A_e \cdot p_e}\right) = A_e \cdot p_e(1 + kM_e^2) \quad (1-54)$$

由此，真空推力系数可写成

$$C_{F_v} = \frac{p_e}{p_c^*} \cdot \varepsilon_e(1 + M_e^2) \quad (1-55)$$

考虑到式(1-23)和式(1-33)，将 $\dfrac{p_e}{p_c^*}$ 及 ε_e 用 M_e 或 λ_e 和 k 表示，化简后可得

$$C_{F_v} = \left(\frac{k}{k+1}\right)^{\frac{k+1}{2k-1}} \cdot \frac{1 + kM_e^2}{M_e\sqrt{1 + \frac{k-1}{2}M_e^2}} = \left(\frac{2}{k+1}\right)^{\frac{1}{k-1}} \cdot \frac{\lambda_e^2 + 1}{\lambda_e} \quad (1-56)$$

如写成和(p_e/p_c^*)的直接关系式,则有

$$C_{F_v} = 2\left(\frac{2}{k+1}\right)^{\frac{1}{k-1}} \cdot \frac{1}{\sqrt{k^2-1}} \cdot \sqrt{1-(p_e/p_c^*)^{\frac{k-1}{k}}} \cdot \left[1 + \frac{k-1}{2k} \cdot \frac{(p_e/p_c^*)^{\frac{k-1}{k}}}{1-(p_e/p_c^*)^{\frac{k-1}{k}}}\right]$$

$$(1-57)$$

因$\varepsilon_e = f\left(\frac{p_c^*}{p_e}, k\right)$,所以又可以作出$C_{F_v} = f(\varepsilon_e, k)$的曲线(图1-8)。由式(1-57)可以看出,$C_{F_v}$的大小仅取决于气体在喷管膨胀过程中的参数(压力比$\frac{p_c^*}{p_e}$和等熵过程指数$k$)。它表达了在喷管入口准备好了的气体的热能在喷管中转变成动能的过程,和燃烧室的工作质量关系不大,C_{F_v}值的大小直接反映了喷管的设计水平和工作质量。

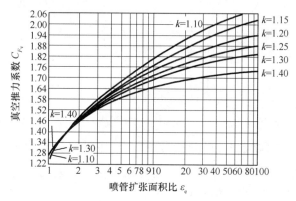

图1-8　真空推力系数随喷管扩张面积比的变化

如果对推力系数求导,可得到在设计高度即$p_e = p_a$情况下推力系数的极值。对应的真空推力系数有最小值$C_{F_v \cdot min}$和最大值$C_{F_v \cdot max}$:

$$C_{F_v \cdot min} = 2\left(\frac{2}{k+1}\right)^{\frac{1}{k-1}} \qquad (1-58)$$

此时对应于$\varepsilon_e = 1$,喷管的出口速度系数$\lambda_e = 1$,缺少喷管扩散段部分。

$$C_{F_v \cdot max} = \sqrt{\frac{2k^2}{k-1}\left(\frac{2}{k+1}\right)^{\frac{k+1}{k-1}}} = 2\left(\frac{2}{k+1}\right)^{\frac{1}{k-1}} \cdot \frac{k}{\sqrt{k^2-1}} \qquad (1-59)$$

此时对应着$\varepsilon_e \to \infty$,$p_e = 0$,$p_a = 0$。完全膨胀,喷管出口速度系数$\lambda_e = \lambda_{e \cdot max} = \sqrt{k+1/k-1}$。在实际的工作中,这时气流在喷管中已经产生了分离。

3. 喷管效率

喷管工作效率的好坏可以认为表现在两个方面。一是表现在膨胀比

$\left(\dfrac{p_c^*}{p_e}\right)$ 和指数 k 值的大小(对于固定的推进剂成分来说,k 值变化很小)。对于在真空中工作的发动机来说,膨胀比越大越好,在 p_c^* 大致不变的情况下,p_e 值越低,C_{F_v} 越高。二是表现在能量转换过程中损失的大小。这些损失的产生和量值的大小直接和喷管的设计水平及气流在其中的实际流动过程有关。由于实际喷管中各种损失的存在,将使气流的速度有某种程度的降低,达不到给定的膨胀比 $\dfrac{p_c^*}{p_e}$ 下在理想推力室中应该达到的速度。如果提高喷管的设计水平或采取某些措施,使气流在喷管流动中各种损失减少,则可使实际的推力系数 C_{F_v} 提高。常用理论计算得到的真空推力系数 $C_{F_v th}$ 和实际的真空推力系数进行比较,引进一个系数称为喷管效率,用 η_n 表示,来评定喷管中工作过程的好坏。

$$\eta_n = C_{F_v}/C_{F_v th} \text{ 或 } C_{F_v} = \eta_n \cdot C_{F_v th} \tag{1-60}$$

式中　η_n——喷管效率,也叫喷管冲量效率。

实际真空推力系数 C_{F_v} 可以根据实际试验测得的数据(地面或任一高度下的实测推力 F,实测压力 p_c^*、p_a,实测喷管几何参数 A_e、A_t)计算得到:

$$C_{F_v} = \frac{F + p_a \cdot A_e}{p_c^* \cdot A_t} \tag{1-61}$$

1.4.5　比冲量效率

由式(1-49),还可写出真空比冲和设计高度比冲表达式:

$$I_{Sv} = C_{F_v} \cdot C^* , \quad I_{Sd} = C_{F_d} \cdot C^*$$

它们的理论值表达式为

$$I_{Svth} = C_{F_v th} \cdot C_{th}^* , I_{Sdth} = C_{F_d th} \cdot C_{th}^*$$

则有

$$I_{Sv} = C_{F_v th} \cdot \eta_n \cdot C_{th}^* \cdot \eta_c ; I_{Sv. th} \cdot \eta_n \cdot \eta_c = I_{Svth} \cdot \eta_I = I_{Sv}$$

$$I_{Sd} = C_{F_d th} \cdot \eta_n \cdot C_{th}^* \cdot \eta_c ; I_{Sd. th} \cdot \eta_n \cdot \eta_c = I_{Sdth} \cdot \eta_I = I_{Sd}$$

或写成

$$\eta_I = I_{Sv}/I_{Svth} ; \eta_I = I_{Sd}/I_{Sdth} ; \eta_I = \eta_n \cdot \eta_c \tag{1-62}$$

η_I 称为比冲量效率,它是燃烧效率 η_c 和喷管效率 η_n 的乘积。或者说它是真空比冲实际值与真空比冲理论值之比(设计高度实际比冲与设计高度理论比冲之比)。可用它来评价整个推力室中工作过程的完善程度。比冲量效率是考虑除离解损失和有限膨胀损失之外的其他所有损失的总效率,它能够真实地反映推力室设计的水平。

一般发动机研制的目标是获得高的可靠性和最大的经济性,经济性中最主要的就是如何在选定的推进剂下得到最大的实际比冲量,而提高比冲量效率 η_I

是其中重要的一环。

　　通常比冲量效率的计算采用以下方法:先将地面试车时实测的地面比冲量换算成真空比冲量,然后再与理论计算出来的真空比冲量相比。

　　和式(1−13)、(1−44)比较,可得到能量效率和冲量效率之间的关系。对于设计高度的比冲量,有

$$I_{\text{Sd}} = I_{\text{Sdth}} \cdot \eta_I = v_{\text{eth}} \cdot \sqrt{\varphi_c \cdot \varphi_n} = v_{\text{eth}} \cdot \eta_n \cdot \eta_c \qquad (1-63)$$

则有 $\sqrt{\varphi_c} = \eta_c$, $\sqrt{\varphi_n} = \eta_n$。

第 2 章　液体推进剂

2.1　液体推进剂的类别

2.1.1　概述

前面已讲过,为使发动机产生推力,必须从其中喷出有足够能量的工质。推进剂便是发动机工作的能源和工质源,能源是蕴藏在液体推进剂中的化学能,工质是推进剂在推力室中燃烧后(放热化学反应)生成的高温燃气(燃烧产物)。高温高压燃气从喷管中高速喷出,便直接产生反作用推力。液体推进剂通常是一种液态物质或几种液态物质的组合。推进剂组元是指单独储存,并单独向发动机供应的推进剂组成部分,推进剂通常由氧化剂和燃料(又称燃烧剂)两个组元组成。氧化剂主要由氧化元素(如 O_2、Cl、F)所组成,燃料主要由燃烧元素(如 C、H)所组成。推进剂的选择是发动机设计首要的决定性的步骤,它对整个发动机系统的性能,以及发动机各组件的设计、制造有着重要影响,而且影响着整个发动机和火箭的研制进程。

2.1.2　按用途分类

液体火箭推进剂按其用途分类,可分为主推进剂、起动推进剂和辅助推进剂。主推进剂用来产生发动机装置的全部推力或推力的主要部分,起动推进剂是主推进剂的两个组元在接触后不能自燃时,在发动机起动的最初时刻使用的能和主推进剂中某一组元产生自燃的推进剂,如:液氧和煤油不能自燃,在煤油没进入燃烧室前先喷入的能和液氧自燃的三乙基铝。辅助推进剂在燃气发生器中燃烧或分解生成的产物用作驱动涡轮的工质或用作喷管等组件的姿态控制,当辅助推进剂产生的气体最终排向大气时,也能产生一部分推力,但量值很小。

2.1.3　按组元数目分类

按推进剂中所包含的基本组元数目分类,可分为单组元、双组元和三组元推进剂。

单组元推进剂可以是氧化剂组元和燃料组元的混合物(如 H_2O_2 与 C_2H_5OH),也可以是单一的化合物。它的主要特点是在自然条件下或受控环境

23

中是稳定的,在催化剂条件下或加压、加热时便分解产生较高温度的气体。其优点是输送系统、流量控制和分解室等结构设计简单。缺点是有爆炸危险,使用安全性差,而且能量越高的推进剂(如硝基甲烷),稳定性越差,再就是通常能用的单组元推进剂能量都比较低(如 H_2O_2、肼等)。单组元推进剂主要用作辅助推进剂和飞行器的辅助动力装置上产生定向射流,也用作飞行器轨道控制或姿态控制的微小型发动机的推进剂。

双组元推进剂由氧化剂和燃料两个组元组成,是现代液体火箭发动机采用最广泛的推进剂。两个组元分别储存,单独输送。双组元推进剂能量高,使用安全,种类较多。对液体火箭发动机来说,氧化剂起着十分重要的作用,通常都是由氧化剂决定着推进剂组合的特点。有时双组元推进剂也按照氧化剂来分类,可分成液氧类、硝酸类、四氧化二氮类、过氧化氢类和液氟类等。

三组元推进剂除氧化剂和燃料外,为了提高比冲或优化运载器的性能,有时还在燃料中加入第三种组元,可加的第三组元多为固体的金属粉末(如 Al、Mg、Be、Li 等),或者是金属的化合物。它们均匀地混合在液体燃料中成为悬胶液。

2.1.4 按照氧化剂和燃料直接接触时的化学反应能力分类

这种分类方法一般针对双组元推进剂而言,但也适用于三组元推进剂。根据两个组元直接接触时的反应能力,可分为自燃推进剂和非自燃推进剂。自燃推进剂的两个组元在其所使用的压力和温度范围内以液相接触时就能进行放热的化学反应,该放热化学反应将推进剂加热到超过其沸点温度,最终导致自燃。自燃推进剂虽能使点火问题易解决,但也带来一定的爆炸危险,必须高度重视贮箱和发动机的相关组件在设计时,确保两个组元在进入燃烧室前没有相遇的可能。对于非自燃推进剂,当两个组元进入燃烧室雾化,混合蒸发成气态后,还必须采用专门的点火系统将它们点燃。首先,点火系统在燃烧室内形成一个点火的火炬,火炬将最先进入燃烧室的推进剂点着,形成稳定的火焰和部分高温燃烧产物,以后进入燃烧室的推进剂则由此燃烧产物来点燃。通常使用的点火装置有电火花塞、化学烟火点火器、点火预燃室。有时采用一种专门的点火剂组元,它和双组元推进剂中的一种组元先接触自燃,而点燃主推进剂,点火剂可以是燃料,也可以是氧化剂。

自燃推进剂的自燃时滞 τ_c 是自燃的定量特性。自燃时滞 τ_c 的定义是:从自燃推进剂的两种液态组元接触的瞬间开始到出现火焰的瞬间为止的这段时间。自燃时滞首先取决于推进剂的性质。对于同一种自燃推进剂的两个组元,其自燃时滞 τ_c 随着余氧系数 α_m、介质压力 p_c、推进剂流量及组元初温的变化而变化。发动机的构造(混气形成情况、燃烧室容积、喷管最小截面积)以及起动时的情况,对 τ_c 值的大小均有影响。向组元中加入活化剂或钝化剂,也可使 τ_c 的值发生变化。随着影响自燃时滞的因素不同,某些推进剂 τ_c 的值可变化 5 ~ 10 倍。

所有的氟类推进进都是自燃的。肼、偏二甲肼以及两者的混合物,与硝酸类氧化剂和四氧化二氮都是自燃的。利用活化剂可使许多推进剂能够自燃,这些推进剂在未加活化剂前是不能自燃的。例如,在液氧中加入万分之几的氟化臭氧(F_2O)$_3$,就可以与煤油自燃。但氟化臭氧是有毒的,在液氧中加入了有毒物质而使它成为有毒的组元,因而也产生了一系列使用上的问题。

对于非自燃推进剂组合,可以采用热点火和火炬点火。热点火的特征参数是点火温度和点火时滞。点火温度的定义是:均匀可燃混合物被加热时,开始产生自动加速氧化反应的最低温度。点火温度和点火时滞,都取决于试验的条件,所以对于给定推进剂来说,它们不是物理常量。但是,在标准条件下它们是定值。因而可用它们表征液体推进剂的相对活性。空气与烃的热点火温度随着试验条件而不同,约 500 ~ 1000K,也就是说热点火温度的值相对来说是不高的。

在用火炬点火的情况下,可燃混合物的温度应高达 1500 ~ 3000K,将非自燃推进剂点燃。在此情况下从临近炽热层传递来的热流和从炽热层扩散出去的活化中心使温度急剧上升。

2.1.5 按照推进剂其组元保持液态的温度范围分类

按照在使用条件下推进剂保持液态的温度范围可分为高沸点推进剂和低沸点推进剂(又称冷冻推进剂)。一般高沸点推进剂组元的沸点均高于 25℃。在一般使用环境条件下,在容器中较长时间(1 ~ 8 年)储存时不变质,无蒸发损失,腐蚀性小,所以又称可储存推进剂。低沸点推进剂在使用环境压力下,其沸点和临界温度均低于室温,处于不断的汽化状态,蒸发损失大,由于其固有的物理不稳定性和化学不稳定性,使用环境条件下,不能正常长时间储存,所以又称不可储存推进剂。在二组元低沸点推进剂中,有时两个组元都是低沸点推进剂组元,有时其中一个是低沸点推进剂组元。在低沸点推进剂组元中,有些是加压储存时,可以成为高沸点推进剂组元,如氨。有些低温的推进剂组元,其沸点在 -140℃ 以下,如液氧、液氢、液氟、二氟化氧、液态甲烷等。称它们为冷冻推进剂。为了减少它们因蒸发而引起大量损失,在储存、运输、使用过程中必须采取复杂的绝热措施,而且要求在维护、使用设备及其部件中绝对没有湿气存在,以免阀门及其他组件因结冰而堵塞。

除此之外,在液体推进剂中有时还会加入一些添加剂,以达到提高理化稳定性、改变冰点沸点增大使用温度范围、提高性能、减少腐蚀性或者为了便于点火和提高燃烧过程稳定性等目的。

2.1.6 凝胶推进剂

凝胶推进剂在储存条件下为胶状,在压力条件下为液态。

2.2 对液体推进剂的要求

总的来说,都希望能够用所选的推进剂在最短的时间内,花最少的经费,研制出高性能、高可靠性,便于使用的液体火箭发动机。但任何一种推进剂都不是完善的,往往是其优点和缺点并存,所以在选择时往往需要从理化性能指标、使用性能指标和经济性指标三方面综合考虑。

液体推进剂的选择还和动力装置的用途有关。军用导弹所用的动力装置一般采用可储存推进剂,以保证在规定的较短的时间内处于战斗准备状态,而且平时能够在较宽的温度范围内(如 ±40℃)长期储存。而民用运载火箭所用的动力装置则可采用低温推进剂,因其发射只需有计划、有步骤地进行,没有严格的时间限制。对某些大型运载火箭下面级的动力装置尽可能考虑采用可大量生产的、廉价的、毒性小的推进剂。

确定推进剂的类型后,还要根据一些具体的要求来选择推进剂。

2.2.1 推进剂具有高的比冲

由式(1-27)可以看出,要想得到高的比冲,首先推进剂必须具有高的化学能 e_{ch},或者说热值要高。为使推进剂的化学能能够得到充分利用,还要有高的热效率 φ_h 和离解效率 φ_d。

由式(1.24)可以看出,对于同样的喷管膨胀比,气体绝热指数 K 越大,φ_h 越高。计算和实验证明,燃烧产物分子中原子数少的气体,具有较大的 K 值,所以希望所选用的推进剂,其燃烧产物中,分子的原子数尽可能少。

燃烧温度越高,离解损失越大,φ_d 越低。实验研究还发现,如果两种推进剂的化学能相同,若燃烧产物的比热比 C_p(每 1kg 推进剂,温度升高 1℃,燃烧产物所吸收的热量 kJ/(kg·K))大,则燃烧温度降低,燃烧产物的离解程度减弱,φ_d 增高。而燃烧产物大的比热,主要是由于这种燃烧产物具有小的分子量。所以我们希望所选用的推进剂,其燃烧产物的分子量小。

2.2.2 推进剂组元密度大

推进剂组元的密度大,就意味着单位容积内存放的推进剂质量大,因而推进剂量一定时,可以减小贮箱的几何尺寸,减轻火箭飞行器的结构重量。推进剂的"密度比冲"($I_s · \rho_p$)也是推进剂的一个主要参数,密度比冲值越高,表明设计出来的火箭飞行器越紧凑。推进剂的密度 ρ_p 是在给定的平均混合比 γ_m 下,推进剂的总质量与其体积之比。对于双组元来说,1kg 的燃料,必须得和 $\gamma_m$kg 的氧化剂组成 $(1+\gamma)$kg 的推进剂方可工作。$\frac{V_f}{m_f} = \frac{1}{\rho_f}$,$\frac{V_0}{m_0} = \frac{1}{\rho_0}$ 分别为 1kg 燃料和 1kg

氧化剂所占的体积,则有

$$\rho_p = \frac{m_p}{V_p} = \frac{1 + \gamma_m}{1/\rho_f + \gamma_m/\rho_0} \tag{2-1}$$

2.2.3 有较好的传热性能和小的水力损失

对于适合做推力室外冷却剂的推进剂组元,则希望该组元有尽可能高的比热容,热传导率和临界温度,以利于推力室内壁向冷却剂的热传递。另外还要求推进剂组元,尤其是作为冷却剂的推进剂组元有较低的黏度,当组元通过输送管路,推力室冷却套和喷注器时水力损失小,需要的压降低。

2.2.4 推进剂的性能有利于在燃烧室内正常、可靠、稳定的工作

推进剂组元间应有良好的自燃性能,以省略点火装置。尤其是在高空低压低温条件下,点火源点火一般都比较困难,具有自燃特性十分重要。

推进剂的着火延迟期(时滞)应尽可能短,以避免可燃混合物在燃烧室内大量积存而引起爆燃。时滞分自燃时滞(对自燃推进剂而言,为从两个液态组元相接触到出现火焰这段时间)和着火时滞(对非自燃推进剂而言,从达到点火温度开始到出现火焰这段时间)。影响时滞长短的因素很多,但时滞首先取决于推进剂本身的性质。还希望推进剂在启动和燃烧过程中不发生爆燃和振荡燃烧现象。对非自燃推进剂来说,还希望着火温度尽可能低,以减少点火能量。

2.2.5 有良好的储存使用性能

(1)冰点要低,沸点要高,有较宽的液态使用范围,便于在规定的高低温区间内可以较长时间储存、不变质、不分解,损失少。冰点应低于所要求的能正常工作的最低环境温度。

(2)无腐蚀性,与大多数结构材料有较好的相容性。

(3)对热冲击和机械冲击有一定的稳定性。使用过程中没有爆炸、着火等倾向。

(4)推进剂组元及其蒸气和燃烧产物毒性低。

(5)推进剂组元生产成本低。原料来源广泛,生产流程简单,生产过程安全,便于批量生产,出厂价格低廉。

2.3 常用的液体推进剂组元和推进剂组合

2.3.1 可储存的氧化剂组元

1. 硝酸(HNO_3)

火箭发动机上一般采用的高浓度硝酸(98%)都含有少量的二氧化氮和水。

在(-41.6℃至85.3℃)温度范围内为无色液体,有刺激性臭味,易分解挥发,其蒸气吸收空气中的水蒸气后,形成白色烟雾,故称作白烟硝酸。

为了提高性能,常在硝酸中加入四氧化二氮,加入四氧化二氮后,热值提高,密度增加,冰点降低。随着棕色二氧化氮(N_2O_4分解得到)含量增加,其液体由橙黄色变为深红色,故称其为红烟硝酸。红烟硝酸周围弥漫的红色气体,味道极其难闻,毒性很大。

硝酸有较强烈的腐蚀性,只能与不锈钢、铝等少数金属材料相容。为降低硝酸的腐蚀性,常加以少量的氟离子(约0.5% ~0.7% HF),少量的磷酸、碘作阻蚀剂。因为氟化氢和镍、铬、铝反应后,可生成一层不易渗透的薄膜,能起到底层金属的保护作用。

由于硝酸密度大,比热高,冰点低沸点高,便于储存和操作使用,也适合作冷却剂,并且能和许多燃料组元配对组成自燃推进剂,再加上硝酸容易生产、价格便宜,所以在早期的液体火箭发动机中得到了广泛的使用。

硝酸的最大缺点是性能较低,再加上硝酸蒸气(NO_2)毒性大,蒸气压高,储存、运输中有一定的爆炸、泄毒危险存在,所以随着火箭推进技术的进步,逐步被更高性能的推进剂组元所代替。

2. 四氧化二氮(N_2O_4)

四氧化二氮在(-11.2℃ ~21.15℃)温度范围为液态。常温下棕色的NO_2和N_2O_4成平衡状态。N_2O_4分解成NO_2后放出一定的热量。四氧化二氮的蒸气呈红褐色,有强烈的刺鼻气味。纯度很高的四氧化二氮腐蚀性较小,可与不锈钢、铝等金属材料相容,但遇水则形成硝酸,腐蚀性大增。因N_2O_4液态范围较窄,不易作冷却剂。

四氧化二氮能与肼类和铵类等多种燃料组成自燃推进剂,性能较硝酸类提高5% ~6%。

因四氧化二氮饱和蒸气压较大,易蒸发,需在壁厚较厚的贮箱中加压储存,在储存使用中常有硝酸盐产生,再加上其毒性较大,在储存、运输、操作使用过程中要采取一定措施。

3. 过氧化氢(H_2O_2)

过氧化氢是一种早期使用的推进剂组元。纯净的H_2O_2是一种无色透明液体。经常使用的H_2O_2都是浓度不超过98%的与水的混合物。H_2O_2是一种易分解的不太安全的化合物,当受到光线照射,温度升高或含有杂质时,可使其分解加速,分解时放出热量,温度升高,则使其分解自动加速,甚至可能引起爆炸。高浓度的H_2O_2无毒性,但与皮肤接触可引起发白的灼伤。与木材、油料和其他有机物质接触时,会引起着火。浓度低于65%的H_2O_2则较安全。

高浓度的H_2O_2腐蚀性不大,与铝、锡、不锈钢、聚二稀等多种结构材料相容。但严禁与铜、银、氧化铁、汞等重金属接触,以防引起强烈催化。

28

H_2O_2 在火箭发动机上一般作为单组元推进剂使用,浓度为 80% ~ 90%。通常催化剂是高锰酸钾浸泡物做成的块状体和氧化铁、二氧化锰、氯化镍等混合做成的褐色块状体。将两种块状体均匀混合装入分解室内,当 H_2O_2 从块状体的间隙流过时,迅速分解成 H_2O 和 O_2,并放出 23.44kcal/mol 的热,形成700℃ ~ 800℃的高温气体,可作为火箭发动机供应系统涡轮的工质。因温度不太高,分解室一般不需要冷却。

高浓度 H_2O_2 分解物中有质量占 42% 的氧,因此又可以用作氧化剂,它能和烃类、肼类燃料组成推进剂。早期英国研制的"黑骑士"运载火箭用的火箭发动机"伽马"305 曾用过 85% ~87% 浓度的 H_2O_2 与煤油配对组成的推进剂。

4. 氟化氯(ClF_3 和 ClF_5)

三氟化氯是 20 世纪 50 年代以后发展起来的一种室温下密度最大(1.85g/cm^3),可以长期(达 10 年之久)储存、毒性很强(对皮肤和眼睛能造成严重危害)的推进剂组元。

三氟化氯(ClF_3)在 -40.6℃ ~ 11.75℃ 温度范围内为液态。它有良好的理化性能,和肼类燃料组成推进剂,比冲可达 3900m/s 以上。ClF_3 活化性很强,几乎能和所有可燃物质发生剧烈的自燃,只对惰性气体和完全氟化的化合物没有反应。它和大多数金属有剧烈的作用,但反应只能在金属表面生成一种不易渗透的氟化膜,可使底层金属不再受化学侵蚀。一般在室温下,能与纯铜、铝和不锈钢等结构材料相容。

ClF_3 虽是一种高性能、可储存、能自燃的推进剂组元,但因活化性太强,毒性太大,给储存、运输、使用带来了一定的困难。

后来发展的五氟化氯(ClF_5),性能更高。同样条件下,ClF_5 与肼组合比 ClF_3 与肼组合,比冲可高出 6%。

2.3.2 不可储存的氧化剂组元

1. 液氧(O_2)

液氧是火箭技术上使用最早、最广泛的氧化剂。液氧本身含有 100% 的氧元素,氧化能力强,与各种燃料组成的推进剂均能得到比较高的比冲。

液氧在 -219℃ ~ -183℃ 温度范围内为淡蓝色透明液体。氧元素在自然界广泛存在,氧气在空气中占 1/5,氧元素在水中占 68%。液氧获取技术成熟、简单,产品价格便宜。

液氧无毒,但长久与皮肤接触,会造成严重灼伤。液氧不能自燃,但能助燃。它的氧化能力极强,可加速燃烧物的燃烧,在液氧存放处周围应避免有易燃物存在。在常温下与有机物不会发生自燃,若液氧与有机物的混合物受到突然加压冲击,则会发生燃烧或爆炸。

液氧对很多材料没有腐蚀性,但由于液氧温度很低,不少材料(如碳钢等)

受到冷却,则产生冷脆。与其相容的材料有铝合金、铜及铜合金、不锈钢等。

液氧极易蒸发,为防止贮箱内因蒸发量大,气压过高,必须有向外排气的装置。为减少蒸气损失,在储存、运输过程中,其容器应采取很好的绝热措施。

由于液氧能量高,无腐蚀,价格便宜,是近代宇宙航行中最常用的氧化剂组元。有时为了改善液氧的点火性能,在液氧中加入了万分之几的活化剂——氟化臭氧 F_2O_3,使其和煤油组成推进剂时能够自燃。

2. 液氟(F_2)

氟在 $-220℃ \sim -188℃$ 温度范围内为液态。液氟与烃类、氮氢类化合物或液氢配对组成推进剂时,能得到很高的比冲,如:美国研制的采用液氟 + 液氢为推进剂的 RL – 10A – 33 发动机,比冲达 4500m/s;苏联 20 世纪 70 年代研制的采用液氟 + 液氨为推进剂的 RD – 301 发动机,比冲也达到了 3928m/s,它是苏联第一个通过全套试车和国家验收试车的氟类发动机。

液氟是反应能力很强的剧毒物质,在空气中的含量不得超过 0.0001mg/L。它的燃烧产物,如气态氟或氟氢酸,也都是毒性大、腐蚀性强的窒息性气体。液氟能和许多常用结构材料和金属自发反应,所以与其接触的结构部、组件都必须作特殊的钝化处理。因其沸点比液氧还低,液氧所遇到的低温问题对液氟同样存在,也必须采取相应措施。

与液氟组成的推进剂虽有比冲大、密度高等优点,但因其毒性太大,反应强烈,生产成本高,目前使用尚不广泛。随着航天事业的发展,火箭上面级应用液氟的可能性会进一步增大。

2.3.3 可储存的燃料组元

1. 酒精(C_2H_5OH)

酒精,学名乙醇,是早期广泛采用的火箭燃料。酒精为无色透明液体,能与水任意比例混合。它在 $-114.1℃ \sim 73.8℃$ 温度范围内为液态。比热较大,适合作冷却剂。

酒精无毒性,腐蚀性小,与一般金属材料都相容,便于储存使用。因酒精热值低,随着火箭技术的发展,逐渐被更高能的燃料组元所代替。

2. 煤油(83% ~87% C +11% ~14% H 的化合物)

在煤油中除含有 C、H 元素外,还有少量的氧、硫、氮等其他元素。在火箭发动机中使用的煤油,都是经过特别精制的。由于煤油中所含碳、氢都是燃烧元素,所以热值较高,和氧化剂组元组成推进剂时,均能得到较高的比冲。

煤油的物理化学性能比较稳定。但由于其中含有一定量的芳香烃和不饱和烃,当温度升到一定程度时,有少量胶质沉淀。

煤油的毒性不大,但空气中浓度过高,或在其中长期工作时,能损害人的黏膜组织。煤油腐蚀性小,能与多种结构材料相容。

煤油在储存时能够吸收空气中的蒸气,呈悬浮其上的小水滴,当温度低于零度,这些小水滴便结冰,有可能堵塞系统中某个部位或喷注元件。因煤油是易燃物,储存、使用场所应禁止明火。

煤油化学性能不活泼,与一般氧化剂配对时,一般都不能自燃,需另加额外的点火装置或启动装置。煤油在燃烧时,容易产生不完全燃烧而产生固体积炭,附着在喷嘴出口处或推力室内壁上,影响推力室内壁的传热和推进剂的喷射。煤油在燃烧过程中较容易产生不稳定燃烧,需要采取相应措施以保持其正常工作。煤油的比重小,比热容较低,容易结焦,作为推进剂组元使用时又比氧化剂的量少得多,因而不太适合作冷却剂,如果与其配对的氧化剂不能用作冷却剂,必须用煤油作冷却剂时,要在推力室设计时采取一定的措施。

由于煤油热值高,毒性小,价格低,便于储存和操作使用,再加上多年来对其使用中缺陷的深入研究和逐步克服,它仍是目前非常有使用价值的推进剂组元。

3. 肼(N_2H_4)

肼在(2℃ ~114℃)温度范围内为无色透明液体,冰点过高。肼的毒性很大,若吸入肼的蒸气,可使眼睛和呼吸道发炎,与皮肤接触,有类似碱烧伤的感觉,并使血液和神经系统中毒,肼在空气中的允许浓度为 $1/(1 \times 10^6)$。肼的蒸气与空气接触很容易着火,并形成具有爆炸性的混合物。再加上肼的安全性差,遇电火花即可引爆,给储存、运输、使用带来不便。

肼一般用作单组元推进剂,常用在微小型发动机上。肼在催化剂(硫化钨、硫化钼、铱等)的作用下可分解成氨(NH_3)和氮,并放出 80.15kcal/mol 的热,使温度达到1100℃左右,由于温度不太高,这些微小型发动机的推力室大都采用耐高温材料制成的不冷却形式。

肼是一种强还原剂,活性大,能与很多氧化剂组元组成性能较高的自燃推进剂,而且其燃烧产物也比较好:分子量小,比热大,其中的分子氮也不易离解。肼由于能量高,密度大,燃烧稳定性好,若对其使用性能作进一步的研究改进(如加入添加剂等),它将是一个有竞争力的燃料组元。

4. 偏二甲肼(($CH)_2N_2H_2$)、(UDMH)

偏二甲肼在(-57℃ ~62℃)温度范围内为一种无色有吸湿性的液体,当与空气接触时能吸收空气中的氧和二氧化碳,颜色逐渐变黄。偏二甲肼的毒性和肼相当,它的蒸气与空气相混合,可成为易爆气体。

偏二甲肼化学性质较稳定,是一种适于储存、可作冷却剂的燃料组元。能与多种氧化剂组元配对组成性能较高的可自燃的推进剂(如:偏二甲肼 + N_2O_4,比冲可达 2824m/s 以上)。

为进一步提高偏二甲肼的性能,常在其中加入其他燃料组元,组成混合燃料。如在偏二甲肼中加入二乙三胺,密度有所提高。美国的"红石"Ⅲ导弹将推进剂"液氧 + 乙醇"中的乙醇换成了"偏二甲肼中和二乙三胺的混合燃料",比冲

31

提高达 12% 。美国"大力神"Ⅱ导弹用的燃料混肼 A - 50,也是由偏二甲肼和肼各 50% 混合组成的。

2.3.4 不可储存的燃料组元

不可储存的燃料组元有液氢（H_2,冰点 - 259℃,沸点 - 252.6℃）、液氨（NH_3,冰点 -78℃,沸点 -33℃）、甲烷（CH_4,冰点 -182℃,沸点 -161℃）、丙烷（C_3H_8,冰点 - 187.5℃,沸点 - 42℃）和乙硼烷（B_2H_6,冰点 - 165℃,沸点 - 92℃）等。但目前应用的只有液氢一种。

液氢无毒、无腐蚀性。液氢易汽化,汽化后也很容易扩散。液氢在 520℃时能够自燃。

液氢热值高,而且分子量小,燃烧产物有良好的热力性质,它能与各种氧化剂配对组成推进剂。在已采用的化学推进剂中,液氢和液氧或液氟配对组成的推进剂,可得到最高的比冲。

液氢在使用中所遇到的问题,都是因为温度很低和密度最小而引起的。

由于液氢温度极低,大多数金属材料在此低温度下都变得冷脆,强度大大下降,冲击韧性也只有常温下的 1/3,给选择贮箱、导管及相应各组件的适用材料带来了一定的难度。为减少氢的蒸发损失,其贮箱、导管等必须采取有效的绝热措施。气氢与空气混合,容易引起爆炸,需将从贮箱、导管和组件中泄漏出来的氢气事先点燃,以免和空气形成可爆混合物。贮箱、导管和组件中的湿气、杂质在低温液氢中都将凝固成固体颗粒,需在发动机系统中适当部位加滤网,以免堵塞活门、喷嘴孔等。

氢由于密度很小,同样重量下,要求的贮箱体积增大,使得飞行器结构重量和空气阻力加大。小的密度、低的沸点,要产生足够大的扬程,则需要大幅度提高氢泵的转速,这也给涡轮泵联动装置的设计带来了一定的困难。

氢适合在多级运载火箭的上面级（二级、三级）的火箭发动机上使用,喷管膨胀比也都比较大,可得到很高的比冲。氢也适合作核火箭发动机的工质,吸收核反应放出的热量后,温度可达到 3000K,当膨胀比为 70 时,比冲可达到大约 8000m/s 以上。

常用推进剂组元的性质见表 2 - 1 和图 2 - 1 ~ 图 2 - 6。

表 2 - 1　一些氧化剂和燃烧剂组元的某些物理化学性质

组元		化学式	密度 /(g/cm³)	冰点 /(K/℃)	沸点 /(K/℃)	蒸发热 /(kJ/kg)	临界温度 /K	临界压力 /MPa	毒性极限许可浓度 /(μg/m³)
氧化剂	氧	O_2	1.14	54/ -219	90/ -183	214	154.3	5.004	无毒
	氟	F_2	1.51	53/ -220	85/ -188	172	143.9	5.56	0.03

	组元	化学式	密度 /(g/cm³)	冰点 /(K/℃)	沸点 /(K/℃)	蒸发热 /(kJ/kg)	临界温度 /K	临界压力 /MPa	毒性极限许可浓度 /(μg/m³)
氧化剂	五氟化氯	ClF_5	1.90	170/−103	260/−13	171	415.9	5.26	
	三氟化氯	ClF_3	1.825	232.4/−40.6	284.8/11.8				
	硝酸	HNO_3	1.50	230/−43	359/86	627	531	10.2	5
	过氧化氢	H_2O_2	1.43	272/−1	424/151	1517	730.4	21.6	1
	四氧化二氮	N_2O_4	1.44	262/−11	294/21	418	431.2	10.13	5
	氟化氧	OF_2	1.52	49/−224	128/−145	206	215.2	4.94	0.01
	四硝基甲烷	$C(NO_2)_4$	1.63	286/13	399/126	194			0.3
燃烧剂	氢	H_2	0.07	13.9/−259	20.4/−252.6	454	33.2	1.273	无毒
	氨	NH_3	0.68	195/−78	240/−33	1370	405.5	11.28	20
	肼	N_2H_4	1.0	275/2	387/114	1398	653.2	14.7	0.1
	一甲基肼	$H_2N-NH(CH)_3$	0.87	221/−51	361/88	877	530.2	7.6	0.002
	偏二甲肼	$H_2N-N(CH_3)_2$	0.79	216/−57	335/62	583	522.2	5.35	0.1
	混肼A−50	50%偏二甲肼 50%肼	0.90	266/−7	343/70	989	607.2	11.54	0.1
	酒精	C_2H_5OH	0.78	159/−114	351/78	919	516.2	6.4	1000
	甲烷	CH_4	0.42	91/−182	112/−161	587	191	4.5	
	丙烷	C_3H_8	0.58	85.5/−187.5	231.1/−42	425.7	369.8	4.25	
	煤油	$C_{7.21}H_{13.3}$	0.82~85	210/−63	485/212	343	673	4.021	300
	8硼烷	B_5H_9	0.62	226/−47	332/59	507	500.4	3.967	0.01
	乙硼烷	B_2H_6	0.44	108/−165	181/−92	515	289.9	3.883	0.01

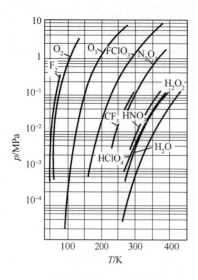

图 2-1 某些氧化剂的饱和蒸气压
随温度的变化关系

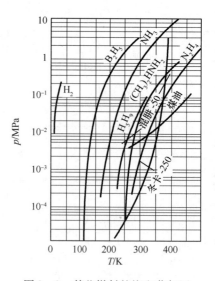

图 2-2 某些燃料的饱和蒸气压
随温度的变化关系

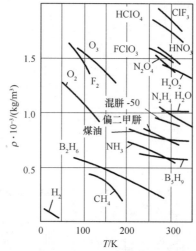

图 2-3 一些推进剂组元的密度随温度的变化关系

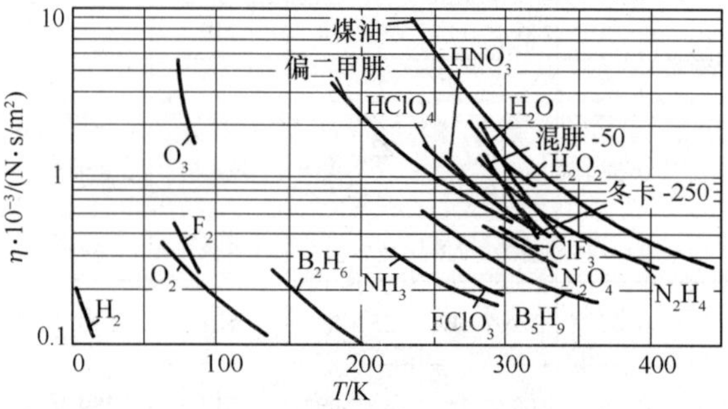

图 2-4 一些推进剂组元的黏度随温度的变化关系

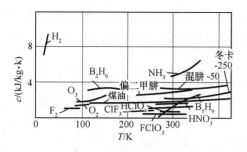
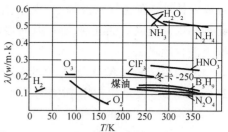

图 2 - 5　一些推进剂的比热容　　　　图 2 - 6　一些推进剂组元的热导率
　　　　随温度的变化关系　　　　　　　　　随温度的变化关系

2.3.5　常用的推进剂组合

1. 液氧 + 酒精(乙醇)

液氧和不同浓度的酒精组合作为正式火箭推进剂,20 世纪 40 年代初曾用在德国 V - 2 导弹上。第二次世界大战后,苏联和美国在德国的基础上用这种推进剂,研制了自己早期的运载火箭,如美国"红石"运载火箭所用的发动机和苏联的 P - 1、P - 2、P - 5 运载火箭所使用的发动机 RD - 100、RD - 101、RD - 103。

液氧 + 酒精推进剂的主要缺点是性能太低,后来被第二代火箭推进剂液氧 + 煤油和硝酸 + 煤油所代替。

2. 液氧 + 煤油

液氧 + 煤油推进剂性能较高,价格便宜,毒性小,维护使用方便,被许多国家火箭发动机所采用,如:美国研制的第一代液体导弹"大力神"Ⅰ、"宇宙神"和"雷神"所用的火箭发动机,大型运载火箭"土星"1B 所用的发动机"H - 1"、"土星"V 运载火箭所用的一级发动机"F - 1",苏联"东方"号运载火箭所用的一级发动机 RD - 107 和二级发动机 RD - 108,"宇宙"号运载火箭所用的一级发动机 RD - 111 和"能源"号运载火箭所用的一级发动机 RD - 170 等。

20 世纪 70 年代后,苏联解决了高压补燃火箭发动机方面的许多技术难题。先后研制了一系列先进的、大中小推力的用液氧 + 煤油作推进剂的火箭发动机,有 RD - 120、RD - 170、RD - 8 和为 N - 1 登月火箭研制的一、二、三、四级发动机 NK - 33、NK - 43、NK - 39 和 NK - 31。后来又研制了 RD - 191,准备用于"安加拉"重型运载火箭上。美国引进了 NK - 33 和 NK - 43,准备用在可重复使用的低轨道运载火箭上,又引进了 RD - 180,准备用于一次使用运载火箭"宇宙神"- V 上。日本也准备和俄罗斯合作用高压补燃液氧 + 煤油发动机来改进它的运载火箭 H -2A。

3. 硝酸 + 煤油

硝酸 + 煤油为可储存推进剂,适用于导弹武器上,苏联早期研制的各种中、近程液体地地弹道导弹及地空、舰地、地舰导弹等,大多用不同类型的硝酸类氧化剂和煤油组成的推进剂,燃料有时也换成一种能和硝酸自燃的叫做"冬卡"的氨类混合燃料。

苏联用硝酸和 N_2O_4 混合作为氧化剂与煤油组成的推进剂所研制的 RD - 214、RD - 216 发动机曾用于"宇宙"号运载火箭的一级,RD - 219 发动机曾用于"宇宙"号运载火箭的二级。

4. N_2O_4 + 偏二甲肼,N_2O_4 + 混肼(50% 偏二甲肼 + 50% 肼)

N_2O_4 + 偏二甲肼和 N_2O_4 + 混肼是性能较高、能自燃,适于长期储存的推进剂,它首先替代液氧 + 煤油用在远程弹道导弹上。如美国采用 N_2O_4 + 混肼 A - 50 推进剂研制的火箭发动机 LR87 - AJ - 5 和 LR91 - AJ - 5 曾用于"大力神"Ⅱ导弹的一级和二级。为克服 N_2O_4 冰点较低的缺点,这些导弹都在温度变化很小的地下井内贮存、发射。"阿波罗"宇宙飞船登月舱的上升发动机 RS - 18 用的也是这种推进剂。

用 N_2O_4 + 偏二甲肼作为推进剂研制的发动机有:苏联的"质子"号运载火箭一级发动机 RD - 253,美国航天飞机姿态控制小发动机 R - 1E3 以及我国"长征"系列运载火箭一级、二级所用的发动机。

5. 液氧 + 液氢

在当前所使用的推进剂中,液氧 + 液氢是性能最高的推进剂,用它作推进剂研制的不同类型火箭发动机在航天飞行器中得到了广泛应用,如:美国的"土星"V 和"土星"IB 运载火箭的二级发动机 J - 2,"宇宙神 - 半人马座"运载火箭的二级发动机 R - 10,以及航天飞机主发动机 SSME;苏联的"能源"号运载火箭的二级发动机和我国某些"长征"系列运载火箭的上面级发动机;欧洲"阿里安"运载火箭的上面级发动机也都是用液氧 + 液氢作为推进剂。

表 2 - 2 列出了一些常用推进剂组合的性能。

表 2 - 2 一些常用推进剂组合的性能

氧化剂	燃料	α	γ_m	ρ /(g/cm^3)	T_c^* /K	T_e /K	C^* / (m/s)	k	$I_{s.sl}$ /(m/s)	$I_{s.v}$ /(m/s)	ε_e
液氧 O_2	95% 酒精	0.9	1.781	0.9884	3504	1866	1731	1.140	3159	3346	32.404
	煤油	0.8	2.726	1.0360	3799	1990	1797	1.146	3283	3475	31.97
	偏二甲肼	0.9	1.923	0.9882	3799	2084	1840	1.136	3481	3586	33.35
	液氨	1.0	1.409	0.8915	3116	1300	1785	1.188	3178	3344	27.86
	液氢	0.7	5.556	0.3449	3483	1419	2348	1.194	4146	4378	27.39
硝酸27	煤油	1.0	5.335	1.395	3224	1642	1575	1.148	2874	3041	31.82

氧化剂	燃料	α	γ_m	ρ /(g/cm³)	T_c^* /K	T_e /K	$C^*/$ (m/s)	k	$I_{s.sl}$ /(m/s)	$I_{s.v}$ /(m/s)	ε_e
硝酸 20	偏二甲肼	0.95	3.2	1.273	3219	1427	1649	1.175	2961	3120	28.89
四氧化二氮 N_2O_4	偏二甲肼	0.95	2.919	1.189	3516	1748	1711	1.156	3115	3291	30.95
	混肼 -50	0.95	2.127	1.20	3441	1555	1742	1.174	3137	3305	29.05
98% H_2O_2	煤油	1.0	7.393	1.317	2981	1395	1655	1.161	2993	3161	30.35
注：计算条件：$p_c^*=15\text{MPa}$；$p_c^*/p_e=300$											

为适应航天事业的进一步发展,除了以上我们所罗列的常用液体推进剂组元外,还有不少新的推进剂组元及添加剂正在研制中,如:一些改善液体推进剂组元性能(降低冰点,减少毒性和腐蚀性,便于点火和提高燃烧稳定性等)的各种添加剂的研究开发。为提高氢的密度和解决宇宙条件下氢的较长时间的储存问题,对使用冻胶冰凌状态下的氢的研究。对于一些低摩尔质量的气态烃,如甲烷 CH_4、乙烷 C_2H_6、丙烷 C_3H_8,通过液化,使其成为高性能、廉价的低温烃燃料,可以在宇宙空间条件下储存、使用的研究,以及改善高沸点烃类燃料的性质使其密度等参数更高的研究等。

一些高比冲、高密度的推进剂组合也正在研制中,如:液氟 + 液氢,液氟 + 肼,氟化氧(OF_2) + 乙硼烷(B_2H_6),高浓度 H_2O_2 + 五硼烷(B_5H_9),ClF_5 + N_2H_4,$HClO_4$ + 偏二甲肼,(30% N_2O_4 +70% $C(NO_2)_4$) + 偏二甲肼等。

2.4 液体推进剂的参数计算

2.4.1 混合比和余氧系数

液体推进剂的两个组元在燃烧室中燃烧(进行化学反应)时,氧化剂和燃料之间在质量上要有一定的比例。消耗在燃烧室中或发动机中的氧化剂质量和燃料质量之间的比值就叫做混合比。混合比分为理论混合比和实际混合比。

1. 理论混合比

推进剂在燃烧过程中,1kg 的燃料完全燃烧时所需要的最低限度的氧化剂量称为氧化剂的理论需要量,也叫化学当量,用 γ_0 表示。在实际应用中,习惯上称它为理论混合比。

从所列举的常用的推进剂组元的分子式中可以看出,目前应用最广泛的是含有 C、H、O、N 四种元素的推进剂组元。这四种元素中,C、H 是燃烧元素,O_2 是氧化元素。化学反应必须在原子状态下进行,分子必须先打开,成为原子状态。当 C、H 和 O_2 进行化学反应(燃烧)时,便有:

$C + O_2 = CO_2$,质量数为 $12 + 32 = 44$;

$H_2 + \frac{1}{2}O_2 = H_2O$,质量数为 $2 + 16 = 18$。

上边所说的化学反应,是指释放化学能的放热反应,而且是不可逆的,一般情况下可以在较低的温度下(需要提供的活化能少)进行。四种元素中的 N 是惰性元素,一般呈分子(N_2)状态存在,在较低温度($-2000℃$)下,给少量的活化能打不开其分子键,成不了原子状态。即使和氧化合,也是吸热的化学反应,必须是放热的化学反应进行之后,已经有了高温条件,它才能进行,而且是可逆的。

从以上两个简单的反应式中可以看出:氧化 1kg 的碳,需要 $\frac{32}{12} = \frac{8}{3}$ kg 的氧。

氧化 1kg 的氢,需要 $\frac{16}{2} = 8$ kg 的氧。

如果 1kg 的燃料中有:C_f kg 的碳,H_f kg 的氢,O_f kg 的氧,燃烧时相应的需要氧的量为 $\left(\frac{8}{3}C_f + 8H_f \right)$。而 O_f kg 的氧也可以提供出来参加燃烧,由于 O_f 的存在,会使氧化剂减少一部分所提供的氧,这样一来,1kg 燃料燃烧时,需要由氧化剂提供氧的净量为

$$\left(\frac{8}{3}C_f + 8H_f - O_f \right)$$

同样 1kg 氧化剂中,还有燃烧元素 C、H,在化学反应中,也需要消耗一部分氧去氧化它们,这样 1kg 氧化剂所能提供给燃料进行燃烧的氧的净量为

$$\left(O_0 - \frac{8}{3}C_0 - 8H_0 \right)$$

1kg 燃料完全燃烧时,所需要的由氧化剂提供的氧的数量与 1kg 氧化剂所能提供的氧的数量之比,就是 1kg 燃料完全燃烧时所需要的氧化剂的千克数,也就是氧化剂的理论需要量(化学当量)。精确计算时,可以写成

$$\gamma_0 = \frac{\frac{8}{3.0025}C_f + \frac{8}{1.008}H_f - O_f}{O_0 - \frac{8}{3.0025}C_0 - \frac{8}{1.008}H_0} \qquad (2-2)$$

例如,1kg 燃料完全燃烧时,需要提供的氧为 2kg,而 1kg 氧化剂只能提供 0.5kg,则 $\frac{2}{0.5} = 4$,即需要 4kg 氧化剂,才能满足提供 2kg 氧的要求。

其中:C_f、H_f、O_f 和 O_0、H_0、C_0 分别表示这些元素在燃料中和氧化剂中的质量组成。16 种推进剂组合的理论混合比值见表 2-3。

表 2 – 3 　 16 种推进剂组合的理论混合比值

推进剂	理论混合比 γ_0	推进剂	理论混合比 γ_0
液氧 + 酒精	1.9201	硝酸 20 + 偏二甲肼	3.4347
液氧 + 煤油	3.38 ~ 3.40	硝酸 40 + 偏二甲肼	3.2840
液氧 + 偏二甲肼	2.1242	硝酸 27 + 偏二甲肼	3.3510
液氧 + 肼	0.9838	硝酸 + 偏二甲肼	3.5064
液氧 + 混肼	1.5544	四氧化二氮 + 偏二甲肼	3.0590
液氧 + 液氢	8	四氧化二氮 + 混肼	2.2385
硝酸 20 + 煤油	5.5087	四氧化二氮 + 混胺	4.2526
硝酸 20 + 混胺	4.7749	四氧化二氮 + 肼	1.4168

2. 实际混合比和余氧系数

在液体火箭发动机实际工作中,燃料和氧化剂两个组元并不按照理论混合比进行燃烧。因为按理论混合比进行燃烧时,燃烧比较完全,放热量大,温度高,将导致燃烧产物的离解,造成部分热量损失,所得到的燃气温度并不是最高的。计算和实验都证明,燃气温度的最高值所对应的混合比(称为最优混合比)往往偏离于理论值 γ_0,推进剂实际工作时选择的混合比称为实际混合比,用 γ_m 表示,它通常和最优值接近。

$$\gamma_m = q_{mo}/q_{mf}$$

式中　 q_{mo}、q_{mf} ——实际工作时氧化剂和燃料的质量秒流量。

当 $\gamma_m < \gamma_0$ 时,说明氧化剂实际供应量小于理论需要量,称富燃燃烧。大多数液体火箭发动机都在这种情况下工作。

当 $\gamma_m > \gamma_0$,说明氧化剂实际供应量大于理论需要量,称富氧燃烧。

余氧系数也是表示氧化剂供应量多少的一个参数,它是实际混合比和理论混合比的比值,称为氧化剂剩余系数,简称余氧系数,用 α_m 表示。

$$\alpha_m = \gamma_m/\gamma_0 \text{ 或 } \gamma_m = \alpha_m \cdot \gamma_0 \qquad (2-3)$$

通常液体火箭发动机工作时,其氧化剂量与化学当量值相比是不足的,即 $\alpha_m < 1$。它是推力室设计时选取的参数之一。

2.4.2　推进剂中元素的质量组成

1. 推进剂组元为单纯的化学物质

设该组元共有 m 种元素,而其中第 i 种元素的原子量为 A_i,原子数目为 Z_i,则该组元的原子量为

$$\mu = \sum_{i=1}^{m} A_i \cdot Z_i \qquad (2-4)$$

元素在组元中的质量组成,通常是以百分比形式表示的,i 种元素在组元中

所占的质量百分比用 g_i 表示,则有

$$g_i = \frac{A_i \cdot Z_i}{\sum\limits_{i=1}^{m} A_i \cdot Z_i} = \frac{A_i \cdot Z_i}{\mu} \qquad (2-5)$$

例如:计算纯偏二甲肼中各元素的质量组成,偏二甲肼的分子式为 $(CH_3)_2N_2H_2$。该组元共含有 C、H、N 三种元素。其分子量为

$$\mu = \sum_{1}^{m} A_i \cdot Z_i = \sum_{1}^{3} (12.011 \times 2 + 14.0067 \times 2 + 1.0079 \times 8) = 60.10$$

各元素的质量百分比为

$$g_C = \frac{12.011}{60.10} = 0.40; g_N = \frac{14.0067 \times 2}{60.10} = 0.466; g_H = \frac{1.0079 \times 8}{60.10} = 0.134$$

检验: $\sum\limits_{1}^{m} g_i = 1.0; 0.40 + 0.466 + 0.134 = 1.0$。计算正确。

2. 推进剂组元由 k 种化学物质组成

设 g_j 为 j 种物质在该组元中所占的质量百分比,g_{ij} 为 i 种元素在第 j 种物质中所占的质量百分比,A_{ij}、Z_{ij} 分别为 i 种元素在 j 种物质中所具有的原子量和原子数。

i 种元素在该组元中所占的质量百分比为

$$g_i = \sum_{j=1}^{k} g_{ij} \cdot g_j = \sum_{j=1}^{k} \frac{A_{ij} \cdot Z_{ij}}{\mu_i} \cdot g_j \qquad (2-6)$$

例如:计算 98% 偏二甲肼 +1% 二甲胺 +1% 水组成的燃料组元中各元素的质量百分比。

$k = 3$,各种物质的分子式为:偏二甲肼 $(CH_3)_2N_2H_2$;二甲胺 $(CH_3)_2NH$;水 H_2O。计算得各种 g_{ij} 值为

在 $(CH_2)_2N_2H_2$ 中的含量	在 $(CH_3)_2NH$ 中的含量	在 H_2O 中的含量
$g'_C = 0.4$	$g''_C = 0.533$	$g'''_C = 0$
$g'_N = 0.466$	$g''_N = 0.311$	$g'''_N = 0$
$g'_H = 0.134$	$g''_H = 0.156$	$g'''_H = 0.112$
$g'_O = 0$	$g''_O = 0$	$g'''_O = 0.888$

各元素在组元中的含量为

$$g_C = \sum_{j=1}^{3} g_{ij} \cdot g_j = 0.4 \times 0.98 + 0.533 \times 0.01 + 0 \times 0.01 = 0.3970$$

$$g_N = \sum_{j=1}^{3} g_{ij} \cdot g_j = 0.466 \times 0.98 + 0.311 \times 0.01 + 0 \times 0.01 = 0.4598$$

$$g_H = \sum_{j=1}^{3} g_{ij} \cdot g_j = 0.134 \times 0.98 \times 0.156 \times 0.01 \times 0.112 \times 0.01 = 0.1343$$

$$g_O = \sum_{j=1}^{3} g_{ij} \cdot g_j = 0 \times 0.98 + 0 \times 0.01 + 0.888 \times 0.01 = 0.0089$$

检验 $\sum g_i = 1$; $0.3970 + 0.4598 + 0.1343 + 0.0089 = 1.0$。计算正确。

3. 推进剂中元素的质量组成

当氧化剂和燃料中的质量组成以及二组元混合比 γ_m 已知时,可求出某种元素在整个推进剂中的质量组成 g_{ip} ,即

$$g_{ip} = \frac{g_{if} + \gamma_m \cdot g_{i0}}{1 + \gamma_m} \qquad (2-7)$$

具体来说,在由 1kg 燃料和 γ_m kg 氧化剂组成的 $(1 + \gamma_m)$ kg 的推进剂中,每 1kg 推进剂中的碳、氢、氮、氧四种元素的质量组成可以写成

$$\begin{cases} C_p = \dfrac{C_f + \gamma_m \cdot C_0}{1 + \gamma_m} \\[2mm] H_p = \dfrac{H_f + \gamma_m \cdot H_0}{1 + \gamma_m} \\[2mm] N_p = \dfrac{N_f + \gamma_m \cdot N_0}{1 + \gamma_m} \\[2mm] O_p = \dfrac{O_f + \gamma_m O_0}{1 + \gamma_m} \end{cases} \qquad (2-8)$$

例如:计算 N_2O_4 + 偏二甲肼组成的推进剂中各元素的质量组成。已知余氧系数为 $\alpha_p = 0.75$。查表 2-4,得知:

对氧化剂组元: $C_0 = 0$; $H_0 = 0.0001$; $O_0 = 0.6952$; $N_0 = 0.3047$。

对燃料组元: $C_f = 0.3970$; $H_f = 0.1343$; $O_f = 0.0089$; $N_f = 0.4598$。

$$\gamma_m = \alpha \cdot \gamma_0 = 0.75 \times 3.059 = 2.3$$

$$C_p = \frac{0.3970 + 2.3 \times 0}{1 + 2.3} = 0.1323$$

$$H_p = \frac{0.1343 + 2.3 \times 0.0001}{1 + 2.3} = 0.0408$$

$$O_p = \frac{0.0089 + 2.3 \times 0.6952}{1 + 2.3} = 0.4872$$

$$N_p = \frac{0.4598 + 2.3 \times 0.3047}{1 + 2.3} = 0.3517$$

表 2-4　一些燃料和氧化剂的元素质量组成和焓值

组元	物质	成分	元素质量组成				总焓 $h/$ $\left(kJ/kg\left(\dfrac{kcal}{kg_f}\right)\right)$
			C	H	O	N	
氧化剂	液氧	100% O_2	0	0	1.0	0	-401.93（-96.0）
	四氧化二氮	99.5% N_2O_4,0.4% NO,0.1% H_2O	0	0.0001	0.6925	0.3047	-309.4（-73.9）
	硝酸	96.7% HNO_3,0.6% N_2O_4,2.7% H_2O	0	0.0202	0.7674	0.2124	-3411.4（-814.8）
	硝酸40	58% HNO_3;40% $N_2O_4$2% H_2O	0	0.0114	0.7380	0.2506	-2036.04（-486.3）
	硝酸27	71.7% HNO_3;27% N_2O_4,1.3% H_2O	0	0.0142	0.7475	0.2383	-2487.8（-594.2）
	硝酸20	77% HNO_3,20% N_2O_4,2.7% H_2O,其他 0.3%	0	0.169	0.7537	0.2294	-2871.3（-685.8）
	过氧化氢	100% H_2O_2	0	0.0600	0.9400	0	-5505.6（-1314.99）
	四硝基甲烷	100% $C(NO_2)_4$	0.061	0	0.653	0.286	188.4（45）
燃料	液氢	100% H_2	0	1.0	0	0	-3843.5（-918）
	偏二甲肼	98% $[(CH_3)_2N_2H_2]$,1% H_2O,1% $[(CH_3)_2NH]$	0.3970	0.1343	0.0089	0.4598	589.92（140.9）
	混肼	50% 偏二甲肼(成分同上);50% $[97\%(N_2H_4)$,2% H_2O,1% $NH_3]$	0.1985	0.1298	0.0133	0.6584	878.81（209.9）
	一甲基肼	100% $CH_3N_2H_3$	0.2609	0.1304	0	0.6087	1222.55（292.0）
	肼	97% N_2H_4,1% NH_3,2% H_2O	0	0.1252	0.0178	0.8570	1167.28（278.8）
	煤油	T-1 牌号	0.8637	0.1363	0	0	-1863.13（-445）
	酒精	92% 浓度 C_2H_5OH,8% H_2O	0.4800	0.1289	0.3911	0	-6834.95（-1632.5）
	混胺	50% $[(CH_3)_2C_6H_3NH_2]$,48.9% 三乙胺 $[(C_2H_5)_3N]$,0.7% $[(C_2H_5)_2N]$,0.4% H_2O	0.7499	0.1196	0.0035	0.1270	-519.58（-124.1）
	氨	100% NH_3	0	0.1770	0	0.823	-4082.13（-975）

注:除液氧按 -183℃ 和液氢按 -253℃ 取总焓值外,其余均以 20℃ 取总焓值

42

2.4.3 推进剂的焓值

1. 推进剂组元的焓值

如果推进剂组元由若干种物质组成,则其总焓的表达式可写成

$$h = \sum_{i=1}^{n} h_i \cdot g_i + q_d \qquad (2-9)$$

式中:n 为组成推进剂组元的物质种类数;h_i 为推进剂组元中第 i 种物质的总焓;g_i 为推进剂组元中第 i 中物质的质量组成;q_d 为一种物质溶解于另一种物质中的溶解热。

2. 推进剂的总焓

$$h_p = \frac{h_f + \gamma_m h_0}{1 + \gamma_m} \qquad (2-10)$$

式中:h_p、h_f、h_0 分别为推进剂、燃料组元和氧化剂组元的总焓,kJ/kg。

第3章　推力室内的热力过程和热力参数计算

3.1　平均余氧系数和主要过程参数的选择

3.1.1　平均余氧系数的选择

在进行热力参数计算时,首先给定的原始数据是推进剂两个组元的元素质量组成及它们在标准状态下的焓值。除此之外,推进剂的平均组元混合比(或平均余氧系数)也是一个主要的原始数据。平均组元混合比用 $\gamma_{m.aver}$ 表示(或平均余氧系数,用 $\alpha_{m.aver}$ 表示),它为通过燃烧室头部的氧化剂质量和燃料质量之比。只有选定了 $\alpha_{m.aver}$,才能计算工作时推进剂的元素质量组成和总焓。这些元素的质量组成能够在定性上确定燃烧产物的可能成分。

计算和试验都证明,对于绝大多数液体推进剂,当燃烧室压力为定值时,都存在一个余氧系数小于 1.0 的值对应着一个最高的 I_s 值,通常称此余氧系数值为最优余氧系数,用 $\alpha_{m.max}$ 表示。为使推力室有最好的性能,应选择 $\alpha_{m.aver}=\alpha_{m.max}$,但这一点往往难以做到。对于薄壁夹层结构的推力室来说,为确保内壁工作可靠,其接触燃气的热壁面温度和接触再生冷却剂的冷壁面温度以及平均壁温都不能超过容许的上限值。因此,进入燃烧室的燃料,先要拿出一部分(约占其总流量的 1% ~3%)去形成热内壁的冷却液膜。对常规液体火箭发动机,还需要在头部的近壁区设定一个低混合比的过渡区,以降低此区的燃气温度。如果让头部中心区 90% 以上的推进剂质量流量都能按照(或接近)$\alpha_{m.max}$ 值工作,则整个推力室头部的 $\alpha_{m.aver}$ 值将比 $\alpha_{m.max}$ 值略低。对于常规大发动机来说,$\alpha_{m.aver}$ 值可选择比 $\alpha_{m.max}$ 低 0.02 ~0.06。对于小发动机,$\alpha_{m.aver}$ 值可选择比 $\alpha_{m.max}$ 低 0.05 ~0.09。高压补燃发动机因燃烧室温度较高,往往用内冷却效果较好的液膜冷却作为冷却内壁的主要手段,并进行专门的结构设计。在满足冷却要求的情况下,为追求高性能,考虑到边界燃气与冷却液膜的蒸发渗混,往往把边区的 $\alpha_{边}$ 值设计得较高,期望整个头部都能按照(或接近)$\alpha_{m.max}$ 值工作,这样可使 $\alpha_{m.aver}$ 与 $\alpha_{m.max}$ 相等或更接近,一般可选择 $\alpha_{m.aver}$ 比 $\alpha_{m.max}$ 低 0.01 ~0.04。

$\alpha_{m.aver}$ 的选择还将关系到推进剂的能量释放、燃烧完全度、燃烧稳定性、燃烧室的冷却以及推进剂贮箱的结构尺寸。我们现在选择的 $\alpha_{m.aver}$,只是初步的为进行热力参数计算所用的余氧系数值。发动机实际工作的 $\alpha_{m.aver}$ 值，还要在此基础上在研制过程中通过试验并考虑各方面的因素后慎重选定。

3.1.2 燃烧室压力 p_c 的选择

因为 p_c 涉及到发动机的性能、结构、冷却和研制成本等一系列因素，而这些因素又关系到国家材料工业的水平，制造推力室的工艺水平和工艺设备以及科技人员的研制经验，所以 p_c 是推力室设计初期就需要慎重选择的一个重要参数。p_c 也是计算推力室热力参数的重要原始数据之一。

对于常用的液体推进剂来说，当喷管出口压力（或喷管面积比 ε_e）选定后，p_c 的提高可使喷管膨胀比增加，可使燃烧室中的化学反应速率增大，燃烧效率提高，温度上升，由式（1－29）和式（1－40）可以看出，推力室可得到更高的比冲。如果推力室的推力大小不变，则 p_c 越高，推力室的轮廓尺寸越小，质量越轻，整个火箭也会设计得更加紧凑，火箭的性能更高。用提高 p_c 来获得发动机的更高性能是大型液体火箭发动机的发展方向之一。

但 p_c 的提高往往受到许多因素的影响和制约。首先是供应系统的研制。供给推力室两个推进剂组元的泵后压力，对常规燃气发生器循环的发动机，一般要比 p_c 高出 $1 \sim 2.5$ MPa，对补燃发动机，泵后压力要比 p_c 高出一倍多。p_c 的提高需进一步提高涡轮泵的功率，而涡轮工率的提高则需通过提高涡轮工质的温度来实现，这将增加燃气发生器（含燃气管路）和涡轮组件研制的难度。p_c 的提高、泵叶轮尺寸的加大、泵内腔压力的提高也会给泵组件和高压腔内密封结构的研制带来一定的难度。其次是推力室的研制。燃烧产物温度随 p_c 的提高而升高，传给推力室内壁的热流密度差不多和 p_c 成正比。p_c 的提高，热流和冷却通道内压力的提高，将给推力室身部的内冷却设计、外冷却（再生冷却）设计及其结构强度（总承载强度和内外壁连接强度）设计带来一定的难度。如果在许多条件有所限制的情况下，为保证推力室身部能够可靠工作，必须靠增加内冷却液的质量流量把推力室内壁温度降下来，这将造成工作 I_s 有较大幅度的损失。另外，对常规发动机来说，若 p_c 提高，化学反应速率增大，燃烧室内的燃烧状况将更加难以控制，往往需要花大力气在克服推力室高频和中频工作不稳定方面采取措施，以确保其工作的高可靠性。

p_c 的提高可使发动机性能提高，但也会给涡轮泵联动装置的研制和推力室的研制增大难度，为攻克各种技术难点会大大增加发动机的研制成本。因此，p_c 的选择必须根据当前材料、工艺技术的水平和研制经验，综合考虑发动机尺寸、质量、性能和研制成本几方面的因素。p_c 的选择还取决于所采用的发动机循环系统，一般对于常规发动机 p_c 可选 $6 \sim 10$MPa，对高压补燃发动机可选 $12 \sim 25$MPa。

3.1.3 喷管出口压力 p_e 的选择

对于一个固定尺寸的几何喷管,在整个火箭飞行过程中,由于环境压力不断变化,它只能有一个设计高度工作状态($p_a = p_e$)。在 $p_a > p_e$ 的低空工作时,喷管处于过度膨胀状态,在 $p_a < p_e$ 的高空工作时,喷管处于欠膨胀状态,喷管在这两种状态下工作时,性能都低于设计高度工作状态。当发动机在地面工作时,$p_e \approx 0.2 \sim 0.4$ Pa 时,喷管将处于严重的过度膨胀状态,喷管内会产生激波,将发生气流的分离,此时推力虽有一些增加,但由于温度的升高,将可能引起冷却的困难。

对一级和助推级发动机,为确保其在整个工作期间有最佳性能,p_e 应取其主动段飞行时间的环境压力的平均值,即 $p_e = \dfrac{1}{t_f}\int p_a(t)\,\mathrm{d}t$,$t_f$ 为飞行时间,p_a 为环境压力。实际 p_e 选择时不但要考虑满足地面比冲和高空比冲的要求以及喷管冷却的要求,还要考虑喷管的外廓尺寸和结构质量不宜过大,且便于制造和试验。一般可选 $p_e = (0.55 - 0.65) \times 10^3$ Pa。对于上面级发动机,p_e 的选择主要取决于推力室外廓尺寸和结构质量的限制。

如果采用双钟型变面积喷管、塞式喷管、E - D 喷管,则可使发动机的性能基本上不受损失,因为它们的喷管出口压力 p_e 可随着出口环境压力 p_a 的变化进行调整,使得在整个工作期间 $p_e \approx p_a$。

3.2 推力室内热力过程的特点

3.2.1 概述

推力室中热力过程的主要特点:一是燃烧产物的温度高;二是燃烧产物在推力室中停留的时间短。

液体火箭发动机因为采用了含氧化元素很多的氧化剂组元和燃料一起燃烧,所以对氧化剂的需要量就大大减少,生成燃烧产物的量也相应减少(约为空气喷气发动机的1/3)。虽说和空气发动机中燃烧时相比,二者放热量和比热都差不多,但由于火箭发动机推力室中需要加热的燃烧产物量很少,所以燃烧温度 T_c 很高,一般为 3000 ~ 3800K。对于更为先进的推进剂,T_c 会超过 4000K。高温引起的后果:一是导致燃烧产物的离解,离解不仅使燃烧产物的成分发生变化,而且还要消耗大量的热量(大约 10% ~ 30% 的热量都因此而消耗掉),不能都用来加热燃烧产物,因而使燃气温度有所降低;二是影响燃气分子的热运动内能在各自由度上的分配比例。当燃气温度在喷管中因膨胀而下降时,离解的燃气又会出现再复合现象,并将消耗掉的热量释放出来,同时能量分配比例也会发生变化。由于燃气在推力室中停留的时间很短,总共不过千分之几秒(在燃烧室中停留的时间为千分之几秒,在喷管中的停留时间约为万分之几秒),在这样短的时间内,燃烧、离解及复合过程能否来得及完成? 这一系列化学过程和能量分配变化过程是否都能和温度变化的时间相适应? 这些问题还必须在进行性能参数计算之前结合推力室内燃气高温高速的特点作进一步阐述。

3.2.2　燃气的离解与复合

随着温度的升高,燃气分子热运动加剧。有效碰撞次数增多,便引起了分子内能的增加(主要是旋转能和振动能),使构成分子的原子外层的电子被激发,部分原子便开始振动,当振动能量足以克服分子中原子之间相互引力时(即振动能大于键能时)分子就遭到破坏,两个原子的分子离解成两个原子,三个原子或多个原子的分子则变成简单的分子或原子。也就是说,在这样严重的离解状态下,在燃烧产物中除完全燃烧产物(H_2O、CO_2 等)之外,还可能有一些可燃气体(如 O_2、OH、N_2、NO)以及一些离解后的原子气体(如 O、H、N)等。而且温度越高,原子状态的气体占的百分比越大,而完全燃烧产物则相应减少。在离解过程中要消耗掉一部分分子热运动的能量,因而降低了燃烧产物的温度。

分子的破坏过程,同时伴随着原子和简单分子"碎片"再复合(或叫再结合、再化合)成分子的过程。分子的再复合现象仅仅是当足够多的分子"碎片"在一起相互撞击时才能发生,一样的分子在复合过程释放出来的热量,如果条件一样,将和它离解时吸收的热量一样多。离解和复合反应是可逆反应,在同一个时间内向两个方向都在进行。

在某一定条件下,在燃烧气体的混合物中,可能出现平衡状态,但这种平衡是动态的,平衡的建立不是因为离解和复合现象都停止了,而是由于反应在向两个方向进行时速度一样。这时燃烧产物的化学成分叫做化学平衡状态下的化学成分。对化学平衡起决定性影响的参数就是温度和压力。

温度对燃气离解过程的影响,对于不同的分子是不一样的(例如不同气体成分,开始离解的温度 T_d 就不同:对于 CO_2 和 H_2O,T_d 为 2000K;对于 O_2 和 H_2,$T_d > 2000K$;当 $T_d > 3000K$ 时,N_2 才开始参加反应,形成 $2NO$,$T_d > 3600K$ 时,N_2 开始离解)。图 3 – 1 示出了不同分子的离解程度 $\alpha_d\%$(离解了的克分子数与原有的克分子数之比)和温度之间的关系。可以看出不同分子抵御离解的稳定性是极不相同的。

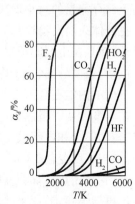

图 3 – 1　某些分子的离解度与温度的关系($p = 10MPa$)

压力对离解程度的影响比温度的影响小一些,根据化学平衡移动原理,提高压力应当在系统中引起使压力相对降低的过程,即导致燃气当中分子数目减少的过程,也就是复合过程。图 3 - 2 示出了不同分子的离解度和压力之间的关系。

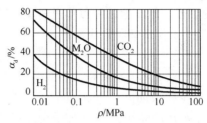

图 3 - 2　某些分子的离解度与压力的关系($T = 3000\text{K}$)

还应当指出,在可逆反应中,还有少数是分子数目不发生变化的反应,这些反应的平衡不受压力的影响,例如:$CO + H_2O \Leftrightarrow CO_2 + H_2$。

高温下电子被强烈激发的结果,还可以使某些电子脱离其原来原子中的轨道,使这些丢掉电子的原子变成带正电荷的离子,如果某些原子在自己的核周围有很多电子,那它将不止一次地经受离子化。离子化和离解一样,也是一个吸热过程。而离子化的反过程,即离子和电子的复合,也是放热过程。温度和压力对离子化过程的影响也和它们对离解过程的影响相似。不过对液体火箭推进剂来说,其燃烧产物的离子化一般可认为微不足道,因而可不予考虑。只有在 $T_c >$ 5000K,计算某些燃烧产物性质时,它的影响才需加以注意。

3.2.3　燃气分子的能量分配

由气体的分子运动理论可知,气体分子的热运动能量(即气体的内能),是在移动(或称平动)、转动和振动三个可能的自由度之间进行分配的,各自由度方向上储存能量的大小取决于其温度的高低。

在液体火箭发动机推力室所具有的温度范围内,可以加剧气体分子的移动和转动,而且在由双原子组成的分子中,原子还可能相对于在分子中的平衡位置发生振动,温度越高,分子内部的振动就激发得越强烈。

气体的内能在数值上等于气体的比热容与温度的乘积。气体的比热容就是气体在温度改变时吸热和放热的能力,也就是相应于该温度下气体分子的移动能量、转动能量和内部振动能量的热容量的总和,其中每一个分量,都表示1g分子气体,当温度变化1℃时,在该自由度上分子热运动能量的改变。而在每个自由度上,它的比热容都随温度的升高而增大。但达到一定温度时,该自由度的比热容不再与温度有关,而保持不变,这时的温度称为该自由度比热容的饱和温度。

对于一切分子,其移动和转动自由度上的比热容的饱和温度都是很低的,所以气体在化学反应和膨胀过程中,这两部分自由度上的比热容是不变的。相反,一切分子的振动自由度上的比热容的饱和温度都是很高的,基本上都高于目前所使用的推进剂的燃烧温度。所以振动自由度上比热容是变化的,随着温度的升高而增大。由于在一般化学火箭发动机推力室中,燃气总能量储备的很大一部分是分子内部的振动能,所以在进行推力室热力参数计算时,必须考虑到燃气的比热容随温度变化的情况。

3.2.4 化学平衡和能量平衡

对于任何一种理想气体中的可逆化学反应过程来说,只要进行这种可逆反应的系统保持温度和压力不变,并且反应过程的进行又不受时间的限制,则该系统中的反应物质和生成物质在某一时刻总能达到一种化学平衡状态。这种由反应物和生成物组成的混合气体,其分子的热运动能量(分子内能)在分子内各自由度上的分配必然也会与该平衡状态下的混合气温度相适应。混合气体此时所处的状态称为化学平衡与能量平衡状态。根据平衡移动原理,当系统中的温度或压力有一个改变或二者同时改变时,则燃气(混合气体)的成分都要发生变化,气体分子的热运动能量也要在分子内部各自由度上进行重新分配。

如果气体成分的改变和分子内能的重新分配的时间能够与温度、压力的变化时间相适应,那么混合气体将在新的温度、压力下建立起新的化学与能量平衡状态。

我们感兴趣的是:因为燃气在推力室内停留的时间很短,在如此短的时间里,气体成分的改变和能量在分子内部各自由度上的分配,能否来得及随推力室内各截面温度和压力的变化而作相应的变化。

1. 化学平衡

对于化学平衡来说。在推力室内可能存在两种极限情况:

(1)当混合气体的温度改变时,各种燃气成分的可逆反应速度均能跟得上温度和压力的变化。这种情况称为化学平衡状态。如上所述,对于每一个化学平衡状态,各种气体成分的克分子数都有确定的数值。

(2)当混合气体的温度和压力变化时,燃气成分来不及随温度、压力的变化而变化,也就是说不能建立起相应于新的温度、压力条件下的平衡状态。这种情况称为化学不平衡状态。

化学不平衡的情况相当复杂,它的气体成分尚无法确定,但对于化学不平衡的一种极限情况,就是当混合气体的温度和压力变化时,其成分则始终保持不变,好像是冻结了一样,这种情况称为"化学极不平衡"。此时的气体成分也叫"冻结"成分。

对于推力室来说,为方便起见,我们只能人为地认为,推力室内的过程只有两种情况:要么认为是化学平衡状态,要么认为气体成分是"冻结"的,然后对应于其中一种状态进行理论的热力参数计算。否则,就要遇到无法进行计算的介于二者之间的化学不平衡状态。而实际上,推力室内的热力过程却恰恰是这种介于二者之间的化学不平衡状态。

2. 能量平衡

和化学平衡状态的情况相似,推力室内气体储备的能量(主要是振动能),随气体温度变化同时间联系起来,也可能提出两种极限情况:

(1)在推力室内,当气体的温度在燃烧或膨胀过程中发生变化时,分子内部的振动强度的改变十分迅速,能来得及随温度的改变而立即改变,振动能的数值都能和温度相适应。这种情况称为能量平衡。

(2)相反,在推力室中,当气体的温度变化时,分子内部的振动强度来不及随温度的改变而改变,振动能数值和温度也不相适应,这种情况称为能量不平衡。

燃气分子的能量平衡与否,将对推进剂化学能利用的有效程度产生影响。这种影响最终也将反映在喷管气流的参数上。不过,在分子内部振动强度的改变从时间上来说,要比化学反应快得多(例如,在燃烧温度下,对 H_2 和 O_2 来说,改变振动能强度所需要的时间仅为 10^{-8} s 的数量级),而且分子越复杂,所需要的时间越短。对目前液体火箭发动机常用的推进剂来说,在燃气温度较高的情况下,燃气混合物中绝大多数都是由双原子或三原子所组成的气体分子。所以,一般可以认为,燃气是能够达到能量平衡的。而且由于达到能量平衡所需时间比化学平衡所需要的时间短,只要能达到化学平衡,就一定能同时达到能量平衡。

用上述的化学平衡和能量平衡的概念来研究推力室内燃气的热力过程时,可以看出,化学平衡问题在推力室内热力过程中起着决定性的作用,燃气分子内部的能量平衡问题则不需要单独考虑。

3.2.5 燃气在喷管中的平衡流动与冻结流动

目前,一般认为在燃烧室中,燃气是能够达到化学平衡的。对于理想推力室来说,燃烧室中的压力和温度是不变的,因而平衡后的燃气成分也不变化。而在喷管中则有可能达不到化学平衡,因此在对推力室喷管部分的流动进行理论计算时,常按下述三种流动情况中的某一种进行计算。

(1)平衡流动:认为燃气的化学反应速度极为迅速,随着燃气压力和温度在喷管内膨胀过程中的不断下降,能够保证喷管每个截面上,燃气成分都能在相应的温度和压力下达到化学平衡。燃气的这种流动称为平衡流动,或叫做平衡膨胀到给定的喷管出口。

(2)冻结流动:认为燃气在喷管内的膨胀加速过程中,虽说其温度和压力都在不断下降,但其化学反应速度却跟不上温度和压力的变化,以至于在喷管中的每一个截面上,燃气的成分均保持不变(成分冻结),和喷管入口截面的燃气成分完全相同。燃气的这种流动情况称为冻结流动,或叫冻结膨胀到给定的喷管出口压力。

(3)平衡流动到当地声速(到临界截面):认为平衡流动可到达声速截面,然后冻结流动到喷管出口,即亚声速段按平衡流动计算,超声速段按冻结流动计算。

平衡流动和冻结流动是两种极端的流动方式,而燃气的实际流动过程则是介于这二者之间的一种不平衡流动。对于不同的燃烧室压力和推力室结构形式,有的可能接近于平衡流动,有的则接近于冻结流动。不少研究资料认为,对于大、中型推力室和 $\alpha < 1.0$ 的情况下,冻结点可能在临界截面下游的不远处或正好在临界截面。由于燃气实际流动的复杂性,要想对每个具体的推力室找到其真实的流动形式和精确确定喷管中的冻结点是不可能的。热力参数计算的目的一般有两个:一是为了进行方案比较,要求不同方案的参数必须是按照同一标准,用同一方法计算出来的;二是为了大致计算出推力室的几何尺寸和下一步进行传热计算及其他计算提供依据。推力室最终实际的气体流动参数还要在几何尺寸确定之后,在研制过程中通过多次试验,由实测数据得出。因此,采用哪一种流动方式进行初步计算并不十分重要。为方便起见,常采用平衡流动进行计算,平衡流动和实际流动更接近一些。由于在平衡流动过程中,离解燃烧产物的复合,放出了热量给膨胀的气流加了热,提高了燃气流的温度,增大了排气速度,算出的比冲要比冻结流动算出的高一些(图3-3)。

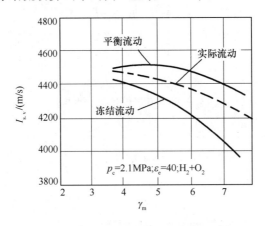

图3-3 推力室理论比冲随流动条件的变化

3.2.6 燃气在喷管中的等熵流动和等熵过程指数

燃气在喷管中膨胀加速时,和壁面的接触时间较短,可以认为燃气与外界没有热交换,认为流动过程是绝热的,也是等熵的。在热力参数的理论计算中,这样假设是可以的。因为对于大、中型推力室来说,身部多采用夹层再生冷却形式,燃气通过壁面传出的热量,又被冷却剂带回推力室中,只有少量的热损失。对于微小型推力室来说,多采用绝热措施,或者是工作时间很短,传出去的热量有限。所以在喷管中不管选择哪种流动形式,均按等熵过程计算。

应当指出,平衡流动和冻结流动,其等熵过程指数是不一样的。对于冻结流动,由于燃气成分不发生变化,其等熵过程指数(用 K' 表示)和燃烧室出口截面(喷管入口截面)的燃气的绝热过程指数 K_c 相等,即 $K' = K_c$。由式(1-17)可知

$$K = \frac{c_p}{c_V} = 1 + \frac{R}{c_V}$$

冻结流动的等熵过程指数用 K_c 表示,平衡流动的等熵过程指数用 K 表示。计算 K 时,应考虑到平衡流动时的化学成分变化和化学反应热。

由于燃气成分在流动过程中有了变化,化学能也就相应地有了改变。由热力学第一定律知:

$$(dq)_V = (du)_V$$

若只考虑到内能的变化,则有 $c_V = \left(\frac{\partial q}{\partial T}\right)_V = \left(\frac{\partial u}{\partial T}\right)_T$。若内能 u 中包括热内能 e 和复合反应时放出的热能 e_{ch} 两部分,平衡状态时的比热容用 c_p 和 c_V 表示,冻结状态时的比热容用 c_p'、C_V' 表示,则有 $K = \frac{c_p}{c_V}$,$K' = \frac{c_p'}{c_V'}$。

$$\begin{cases} c_V = \dfrac{\partial e}{\partial T} + \dfrac{\partial e_{ch}}{\partial T} \\ c_V = c_V' + \dfrac{\partial e_{ch}}{\partial T} \end{cases} \qquad (3-1)$$

已知

$$c_p = c_V + R = c_V' + \frac{\partial e_{ch}}{\partial T} + R'$$

则有

$$K = \frac{c_V' + \dfrac{\partial e_{ch}}{\partial T} + R'}{c_V' + \dfrac{\partial e_{ch}}{\partial T}} = 1 + \frac{R'}{C_V' + \dfrac{\partial e_{ch}}{\partial T}}$$

由于平衡流动过程中产生复合放热,$\dfrac{\partial e_{ch}}{\partial T} > 0$,所以 $K < K' = K_c$。

图 3-4 示出了喷管入口处,燃烧产物的平衡状态比热容和冻结状态比热容值。可见,压力对冻结状态比热容的影响很小,而平衡状态比热则明显地与压力有关。在较小 γ_m 或较大 γ_m 情况下,温度较低,燃气成分变化不大,平衡状态比

热容和冻结状态比热容也差别不大。

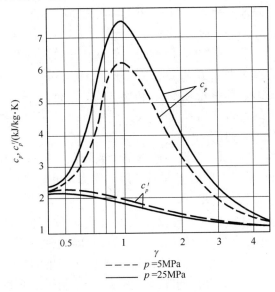

图 3 - 4　燃烧产物的平衡比热容和冻结比热容之比（液氧＋煤油）

平衡流动的等熵过程指数 K，可借助多变过程方程 $pV^K =$ 常数求得：

$$p_c^* V_c^* = p_e V_e^K$$
$$p_c^*/p_e = (V_e/V_c)^K \qquad (3-2)$$

两边取对数，便得出 K 由"c"截面膨胀到"e"截面的平均值：

$$K = \frac{\lg(p_c^*/p_e)}{\lg(V_e/V_c)} \qquad (3-3)$$

燃气从燃烧室出口截面（喷管入口截面）"c"截面膨胀到"t"截面的平均等熵过程指数为

$$K_t = \frac{\lg(p_c^*/p_t)}{\lg(V_t/V_c)} \qquad (3-4)$$

当利用气动力关系式计算喷管收敛段的参数时，用 K_t 值计算有较好的结果；而当计算喷管扩张段时，用 K 值计算有较好的结果。

3.3　热力参数的计算

3.3.1　概述

进行热力参数计算的原始数据是给定推进剂的元素质量组成及其焓值，选定的数据是推进剂两个组元的混合比 γ_m（或余氧系数 α_m）和两个特征截面的压

53

力 p_c 和 p_e,并认为 $p_c = p_c^*$。

热力参数的计算又称热力气动力学计算,它包括燃烧过程热力参数计算和流动过程热力参数计算两部分。燃烧过程热力参数计算是确定燃烧室出口截面(喷管入口截面)上的热力参数,即燃烧产物的主要函数,如焓值 h_c 和熵值 S_c 等。流动过程热力参数计算是确定喷管的两个特征截面(临界截面和出口截面)上的燃气热力参数,如特征速度 c^* 和比冲 I_s 等。推力室工质的热力计算对于确定给定推力下的推力室几何尺寸和进行身部传热计算及其他气动力过程参数的计算都是十分必要的。

在热力参数计算的过程中,燃烧产物单个成分在给定温度为 T 时的焓值 h_i、比定压热容值 c_{p_i}、化学平衡常数值 K_i 及给定温度为 T 和标准压力(101325Pa)下的熵值 S_i° 都是需要输入的数据。

工质热力参数的计算是根据理想推力室所具备的条件进行的,由于各种因素的限制,所计算出来的性能参数(如 c^*、I_s 等)只能是理论值,它只考虑了由于高温而产生的离解损失和由于气流喷出带走热量而产生的热力损失,没有考虑由于发动机的实际工作过程和理想状态存在差异而造成的其他类型的损失。

理论性能参数计算所研究的仅仅是 1kg 推进剂在给定的条件下,通过化学反应(燃烧)变成 1kg 燃气后的热力参数和在给定压力膨胀比下的热力气动力参数,尚不涉及具体的推力室几何尺寸和具体的结构形式(如雾化混合装置和喷管形状等)。只有当推力给定之后,根据推力所需要的工质流量 q_m,才能求得具体的几何尺寸。但这些理论性能参数是设计推力室的主要理论依据。

在计算燃烧过程(p, h = 常数的状态)和流动过程(p, S = 常数的状态)的热力参数时,首先要根据未知量的多少建立相应数量的方程组。因为求解燃烧产物的平衡化学成分的性质是以(p, T = 常数)为条件的,我们只给定了压力(p_c,p_e),尚未求得温度 T。通常的做法是,根据所选推进剂及其混合比在给定压力下可能达到的温度范围,凭经验和资料给定高、中、低三个温度值 T_{c1}、T_{c2}、T_{c3},然后对应 pT_{c1}、pT_{c2}、pT_{c3},用逐步近似法,以质量守恒方程和化学平衡方程为约束条件,求出相应 $(p, T)_c$ 下的燃烧产物的气体成分,并计算出必要的热力函数值。以此三组数值为基础,用图解内插法,以满足能量方程(h = 常数,或 S = 常数)为约束条件求出选定压力条件下的确切温度值 T 和相应该 $(p, T)_c$ 下的燃烧产物平衡状态下的化学成分及所需各热力参数值。

3.3.2　燃烧过程的热力参数计算

1. 建立方程组

1)化学反应平衡常数方程

在推力室内燃气的成分及其数量的多少,要由化学反应的平衡常数来确定。

设 A 和 B 为化学反应的原始物质,C 和 D 为反应后的产物。对于一个可逆

化学反应过程,其一般反应式可写成

$$aA + bB \Leftrightarrow cC + dD \tag{3-5}$$

式中　a, b, c, d——参加反应物质相应的分子数。

在一定的温度和压力下,在两个方向上进行的化学反应速度是不一样的。如果我们讨论的是离解复合反应,则规定离解反应为正向反应,复合反应为逆向反应。通常参与反应的各种气体成分用其分压 p_i 来表示,其反应速度可表示为

$$W_1 = K_1 \cdot p_A^a \cdot p_B^b \text{(正向离解反应)}; W_2 = K_2 \cdot p_C^c \cdot p_D^d \text{(逆向复合反应)}$$

式中　K_1, K_2——反应速度常数。

对应每一种反应,K_1, K_2 都有不同的数值。其数值的大小随温度的变化而变化。

当混合气体处在化学平衡状态时,正向反应速度 W_1 等于逆向反应速度 W_2,则有

$$K_1 \cdot p_A^a \cdot p_B^b = K_2 \cdot p_C^c \cdot p_D^d$$

移项得化学反应平衡常数 $K = K_1/K_2$,如用分压 p_i 表示,其一般形式为

$$K = \frac{p_C^c \cdot p_D^d}{p_A^a \cdot p_B^b} \tag{3-6}$$

当离解反应为正向反应,温度升高,离解程度增加,完全燃烧产物成分的分压减小,离解产物成分的分压增大,因而 K 值增大。当温度下降时,K 值减小。

假设我们使用的推进剂中只有 C、H、O、N 四种元素。对于一般的余氧系数值($1 > \alpha > 0.4$),当燃烧温度较高时,燃烧后的混合气体中,一般不存在固体的游离碳,可能有 11 种燃气成分存在(表 3-1)。如果我们着重研究的是能随温度改变而使燃气成分改变的离解、复合反应,则会有 7 种反应形式,其相应的化学反应平衡常数如下:

二氧化碳的离解反应:

$$CO_2 \Leftrightarrow CO + \frac{1}{2}O_2$$

$$K_1 = \frac{p_{CO} \cdot p_{O_2}^{\frac{1}{2}}}{p_{CO_2}} \tag{3-7}$$

水蒸气离解为分子氢和分子氧:$H_2O \Leftrightarrow H_2 + \frac{1}{2}O_2$

由于燃烧产物和离解产物相互作用,二氧化碳离解产生的氧,可能去氧化由水蒸气离解而产生的氢,$CO_2 + H_2 \Leftrightarrow CO + H_2O$,得

$$K_2 = \frac{p_{CO} \cdot p_{H_2O}}{p_{CO_2} \cdot p_{H_2}} \tag{3-8}$$

水蒸气离解成氢和氢氧根:

$$H_2O \Leftrightarrow OH + \frac{1}{2}H_2$$

$$K_3 = \frac{p_{OH} \cdot p_H^{\frac{1}{2}}}{p_{H_2O}} \qquad (3-9)$$

一氧化氮的生成反应:

$$N_2 + O_2 \Leftrightarrow 2NO \qquad (3-10)$$

$$K_4 = \frac{p_{NO}^2}{p_{N_2} \cdot p_{O_2}}$$

分子氢离解为原子氢:

$$H_2 \Leftrightarrow 2H$$

$$K_5 = \frac{p_H^2}{p_{H_2}} \qquad (3-11)$$

分子氧离解为原子氧:

$$O_2 \Leftrightarrow 2O$$

$$K_6 = \frac{p_O^2}{p_{O_2}} \qquad (3-12)$$

分子氮离解为原子氮:

$$N_2 \Leftrightarrow 2N$$

$$K_7 = \frac{p_N^2}{p_{N_2}} \qquad (3-13)$$

对于比较低的余氧系数($\alpha < 0.4$),由于燃烧温度较低,离解为原子状态的燃气不大可能存在,但确有可能在燃气中存在固体的游离碳,且可能使存在的气体成分数减少,化学反应数量和形式也会有所改变。

表 3-1　可能存在的燃气成分

温度范围	>2000K	<2000K	
α 值	>1.0 或 <1.0	<1.0	>1.0
可能存在的燃气成份	$H_2O, N_2, CO, H_2, CO_2,$ OH, NO, H, O, O_2, N	$CO_2, H_2O, N_2,$ H_2, CO, CH_4, C	H_2O, CO, N_2, O_2

2)气体分压定律(道尔顿理想气体分压定律)

由于分子热运动的结果,燃气中每一种组成气体成分均能够充满整个容器,即它的容积等于混合气体的容积 V_Σ,它的温度也等于混合气体的温度 T_Σ。由于理想气体的分子本身不占体积,分子之间也无相互作用力,所以在理想混合气体中,各组成气体互不影响,它们的形为就好像单独存在时一样。因此可以认为,各组成气体在混合气体中所处的状态,相当于它们在混合气体的容积 V_Σ 与温度 T_Σ 的条件下单独存在的状态。压力是气体对容器壁面的作用力。每一种组成

气体在 T_Σ 相同的情况下,单独占据 V_Σ 时所呈现的压力称为它的分压,用 p_i 表示。当整个混合气体处于温度 T_Σ 和压力 p_Σ 时,各组成气体处于 p_i 和 T_Σ 状态。

混合气体对容器壁的总作用力应该等于各组成气体作用力之和,而各组成气体所产生的压力又等于它的分压。所以理想混合气体的压力等于其各组成气体分压之和,即

$$p_\Sigma = p_c^* = \sum_{i=1}^{11} p_i \qquad (3-14)$$

在进行计算时,应注意化学平衡常数中所使用的压力单位需和组成气体分压所使用的压力单位一致。

3) 质量守恒方程

某一元素(j 种元素) 在 1kg 推进剂中所占的质量百分比和它在 1kg 燃气中所占的质量百分比相等,即

$$g_{jp} = g_{j\Sigma}$$

燃气中某种气体成分(i 种成分) 的浓度与其分压成正比,将燃气成分的质量百分比用其分压 p_i 表示。

质量与摩尔质量之间的关系为

$$m_\Sigma = n_\Sigma \cdot M_\Sigma \, ; m_i = n_i \cdot M_i$$

$$m_\Sigma = \sum_{i=1}^{11} m_i \, ; n_\Sigma \cdot M_\Sigma = \sum_{i=1}^{11} n_i \cdot M_i \qquad (3-15)$$

式中 n——物质的量,mol;

        n_Σ、n_i——分别为燃气的和燃气中第 i 种气体成分的摩尔数;

        M——物质的摩尔质量,kg/mol;

        M_Σ——燃气的摩尔质量(燃气的平均分子量,假想分子量);

        M_i——燃气中第 i 种气体成分的摩尔质量。

燃气和燃气中第 i 种气体成分在同一个体积 V_Σ 中和同一个温度 T_Σ 下,其状态方程可以写成

$$P_\Sigma \cdot V_\Sigma = n_\Sigma \cdot R \cdot T_\Sigma \text{ 和 } P_i \cdot V_\Sigma = n_i \cdot R \cdot T_\Sigma$$

式中 R——摩尔气体常数,$R = 8.3144$J/mol·K,8314kJ/mol·K。

写成质量形式,有

$$P_\Sigma \cdot V_\Sigma = m \cdot R_m \cdot T_\Sigma$$

式中 R_m——燃气的气体常数,$R_m = \dfrac{R}{M} = \dfrac{n \cdot R}{m}$,J/kg·K,kJ/kg·K

由上式可得 $\dfrac{P_i}{P_\Sigma} = \dfrac{n_i}{n_\Sigma}$,代入式(3-15),对于 1kg 燃气,可得

$$M_\Sigma = \frac{1}{n_\Sigma} \cdot \sum_{i=1}^{11} n_i \cdot M_i = \frac{1}{P_\Sigma} \cdot \sum_{i=1}^{11} P_i \cdot M_i \qquad (3-16)$$

$$\begin{cases} n_\Sigma = \dfrac{m_\Sigma}{M_\Sigma} = \dfrac{1}{M_\Sigma} = \dfrac{P_\Sigma}{\sum\limits_{i=1}^{11} p_i M_i} \\[4mm] n_i = \dfrac{1}{M_i} = \dfrac{P_i}{\sum\limits_{i=1}^{11} P_i M_i} \end{cases} \qquad (3-16)'$$

j 元素在 1kg 燃气中所具有的质量为

$$m_j = \sum_{i=1}^{11} n_i \cdot M_{ij} = \sum_{i=1}^{11} n_i \cdot Z_{ij} \cdot A_j$$

j 元素在 1kg 燃气中所占的百分比为

$$g_j = \frac{m_j}{M_\Sigma} = \frac{\sum\limits_{i=1}^{11} n_i \cdot Z_{ij} \cdot A_j}{1.0} = \frac{A_j}{\sum\limits_{i=1}^{11} p_i \cdot M_i} \sum_{i=1}^{11} Z_{ij} \cdot p_i \qquad (3-17)$$

式中　A_j——第 j 种元素的原子量；

$\qquad Z_j$——第 j 种元素的原子数。

例如：对于 H 元素，利用式(2-8)和式(3-17)，可写成

$$H_P = H_\Sigma = \frac{H_f + \gamma H_0}{1+\gamma} = \frac{1}{\sum\limits_{i=1}^{11} p_i \cdot M_i}(2p_{H_2O} + p_{OH} + 2p_{H_2} + p_H)$$

为计算方便起见，常把质量守恒方程（或称元素平衡方程）写成相对量的形式：

$$\frac{C_p}{N_p} = \frac{12}{14} \cdot \frac{p_{CO_2} + p_{CO}}{2p_{N_2} + p_{NO} + p_N} \qquad (3-18)$$

$$\frac{H_p}{N_p} = \frac{1}{14} \cdot \frac{2p_{H_2O} + p_{OH} + 2p_{H_2} + p_H}{2p_{N_2} + p_{NO} + p_N} \qquad (3-19)$$

$$\frac{O_p}{C_p} = \frac{16}{12} \frac{2p_{CO_2} + 2p_{O_2} + p_{NO} + p_{CO} + p_{H_2O} + p_O + p_{OH}}{p_{CO_2} + p_{CO}} \qquad (3-20)$$

4）能量守恒方程

根据式(1-19)能量守恒方程，可写成

$$h_p = h_c = h_\Sigma$$

推进剂的总焓和燃气的总焓相等。当温度为 T_Σ 时，1kg 燃气的总焓为

$$h_{\Sigma} = \sum_{i=1}^{11} n_i h_i = \frac{\sum_{i=1}^{11} h_i P_i}{\sum_{i=1}^{11} M_i P_i} \qquad (3-21)$$

式中 h_i——第 i 种气体成分在温度 T_{Σ} 下的总焓,单位如用 kJ/moL 表示,则 h_{Σ} 的单位为 kJ/kg。

临界截面和喷管出口截面燃气的熵值应等于燃烧室出口截面(喷管入口截面)燃气的熵值:

$$S_{\Sigma} = S_c = S_t = S_e = \frac{\sum_{i=1}^{11} p_i (S_i^o - R\ln p_i)}{\sum_{i=1}^{11} M_i \cdot p_i} \qquad (3-22)$$

式中 $S_i = S_i^o - R\ln P_i$;

S_i^o——第 i 种气体成分在温度为 T_{Σ} 和压力为标准大气压力 (101325Pa) 下的熵值,如其单位用 kJ/mol·K 表示,则 S_{Σ} 的单位为 kJ/kg·K;

S_i——任意压力下的熵值。

11 种气体成分加上温度 T_c,共 12 个未知数。列出了式(3-7)~式(3-13)、式(3-14)、式(3-18)~式(3-20)和式(3-21)共 12 个方程,问题是可解的。

2. 方程组的解法

(1) 根据所选推进剂和平均组元混合比及燃烧室内压力 p_c,凭经验选取三个燃烧室内温度 T_{c1}、T_{c2}、T_{c3}。例如:当 $p_c \geqslant 5MP$,$1 > \alpha_{m,aver} > 0.4$ 时,对于硝酸类氧化剂 + 偏二甲肼,可选 $T_c = 2800 \sim 3100K$;对于 N_2O_4 + 偏二甲肼,可选 $T_c = 3000 \sim 3300K$;对于液氧 + 煤油,可选 $3500 \sim 3800K$;对于液氧 + 液氢,可选 $3300 \sim 3600K$。

(2) 以($p_c \cdot T_{c1} = $ 常数)为条件,计算燃烧产物中各组成气体成分和焓值。

① 查出相应 T_{c1} 下的化学平衡常数 $K_1 \sim K_7$。

② 为减少方程数目,先设数值比较小的,离解后的原子气体的分压(如:p_H,p_O,p_N,p_{OH},p_{NO})和 O_2 的分压 p_{O_2} 的第一次近似值为零(因 $\alpha_m < 1$,自由存在的氧很少)。利用式(3-14)、式(3-18)~式(3-20)和式 (3-8) 计算出 p_{N_2},p_{CO_2},p_{CO},p_{H_2O},p_{H_2} 五种气体成分分压的第一次近似值。

③ 将所得五种气体分压值代入式(3-7)和式(3-9)~式(3-13)求 p_H,p_O,p_N,p_{OH},p_{NO},p_{O_2} 第二次近似值,再用上面同样方法求出 p_{N_2},p_{CO_2},p_{CO},p_{H_2O},p_{H_2} 五种气体分压第二次近似值。

④ 用式(3-14)、式(3-8)和式(3-18) ~ 式(3-20)进行检验。若相差较大,则两边不相等。需按同样方法求出 11 种气体分压的新一次近似值,直到前

两次近似值的差值足够小(一般不超过 0.05% ~ 0.1%),便可以认为这一组近似值是选定(p_c, T_{c1})下的实际气体分压值。按式(3-21)算出焓值 $h_{\sum 1}$。

(3) 用同样方法求出(p_c, T_{c2})和(p_c, T_{c3})下的组成气体的分压值 p_i 和焓值 $h_{\sum 2}、h_{\sum 3}$。

(4) 根据算出来的 $h_{\sum 1}、h_{\sum 2}、h_{\sum 3}$,作图 $h_{\sum} = f(T_{\sum})$ 及 $p_i = f(T_{\sum})$,根据 $h_{\sum} = h_c = h_p$ 为条件求出燃烧室温度 T_c,并求得 T_c 下的各气体分压值 p_i。

3. 燃烧室出口截面(c 截面)的热力参数计算

(1) 按式(3-21)计算"c"截面燃气的总焓值,kJ/kg。

$$h_c = h_{\sum} = \frac{\sum\limits_{i=1}^{11} h_i \cdot p_i}{\sum\limits_{i=1}^{11} M_i \cdot p_i}$$

(2) 按式(3-22)计算"c"截面燃气的熵值,kJ/kg·K。

$$S_c = S_{\sum} = \frac{\sum\limits_{i=1}^{11} P_i(S_i^o - R\ln p_i)}{\sum\limits_{i=1}^{11} M_i \cdot p_i}$$

(3) 按式(3-16)计算"c"截面燃气的平均分子量,kg/mol。

$$M_c = M_{\sum} = \frac{1}{p_c} \sum\limits_{i=1}^{11} p_i \cdot M_i$$

(4) 燃气的气体常数,kJ/kg·K。

$$R_{mc} = \frac{R}{M_c} = \frac{8314}{M_c} \tag{3-23}$$

(5) 燃气的比定压热容,kJ/mol·K。

$$c_{p_c} = c_{P\sum} = \frac{\sum\limits_{i=1}^{11} c_{p_i} \cdot p_i}{p_c} \tag{3-24}$$

(6) 燃气的绝热过程指数。

$$K_c = K_{\sum} = \frac{c_{p_c}}{c_{p_c} - 8314} \tag{3-25}$$

(7) 燃气的比容,m³/kg。

$$V_c = V_{\sum} = \frac{R_{mc} \cdot T_c}{p_c} \tag{3-26}$$

3.3.3 流动过程的热力参数计算

1. 临界截面("t"截面)的热力计算

1)"t"截面上的燃气温度和燃气成分

临界截面上的温度和燃气成分计算和"c"截面基本相同。首先近似地取"c"截面上的绝热过程指数"K_c"为燃气从"c"截面膨胀到"t"截面的平均等熵过程指数,即$K_{t近} = K_c$。"t"截面的近似压力值由式(1-26)可得

$$p_{t近} = p_c \cdot \left(\frac{2}{K_c + 1}\right)^{\frac{K_c}{K_c - 1}}$$

因为$p_{t近}$和p_t相差不大,而且p_t对燃气成分的影响也不显著,可以先选取$p_{t近} = p_t$进行计算。取$T_{t1} = T_{t近} = \frac{2}{K_c + 1} \cdot T_c$,计算$(p_t \cdot T_{t1})$条件下的燃气成分,用式(3-22)计算$S_{t1}$。若$S_{t1} \neq S_c$,则重新选取$T_{t2}$、$T_{t3}$,在$(p_t \cdot T_{t2})$、$(p_t \cdot T_{t3})$条件下计算燃气成分和$S_{t2}$、$S_{t3}$值,作图$S_t = f(T_t)$、$p_t = f(T_t)$,以$S_t = S_c$为条件,用内插法求得"$t$"截面的温度$T_t$及各燃气成分$p_i$。

2)"t"截面上的热力参数

(1)按式(3-16)、式(3-23)、式(3-26),分别计算出$M_{近}$、$R_{mt近}$和$V_{t近}$。

(2)燃气从"c"截面膨胀到"t"截面的等熵过程指数,由式(3-4)得

$$K_t = \frac{\lg(p_c/p_{t近})}{\lg(V_{t近}/V_c)}$$

(3)特征速度c^*由式(1-44)可算得

$$c_t^* = \frac{1}{\Gamma}\sqrt{R_{mc}^* \cdot T_c^*}$$

式中

$$\Gamma = \left(\frac{2}{K_t + 1}\right)^{\frac{K_t + 1}{2(K_t - 1)}} \cdot \sqrt{K_t}$$

(4)"t"截面的压力由式(1-25)得

$$p_t = p_c^* \left(\frac{2}{K_t + 1}\right)^{\frac{K_t}{K_t + 1}}$$

(5)"t"截面气体的比热容由式(1-26)得

$$V_t = V_c \left(\frac{K_t + 1}{2}\right)^{\frac{1}{K_t - 1}}$$

(6)"t"截面气体常数为

$$R_{mt} = R_{mt近}$$

(7)"t"截面燃气温度为

$$T_t = \frac{p_t \cdot V_t}{R_{mt}}$$

(8)"t"截面燃气速度由式(1-27)得

$$v_t = \sqrt{2\frac{K_t}{K_t + 1} R_{mc}^* T_c^*}$$

（9）"t"截面的比面积，$m^2 s/kg$。

$$a_{mt} = \frac{F_t}{q_m} = \frac{C_{th}^*}{p_c^*} = \frac{V_t}{\nu_t}$$

2. 喷管出口截面（e 截面）的热力参数计算

1）"e"截面上的燃气温度和燃气成分

喷管出口截面的温度一般都低于 2000K，这时燃气中的离解很微弱，以至不存在。当平均余氧系数较高时（$\alpha_m > 0.65$），喷管出口几乎没有低分子量的烃类化合物（如 CH_4、C_2H_4）和固体游离碳。所以在计算喷管出口截面燃气成分时，可以用更简便一些的方法。对于不大于 1.0 的情况，可以认为"e"截面的燃气中只有 CO、CO_2、H_2、H_2O 和 N_2 五种气体成分。五种气体成分的摩尔数分别为

$$\begin{cases} n_{CO} = \xi_{CO} \dfrac{C_p}{12.01} \\[2mm] n_{CO_2} = (1 - \xi_{CO}) \dfrac{C_p}{12.01} \\[2mm] n_{H_2} = \xi_{H_2} \dfrac{H_p}{2.016} \\[2mm] n_{H_2O} = (1 - \xi_{H_2}) \dfrac{H_p}{2.016} \\[2mm] n_{N_2} = \dfrac{N_p}{28.016} \end{cases} \qquad (3-27)$$

式中 ξ_{CO} 和 ξ_{H_2}——碳元素生成 CO 和氢元素生成 H_2 的系数。

五种气体的总摩尔数为

$$n_{\Sigma} = \sum_{i=1}^{5} n_i = \frac{C_p}{12.01} + \frac{H_p}{2.016} + \frac{N_p}{28.016} \qquad (3-28)$$

五种气体中某种气体的分压为

$$p_i = \frac{n_i}{n_{\Sigma}} \cdot p_e \qquad (3-29)$$

由式（3-8）和式（3-27）、（3-29）可得

$$K_2 \cdot \frac{\xi_{H_2}}{1 - \xi_{H_2}} = \frac{\xi_{CO}}{1 - \xi_{CO}} \qquad (3-30)$$

含氧的三种气体成分可写成

$$\frac{O_p}{16} = \xi_{CO} \cdot \frac{C_p}{12.01} + 2(1 - \xi_{CO}) \frac{C_p}{12.01} + (1 - \xi_{H_2}) \frac{H_p}{2.016} \qquad (3-31)$$

整理式（3-30）、式（3-31）可得

$$2.016 C_p (K_2 - 1) \xi_{CO}^2 - \left[K_2 \left(12.01 H_p - \frac{3.0265}{2} O_p + 4.32 C_p \right) + 2.016 C_p \cdot \right.$$

$$\left(K_2 - 2\right) + \frac{3.0265}{2}O_p \Big]\xi_{CO} + K_2\left(12.01H_p - \frac{3.0265}{2}O_p + 4.32C_p\right) = 0$$

$$(3-32)$$

根据已知的喷管出口燃气压力 $p_{\sum} = p_e$ 和所选温度 T_e 解方程组,求出五种气体成分。为使所选温度 T_e 值和实际值差别不太大,可设 $K = 1.2$,按式(1-22) 近似算出 $T_{e近}$,以确定 T_e 的取值范围:

$$T_{e近} = T_c^* \left(\frac{p_e}{p_c^*}\right)^{\frac{K-1}{K}}$$

选取 T_{e1},由相应计算用表查出相应温度下的 K_2 值,由式(3-32)解出 ξ_{CO} (取最小的正根值),再由式(3-30)算出 ξ_{H_2},最后由式(3-27)~式(3-29)算出五种气体成分值。由式(3-21)、式(3-22)算出 h_{e1}、S_{e1}。

选取 T_{e2}、T_{e3},按同样步骤算出相应温度下的气体成分和 h_{e2}、h_{e3} 及 S_{e2}、S_{e3} 值。作图 $S_e = f(T_e)$,根据 $S_e = S_c$,确定"e"截面的温度 T_e 及相应该温度下的气体成份 p_i。

2)"e"截面上的热力参数

(1)"e"截面上的焓值 h_e 由式(3-21)算出。

(2)"e"截面上的燃气流动速度为

$$v_e = \sqrt{2(h_c - h_e)}$$

(3)"e"截面上的燃气平均分子量 M_e、气体常数 R_{me} 和比容 V_e 分别由式(3-16)、(3-23)和式(3-26)算出。

(4)"e"截面上的燃气等熵过程指数 K 由式(3-3)算出。

(5)"e"截面上的比面积为

$$a_{me} = \frac{A_e}{q_m} = \frac{V_e}{v_e}$$

(6)喷管面积比为

$$\varepsilon_e = a_{me}/a_{mt}$$

(7)推力室设计高度的理论比冲为

$$I_{sdth} = v_e$$

(8)推力室真空理论比冲由式(1-41)可得

$$I_{svth} = v_e + a_{me} \cdot p_e$$

(9)推力室地面理论比冲由式(1-42)可得

$$I_{ss1th} = I_{svth} - a_{me} \cdot p_{a.sl}$$

3.4 推力室的实际性能参数和几何尺寸

通过推力室的热力参数计算,我们得到了推力室的主要性能参数 I_s 的理论值。计算 I_s 实际值首要的是选择燃烧效率 η_c 和喷管效率 η_n。η_c 和 η_n 值的大小取决于推力室的几何尺寸和推力室内的实际工作情况,通常它们都需要根据推力室热试车的实际统计数据计算得到。作为大致估算,可取:$\eta_c = 0.96 \sim 0.99$,$\eta_n = 0.97 \sim 0.99$。对于现代推力在 500kN 以上的推力室,一般可取 $\eta_c = 0.98$,$\eta_n = 0.985$。

3.4.1 实际比冲值的计算

1. 设计高度比冲

$$I_{sd} = I_{sdth} \cdot \eta_I = I_{sdth} \cdot \eta_c \cdot \eta_n = \nu_e \cdot \eta_c \cdot \eta_n$$

2. 真空比冲

$$I_{sv} = I_{svth} \cdot \eta_I = I_{sdth} \cdot \eta_c \cdot \eta_n + a_{me.th} p_e \cdot \eta_c = I_{sd} + a_{meth} p_e \cdot \eta_c$$

上式静推力项($a_{meth} p_e$)乘以 η_c,主要是考虑到当膨胀比 p_c/p_e(或 ε_e)给定时对理论比面积 a_{meth} 的修正。由 ε_e 表达式知,$a_{me} = \varepsilon_e \cdot a_{mt} = \varepsilon_e \cdot \dfrac{c^*}{p_c}$,此式中 $\dfrac{\varepsilon_e}{p_c}$ 为给定值,c^* 为理论值,则有

$$c^* = c_{th}^* \cdot \eta_c ; a_{me} = \varepsilon_e \cdot a_{mt} \cdot \eta_c$$

3. 地面实际比冲

$$I_{s.sl} = I_{s.d} + \eta_c a_{me}(p_e - p_{a.sl}) = I_{s.v} - \eta_c a_{me} \cdot p_{a.sl}$$

3.4.2 流量和主要几何尺寸

给定推力室的真空实际推力为 $F_V/(kN)$,平均组元混合比为 $\gamma_{m.aver}$。

1. 流量

总流量:$q_{m.c} = \dfrac{F_v}{I_{s.v}}$

氧化剂流量:$q_{m.o} = \dfrac{\gamma_m}{1 + \gamma_m} \cdot q_{m.c}$

燃料流量:$q_{m.f} = \dfrac{1}{1 + \gamma_m} \cdot q_{m.c}$

2. 主要几何尺寸

临界截面面积:$A_t = \dfrac{c^* \cdot q_{m.c}}{p_c^*} = \dfrac{c_{th}^* \cdot \eta_c \cdot q_{m.c}}{p_c^*}$

临界截面直径:$D_t = \sqrt{\dfrac{4}{\pi} \cdot A_t}$

喷管出口截面面积:$A_e = \varepsilon_e \cdot A_t$

喷管出口截面直径:$D_e = \sqrt{\dfrac{4}{\pi} \cdot A_e}$

3.5 热力参数的主要影响因素

大量计算结果表明,当推进剂选定后,推力室内燃气的热力参数都直接或间接随着热力过程进行的条件(组元混合比 γ_m,p_c 和 p_a)的变化而变化,一些文献上称这种变化规律为热力特性(图 3-5 ~ 图 3-14)。

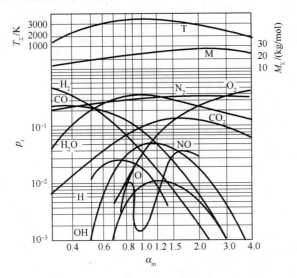

图 3-5 燃烧产物和 α_m 的关系

(N_2O_4 + UDMH, p = 5MPa)

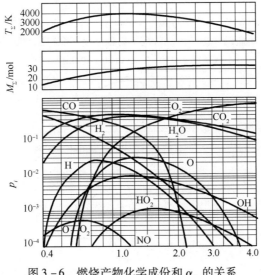

图 3-6 燃烧产物化学成份和 α_m 的关系

(液氧 + 煤油, p_c = 5MPa)

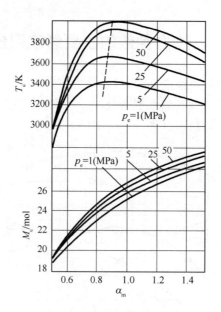

图 3-7 温度和分子量随 α_m 的变化关系

(液氧 + 煤油, $p_c = 5\,\mathrm{MPa}$)

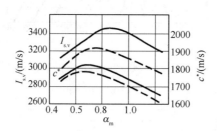

图 3-8 在平衡流动和冻结流动情况下特征速度和真空比冲随 α_m 的变化关系

(液氧 + 煤油 $p_c = 25\,\mathrm{MPa}$ $p_e = 0.1\,\mathrm{MPa}$)

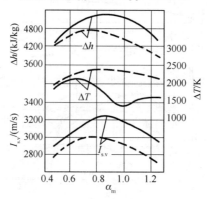

图 3-9 平衡流动(实线)与冻结流动(虚线)两种情况下
比冲的比较(条件同图 3-8)

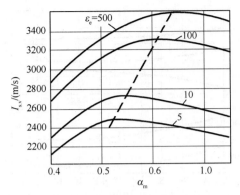

图 3 - 10　在不同 p_c 和面积比条件下真空比冲随 α_m 的变化关系

（液氧 + 煤油，$p_e = 0.1\text{MPa} = $ 常数）

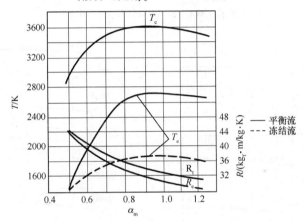

图 3 - 11　温度和气体常数与 α_m 的关系

（液氧 + 煤油，$p_c = 4\ \text{MPa}$，$p_e = 0.1\text{MPa}$）

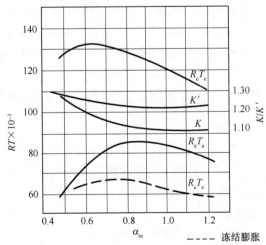

图 3 - 12　RT、K、K' 和 α_m 的关系

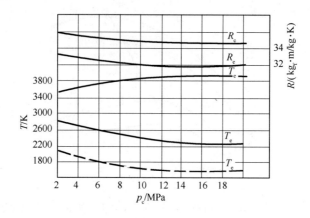

图 3 – 13　温度气体常数和 p_c 的关系

（液氧 + 煤油，p_e = 0. 1MPa，α_m = 0. 8）

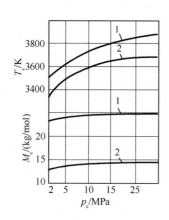

图 3 – 14　温度和气体分子量随

p_c 的变化关系

（1—液氧 + 煤油，2—液氧 + 液氢，α_m = 0. 8）

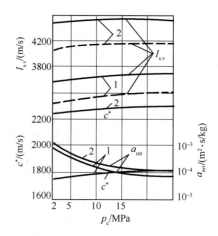

图 3 – 15　特征速度真空比冲和

临界截面比面积随 p_c 的变化关系

（推进剂条件与图 3 – 14 同）

3.5.1　组元混合比(或余氧系数 α_m)对热力参数的影响

1. 对燃气成分(用分压 p_i 表示)的影响

热力参数是通过燃气成分计算的，凡是影响燃气成分的因素都直接影响着热力参数的量值。α_m 可以通过两个途径对燃气成分发生影响，一是直接通过起氧化作用的元素在推进剂中含量的多少，二是间接通过燃烧温度的高低。

对一组推进剂来说，当 p_c 一定，α_m < 1 但接近于 1 时，燃烧温度将随 α_m 的增加而升高，达到一个最大值后，便随 α_m 升高而降低。假如我们所选的推进剂中只有 C、H、O 三种元素，就有可能产生以下几种主要的可逆化学反应：

$$\xleftarrow{\qquad \text{（正向）} T_c \uparrow \qquad}$$

$$CO + \frac{1}{2}O_2 \Leftrightarrow CO_2$$

$$H_2 + \frac{1}{2}O_2 \Leftrightarrow H_2O$$

$$2H + \frac{1}{2}O_2 \Leftrightarrow H_2O$$

$$2H \Leftrightarrow H_2$$

$$2O \Leftrightarrow O_2$$

$$\xrightarrow{\qquad \qquad \qquad}$$
$$T_c \downarrow (p_c \uparrow)(\text{逆向})$$

图 3 - 9 平衡流动(实线)与冻结流动(虚线)两种情况下比冲的比较(条件同图 3 - 8)

总的趋势是:当温度升高,有助于加大离解度,使化学反应朝正方向进行,完全燃烧的气体成分减少,离解了的气体成分增多。相反,当温度降低时,离解度减弱,有利于化学反应朝逆方向进行,完全燃烧的气体成分增多,离解气体成分减少。

当 α_m 下降时,氧化剂量减少,某些本来还可以继续燃烧的成分(如 H_2、CO、C 等)得不到充分的氧化,存在于燃烧产物之中,而且往往是 α_m 越低,这类成分越多。但 α_m 下降又伴随着温度的下降,使得完全燃烧的气体成分(如 H_2O、CO_2 等)增多。

当 α_m 上升时($\alpha_m < 1.0$ 但接近于 1.0),情况则相反。此时燃烧基本上是完整的,燃烧元素多数都能得到充分的氧化,因而完全燃烧产物增加。当 α_m 再上升时($\alpha_m > 1.0$),温度开始下降,离解成分减少,完全燃烧成分增加,多余的氧成分也将增加。

2. 对燃气温度的影响

前面已谈到,燃烧室燃烧产物的温度 T_c 随 α_m 的变化具有最大值 T_{cmax}。当没有离解现象时,T_{cmax} 应该在 $\alpha_m = 1.0$ 时出现,因为此时化学反应最完全,化学能的释放可达到最大值。但由于热离解的存在,消耗了一部分热能,相应地使 T_c 有所下降,而恰恰是 $\alpha_m = 1.0$ 时离解最为严重。因此,T_{cmax} 从 $\alpha_m = 1.0$ 的位置移向燃气中抗离解的、最稳定的燃气成分含量高的区域。在含 C、H、O 元素的燃烧产物中,这样的燃气成分便是 CO,它在 $\alpha_m < 1.0$ 的区域含量最高。而在含 H、F 元素的燃烧产物中,这样的燃气成分为 HF,它在 $\alpha_m > 1.0$ 的区域含量最高。对大多数推进剂来说,和 T_{cmax} 对应的最优化 α_m 值(用 $\alpha_{m,max}$ 表示)一般为 0.7 ~ 0.9。

喷管出口截面的温度 T_e,对于固定的膨胀比来说,随 α_m 的变化有时也有最大值,但不一定和T_{cmax}对应的$\alpha_{m.max}$相吻合。而且平衡膨胀过程下的T_e值远大于冻结状态下的T_e值。

3. 对气体常数的影响

燃烧室中R_{mc}的变化取决于燃烧产物的分子量$M_c(R_{mc}=8.314/M_c)$。当α_m向$\alpha_m<1.0$的方向减少时,由于燃气中未完全燃烧的较轻的产物(如CO)增多,M_c减小,R_{mc}有明显的增加。当朝$\alpha_m>1.0$方向增加时,得到的完全燃烧的产物增多,M_c增大,R_{mc}趋向减小。

喷管出口截面的气体常数R_{me}不仅和α_m有关,而且和膨胀过程进行的方式有关。对于平衡膨胀,由于分子的复合,平均分子量的增加,所以R_{me}处处低于R_{mc}。而在冻结膨胀时,由于燃气成分不变,则$R_{me}=R_{mc}$。

4. 对过程指数K和K_c的影响

对于平衡膨胀,在$\alpha_m<1.0$的区域,由于燃气成分的变化比较明显,K也随α_m的减少有较明显的增加。对于冻结膨胀,燃气成分因不受温度的影响,K值的变化也不显著。而且在所有α_m值下,K总是小于K_c,这表明平衡膨胀时,由于分子的复合,释放出了一部分热量,但因压力条件不同,离解时吸收的热量和复合时放出的热量不等价,所以不是全部,燃气的比容有所增加。

3.5.2 燃烧室内压力(喷管入口压力)p_c对热力参数的影响

提高p_c^*可抑制燃气的离解,因离解而消耗的热量也相应减少,而且燃气中较重分子的含量增加,平均分子量相应提高。这就导致当α_m为定值时,p_c^*的提高,T_c有上升的趋势,R_c有下降的趋势。p_c^*的提高,可使T_{Kmax}对应的$\alpha_{m.max}$值逐渐向1.0接近。

在喷管中,由于复合作用随p_c的提高(相应的温度也较高)相应减弱,燃气成分变化不大,因而气体常数R_e的变化也不显著。当p_e为定值,p_c^*越高,膨胀比(p_c^*/p_e)越大,膨胀程度越加剧,此时T_e将随p_c^*的提高而有所下降,而K将随p_c^*提高有所增加。

3.5.3 比冲I_s的影响因素

由式(1-28)可知,设计高度的理论比冲为

$$I_{sdth} = \sqrt{2(h_c - h_e)} = \sqrt{2(c_{p_c} \cdot T_c^* - c_{p_e} \cdot T_e)}$$
$$= \sqrt{\frac{2K}{K-1} \cdot R_{mc}^* \cdot T_c^* \left[1 - (p_e/p_c^*)^{\frac{K-1}{K}}\right]}$$

由上式可以看出,I_s同时是$(R_c^* \cdot T_c^*)$,p_e/p_c^*和K的函数。由图3-8可以看出,当p_e/p_c^*不变,I_s随α_m的变化关系。I_s此时将受到$(R_c^* \cdot T_c^*)$和K的综合影响。由于α_m减小时,R_c增大,$(R_c^* \cdot T_c^*)$达到最大时的α_m值小于T_c^*达到

最大时的 α_m 值。又由于 α_m 增大，K 减小，$\left(\dfrac{K}{K-1}\right)$ 增加，I_s 达到最大值时的 α_m 值又大于 $(R_c^* \cdot T_c^*)$ 达到最大值时的 α_m 值。I_s 达到最大值时的 α_m 值又大于 $(R_c^* \cdot T_c^*)$ 达到最大值时的 α_m 值。I_s 达到最大值时 α_m 值和 Δh 达到最大值时的 α_m 值相对应，但不和温差 ΔT_c 达到最大值时的 α_m 值相对应。由于平衡膨胀时燃气的比热容大于"冻结"时燃气的比热容，虽说"冻结"膨胀时的 ΔT 大，但 Δh 值却是平衡状态时大。

当 p_e 为定值时，随着 p_c^* 的提高，$(R_c^* \cdot T_c^*)$ 和 p_c^*/p_e 也将增大，I_s 将有明显的提高。而且和 T_c^* 相似，达到最大值时所对应的 α_m 随 p_c^* 的提高逐渐向 1.0 接近。若膨胀比 p_c^*/p_e 或 ε_e 为定值，由于 K 值变化很小，以及 R_c^* 和 T_c^* 的相互影响，当 p_c^* 变化时，设计高度理论比冲 I_{sdth} 则基本上保持一个常数（例如，对于 N_2O_4 + 偏二甲肼，$\alpha_{m.aver} = 0.75$，$p_c^*/p_e = 200$ 时，当 $p_c^* = 8MPa$ 时，$I_{sdth} = 3046.5m/s$；当 $p_c^* = 12MPa$ 时，$I_{sdth} = 3048.4m/s$）。对于真空比冲 $I_{s.v.th}$，由于 p_e 也会随 p_c^* 的提高有所增加，则随 p_c^* 的提高有不大显著的增长。

3.5.4 特征速度 c^* 的影响因素

由式（1-44）知：

$$c^* = \frac{p_c^* \cdot A_t}{q_m} = \frac{1}{\Gamma}\sqrt{R_c^* \cdot T_c^*}$$

α_m 值对 c^* 的影响和它对 $(R_c^* \cdot T_c^*)$ 的影响是一样的。由于过程指数 K_c（或 K）随 α_m 的增加而有所减小，函数 Γ 也随之减小，c^* 达到最大值时所对应的 α_m 值，较 $(R_c^* \cdot T_c^*)_{max}$ 所对应的 α_m 值稍高一些。

p_c^* 对 c^* 的影响不太大，但对于不同的推进剂其影响是不同的。当没有离解发生时，$(R_c^* \cdot T_c^*)$ 和 Γ 值与 p_c^* 无关，所以 c^* 也不受 p_c^* 的影响。当有离解发生时，提高 p_c^* 会使 T_c^* 增高，但气体常数 R_c^* 却有所减小，因此 $(R_c^* \cdot T_c^*)$ 增加量不大，在常用的 p_c^* 范围内，c^* 的变化一般不会超过 1% ~ 3%。还应该指出，当 p_e 不变，提高 p_c^* 会使膨胀比 p_c^*/p_e 有所改变，而过程指数 K 与膨胀程度有关，膨胀得越厉害，K 值和 Γ 就越大。通常我们用 K_t 值来计算 c^* 值，这时所得的 c^* 值基本上不受超声速段气体膨胀过程的影响。

第4章 推力室轮廓尺寸的
确定与型面设计

推力室轮廓尺寸的确定,主要涉及两方面的内容:一是燃烧室形状的选择和轮廓尺寸的确定;二是喷管轮廓尺寸的确定,型面设计主要指喷管扩散段的型面设计。

4.1 燃烧室轮廓尺寸的确定

4.1.1 燃烧室形状与容积的选择

燃烧室形状早期曾采用过球形(或梨形),现代绝大多数发动机都采用圆筒形(或称圆柱形),如图4-1所示。圆筒形燃烧室便于头部喷注器设计和身部内、外冷却设计,结构相对简单,工艺上容易实现。

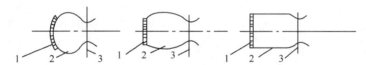

图4-1 燃烧室的几何形状
1—喷注器;2—燃烧室;3—喉部。

燃烧室容积 V_c 通常认为由燃烧室圆柱段容积 ΔV_c 和喷管收敛段容积 ΔV_{ct} 两部分组成。燃烧室容积大小关系到推力室的燃烧效率、身部内壁面热防护以及燃烧过程的稳定性。燃烧室容积大小通常参照能够反映燃烧室内工作过程综合性能的两个相互有关的参数来进行选取。这两个相关参数就是燃气停留时间 τ_s 和特征长度 L^*。

推进剂在燃烧室内为保证其物理过程和化学过程进行得十分完善,必须有足够的停留时间。燃烧室内平均停留时间 τ_s 是燃烧室容积内燃烧产物的平均质量与通过燃烧室的推进剂秒流量的比值。τ_s 与燃烧效率密切相关,一般认为,停留时间越长,过程进行得越完善,燃烧效率越高。所需停留时间的长短取决于喷注单元形式与混气形成方案、喷注器结构、燃烧室内压力大小、推进剂种类和其进入燃烧室时的状态,它所表示的是:当燃烧产物全部为气体状态时,它

能够在燃烧室中停留的时间,可用下式来计算:

$$\tau_s = \frac{m_c}{q_m} = \frac{p_c \cdot V_c}{R_c \cdot T_c \cdot q_m} \qquad (4-1)$$

式中　m_c——燃烧室容积内燃烧产物的质量;

　　　p_c——燃烧室压力;

　　　V_c——燃烧室容积;

　　　R_c——燃气气体常数;

　　　T_c——燃气温度。

一般情况下,气体在燃烧室中的实际停留时间均大于按式(4-1)算出的停留时间,尤其对于推进剂工作状态为(液—液)方案的常规发动机推力室。

由式(1-30)、(1-44)和式(1-16),并设绝热过程指数$k \approx 1.2$,可得

$$\tau_s = \frac{V_c \cdot c^*}{A_t \cdot R_c^* \cdot T_c^*} = \frac{L^*}{\Gamma^2 \cdot c^*} \approx \frac{2.4L^*}{c^*} \qquad (4-2)$$

式中　L^*——特征长度,$L^* = V_c/A_t$,m。

通常选取$\tau_s = (0.001 - 0.008)s$。

由式(4-2)可看出τ_s和L^*的关系。对于选定的推进剂组元和p_c,L^*和τ_s成正比。L^*也是表征燃烧室容积大小的一个参数。L^*值的大小通常参照已有的、经过实践考验确实工作可靠的同类发动机的统计数据来选取。例如:对于N_2O_4/肼基燃料发动机可选$L^* = 0.8 \sim 1.1$;对于氢/氧发动机可选$L^* = 0.7 \sim 1.02$;对于液氧/煤油发动机可选取$L^* = 1.0 \sim 1.3$,若为高压补燃类型应取其小值。

还有一些资料认为,对L^*影响最大的是压力p_c,可按下式选取L^*值:

$$L^* = (9-15)/\sqrt{10p_c} \qquad (4-3)$$

式中　p_c——燃烧室内压力,MPa。

建议在选取L^*值时应留有余量,但不易过大。L^*值的增加将引起燃烧室需要冷却的面积和结构重量的增加。在实际设计过程中,L^*是一个需要优先选择的参数,它需要考虑到推进剂的自燃状态,燃烧室的结构形式和尺寸,以及推进剂进入燃烧室的工作状态(是液—液、液—气还是气—气)等多种因素。有时是根据结构尺寸的实际需要,先选择燃烧室直径和长度,以及喷管收敛段尺寸,并通过热试车结果分析,看是否能满足总的性能要求。然后再根据实际尺寸计算出L^*值,看它是否落在通常所选取值的范围内。

4.1.2　燃烧室圆筒段直径和长度的选择

1. 燃烧室圆筒段直径

燃烧室圆筒段直径D_c(或者是燃烧室横截面积A_c,燃烧室面积比$\varepsilon_c = A_c/$

A_t),可供选择的余地不大,D_c 值的大小主要由喷注器的实际结构尺寸来确定。现代液体火箭发动机最常用的喷嘴结构形式是离心式和直流式。无论是哪一种喷嘴,其单个喷嘴能正常工作的流量都有一定范围。大量试验证明,如果超出这个范围,单个喷嘴的流量过大,就无法达到较高的燃烧效率。对应一定的推力,推进剂流量是一定的,喷嘴数量也是一定的,每个喷嘴所能够实现的结构尺寸基本上也是一个定值,因此通过喷嘴排列所构成的喷注器结构尺寸,进而燃烧室的直径也就基本上确定下来了。所以在进行工程初步设计时,D_c 的确定很大程度上依赖于设计者的经验。

燃烧室直径的选择除了重点考虑喷注器类型及喷嘴排列所要求的结构尺寸之外,还要考虑到要保证燃烧室有较高的冲量效率,保证稳定的着火和稳定的燃烧,保证有较小的热阻损失,以及运载器总体对发动机轮廓尺寸的要求和工艺上实现的可能性。

在进行初步设计时,D_c 的参考值,可用以下三种方法进行大致估计。

1)流量密度法

流量密度又称流量强度(简称流密、流强),它是进入燃烧室的推进剂质量流量与燃烧室横截面积之比。

$$q_{m \cdot d} = \frac{q_m}{A_c} = \frac{p_c \cdot A_t}{c^* \cdot A_c} = \frac{p_c}{c^* \cdot \varepsilon_c} \qquad (4-4)$$

流量密度 $q_{m \cdot d}$ 随 p_c 的增高而增大。p_c 的提高可强化燃烧室的工作过程。因此,当 p_c 提高时,通过同一截面 A_c 可以流出更多的燃气量。$q_{m \cdot d}$ 的选值大小还与喷注器类型有关。初步设计时,可选取

$$q_{m \cdot d} = (20-30)p_c(直流式喷注器)$$

$$q_{m \cdot d} = (10-20)p_c(离心式喷注器)$$

式中 p_c 的单位是 MPa;$q_{m \cdot d}$ 的单位是 kg/$(m^2 \cdot s)$。

在计算时,有时使用相对流量密度,它是流量密度 $q_{m \cdot d}$ 和 p_c 的比值,一般可取 $q_{m \cdot d}/p_c = (0.8 \sim 2.5) \times 10^4$,kg/$(N \cdot S)$。较小值对应于常规(液—液)液体火箭发动机,较大值对应于(液—气,气—气)液体火箭发动机。

2)比拟法

用推力 F_c、燃烧室压力 p_c 和特征长度 L^* 得出比拟公式如下:

$$\varepsilon_c \propto \left(\frac{F_c}{p_c}\right)^{-\frac{1}{3}} \cdot (L^*)^{\frac{2}{3}} \qquad (4-5)$$

式中:F_c 的单位是 kN;p_c 的单位是 MPa;L^* 的单位是 m。

推力增大,流量增加,A_t 增大,ε_c 减小。p_c 增大,A_t 减小,ε_c 增大。当 p_c、F_c 变化时可用此式估计 ε_c 值。

3）经验公式法

由统计数据,可得出以下经验公式:

$$\varepsilon_c \propto \frac{500 \times 10^3}{\sqrt{10 \cdot p_c \cdot D_t}} \qquad (4-6)$$

在尚未进行喷注器结构设计之前,进行初步设计时,可用以上三式大致估算 ε_c 值,再由 ε_c 算出 D_c。一般情况下,由以上三式算出的 D_c 值往往比实际采用值大。

当 D_c 已由喷注器结构尺寸大致确定,则可和采用以上三式算出的 D_c 值进行比较分析。

2. 燃烧室长度

通常认为燃烧室长度 L_c 等于燃烧室圆筒段长度 L_{c1} 和喷管收敛段长度 L_{c2} 之和。当燃烧室长度确定之后,L_c 越长,V_c 容积越大,燃气在燃烧室中停留的时间越长。我们选择的燃烧室长度应保证燃烧室有足够的容积,使燃气停留的时间大于推进剂完全燃烧所需的时间,以获得较高的燃烧效率。试验证明,当 p_c 大于 5MPa 时,对于大多数推进剂(80% ~90% 的液体推进剂),燃烧过程都能在 100 ~120mm 的长度内结束。对于推进剂蒸发较快的氢-氧发动机和高压补燃式发动机,这个长度还可能更短。而近壁层推进剂的完全燃烧,则需要 300 ~350mm 的长度。因此,我们选择燃烧室长度时,主要是考虑近壁层的推进剂是否能够完全转化为燃气,以免造成较大的燃烧不完全损失。

一般在初步设计时,燃烧室长度 L_c 都选得留有较大的余地,但也不宜过长,否则会引起燃烧室质量的增加,且不利于燃烧室身部的防护。

有资料认为,影响 L_c 较大的因素是临界截面的直径 D_t。当 D_t 减小时,会相应减小边界附面层紊流混合所需的长度,L_c 也可相应小一些。可大致选取:

$$L_c = 0.03 \sqrt{D_t}$$

式中:L_c 的单位是 m;D_t 的单位是 mm。

4.2 喷管收敛段型面和尺寸的选择

构成收敛段形状的尺寸有:燃烧室圆柱段和喷管收敛段连接的圆弧半径 R_{ct},形成喉部型面的上游圆弧半径 R_1,下游圆弧半径 R_2,以及收敛段的长度 L_{c2}。对于当前大多数拉瓦尔型喷管来说,这个尺寸选择的原则是:R_{ct} 值应取值稍大,保证气流由燃烧室进入喷管时不发生分离,使得壁面有可靠的冷却保护;型面应符合几何声学要求,防止产生高频振荡燃烧;但也要注意尽可能减小喉部区域高热流区的长度(R_{ct} 不宜取值过大);各种损失最小,提高喷管流量系数。

对于已知的推进剂组元和选择的混合比值,通过热力参数计算,当推力给

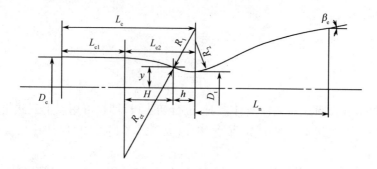

图 4 − 2　推力室轮廓尺寸示意图

定,可以认为 p_c、A_t、q_m、c^* 为已知,则收敛段在初步设计时,可按下列顺序对构成收敛段型面尺寸进行选择和计算。

1. 选择 R_{ct}、R_1、R_2

一般来说,当 p_c 较高时,R_{ct} 应选取得大一些,因圆筒段向收敛段过渡得越平滑,越有利于保留低温近壁面气流不致于和壁面分离,近壁面的低温气流和中心区气流混合得也不会太厉害,使内壁面的防护更为可靠,R_{ct}、R_1 和 R_2 的尺寸可选取:

$$R_{ct} \geqslant 1.25 \cdot D_c; 0.5D_t \leqslant R_1 \leqslant D_t; R_2 = R_1 = D_t \ \text{或} \ R_2 \leqslant 0.5D_t$$

2. 收敛段长度 L_{c2}

$$L_{c2} = \frac{D_t}{2} \cdot \sqrt{(2 + \rho \sqrt{\varepsilon_c})^2 - [(\rho - 1)\sqrt{\varepsilon_c} + 3]^2} \qquad (4-7)$$

式中　$\rho = 2R_{ct}/D_c$;

　　　$\varepsilon_c = A_c/A_t$。

3. 以 R_{ct} 和 R_1 所作圆弧的坐标

$$\frac{h}{L_{c2}} = \frac{2}{2 + \rho \sqrt{\varepsilon_c}}; \frac{H}{L_{c2}} = 1 - \left(\frac{h}{L_{c2}}\right); \bar{y} = \frac{y}{R_t} = \left(\frac{h}{L_{c2}}\right)\sqrt{\varepsilon_c} + \frac{H}{L_{c2}}$$

4. 圆柱段长度 L_{c1}

$$L_{c1} = (V_c - \Delta V_{ct})/A_c \qquad (4-8)$$

式中　V_c——根据所选 L^*（或 τ_s）确定;

　　　ΔV_{ct}—收敛段部分容积,有

$$\Delta V_{ct} = A_t \cdot L_{c2} \left\{ \left[(2\varepsilon_c + \bar{y}^2)\frac{H}{3L_{c2}}\right] + (\bar{y}^2 + \bar{y} + 4)\frac{h}{6L_{c2}} \right\}$$

4.3　喷管扩散段型面的设计

4.3.1　对喷管型面设计的要求

喷管是推力室的一个重要组成部分,在推力室设计中历来十分重视喷管型

76

面,尤其是扩散段喷管型面的设计。力求设计出一个能满足各种要求的最好的喷管型面。

（1）气流在喷管中边流动边加速的过程中造成的损失最小。

① 进口部分损失（收敛段流动损失）小：主要影响因素是收敛段及临界截面区域的型面是否平滑。要求正确选择 R_{ct}、R_1 和 R_2 三个半径的尺寸。

② 扩散段气流流动摩擦损失小：主要影响因素是扩散段的相对长度 L_n/D_t,L_n/D_t 越小,摩擦损失越小。要求适当选取喷管扩散段的长度 L_n。

③ 径向分速损失（气流流动不平行损失）小：它主要和喷管出口角 β_e 有关,β_e 越小,损失越小,要适当选择 β_e 值的大小。

④ 激波损失小：主要和扩散段型面形状有关。一般来说,型面设计得越光滑,曲率越小,能符合气流的气动流线,该损失越小。

⑤ 其他损失（如化学不平衡损失等）小。

（2）长度短,重量轻,便于组织冷却。

（3）造型简单,工艺上容易实现。

4.3.2 喷管型面的种类

曾被采用和研制的喷管型面有锥形、特形（钟形）喷管和不同形式的环形喷管（塞式,扩张－偏转式,回流及平流式）,如图 4－3 所示。

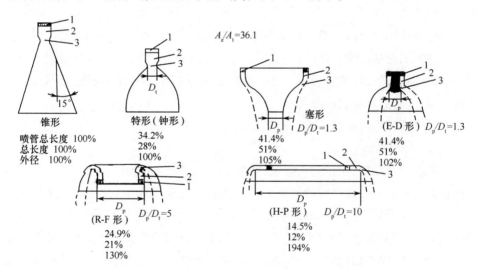

图 4－3 喷管形状比较

1—喷注器；2—燃烧室；3—喉部。

1. 锥形喷管

在早期使用的火箭发动机上,基本上都采用母线为直线的锥形喷管（图 4－4）。这种喷管造型简单,制作方便,而且可以比较容易地在原来尺寸的基础上

77

增大或减小面积比,以适应高空或低空工作时的需要。

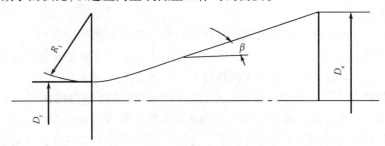

图 4 - 4　锥形喷管

　　这种喷管的设计参数有三个:一是喷管喉部的圆弧半径 R_1 ,一般选择 $R_1 = (1 \sim 1.5)R_t$;二是喷管收敛段的半角,一般选择在 $20° \sim 45°$ 之间;三是喷管扩散段的半角 β ,一般选择在 $12° \sim 18°$ 之间,绝大多数情况下选择 $\beta = 15°$,因为在此情况下能够较好地协调重量、长度和性能之间的关系。

　　这种喷管的最大缺点:一是在同样出口面积下尺寸大,质量大;二是在喷管出口角不大的情况下,喷管太长,摩擦损失大;三是喷管出口排气速度具有较大的非轴向分量,不平行损失较大,喷管效率低。目前这类喷管只用于小型或微型不冷却喷管的液体火箭发动机上。

　　2. 特形喷管

　　目前使用的液体火箭发动机几乎全部采用这种母线为曲线的特形喷管。这种喷管的形面是逐渐变化的,当燃气在其中流动时,可在喷管出口处被引导为近似均匀的轴向气流,喷管效率较高。这种喷管还具有尺寸相对较小、重量轻和结构简单、工艺上容易实现等优点。

　　以上两种喷管多设计成面积比为固定的形状。

　　3. 环形喷管

　　根据动量原理,对于理想膨胀,推力室产生的比冲只和喷管出口处气流的速度和方向有关。喉部之前的气流不一定都和推力室轴线平行。因此,国外还研究试验了环形喷管,它有以下两种形式:径向内流型(塞式喷管)、径向外流型(膨胀偏转式喷管,倒流式和水平流动式喷管),它们都有一个环形的喉部。燃气流从喉部出来后只沿着一侧壁面(对塞式喷管沿内侧塞锥壁面,对其他类型沿外侧喷管表面),另一侧没有壁面,是自由气流表面,羽流是自由随高度调节的,无论在任何高度下,它们都可以在设计工况下工作,在推力和面积比相同的情况下,它们的轴向长度最短。从理论上讲,它们的效率也都比较高。而且短喷管有利于减轻多级火箭的级间重量,同样条件下可使有效载荷或射程增加。这种喷管较适用于高空发动机。

78

这类喷管在计算面积比时,喷管出口面积将为喷管壁所包络的投影面积减去中心体的投影面积,即 $\varepsilon_e = (A_n - A_p)/A_t$。

这类喷管虽能得到较好的高度补偿,但由于大环形燃烧室的重量较大、大表面的冷却问题也不好得到解决等原因,很少得到实际发动机型号的采用。

4. 其他类型喷管

这类喷管为特形喷管和环形喷管的改进形式。为了给固定特形喷管提供某种程度的高度补偿,以减少其性能损失,提出了双特形喷管、多位置喷管和可变位置喷管的方案,如图4-5所示。双特形喷管是将喷管型面做成台阶形,在低空工作时,气流在台阶处分离,在高空工作时,气流顺着台阶以下的型面流动。多位置喷管有一个或几个可移动喷管延伸段,随着工作高度的增加,释放延伸段使喷管出口面积增大。可变位置喷管是将喷管做成伸缩型,根据工作高度随时改变喷管面积。改变喷管位置一般需要用机械方法。这些喷管虽能得到高度补偿,但结构复杂,重量大,目前很少采用。

图4-5 其他类型特形喷管

(a)双特形喷管;(b)多位置喷管;(c)可变位置喷管。

还有一种塞形喷管的改进形式,叫做气动塞形喷管,如图4-6所示。它是将环形的塞形喷管截短,工作时有少量的二次流引入喷管的底部区域,使此处的压力增高,产生附加推力,从而使喷管的总效率提高。

另外,国外还对具有二维中心体膨胀表面的线形管和簇形喷管做过试验研究(图4-7、图4-8)。

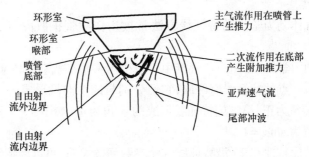

图4-6 气动塞式喷管

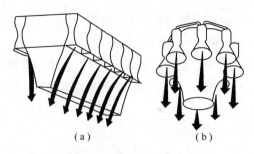

(a)   (b)

图 4 - 7　簇形喷管方案
(a)线性喷管;(b)族形塞式喷管。

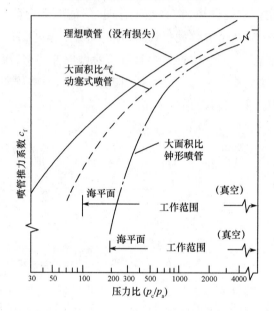

图 4 - 8　喷管性能比较

4.3.3　特形喷管型面的设计方法

1. 特征线法

超声速气体动力学中的特征线方法常被用作喷管扩散段型面的设计计算基础。

由气体动力学知,在超声速气流中可以引出一些小扰动的传播线,称为特征线。经过任何一点的特征线有两族,它们分别与速度向量形成 α 角。第一族特征线形成的 α 角为正,第二族特征线形成的 α 角为负,如图 4 - 9 所示。被称为马赫角的 α 值为 $\sin\alpha = 1/M$。

特征线的优越性在于,沿特征线气流参数间的关系,可以用特殊的微分方程式相联系。对于无旋轴对称流动,这些方程可写成

$$\mathrm{d}\lambda_x + \left(\frac{\mathrm{d}y}{\mathrm{d}x}\right)_{1,2}\mathrm{d}\lambda_y - m(\lambda)\frac{\mathrm{d}x}{y} = 0 \tag{4-9}$$

式中　$\lambda_x = \lambda\cos\beta$；

$\qquad\lambda_y = \lambda\sin\beta$；

$\qquad\lambda^2 = \lambda_x^2 + \lambda_y^2$。

$$\left(\frac{\mathrm{d}y}{\mathrm{d}x}\right)_{1,2} = \tan(\beta \pm \alpha) \tag{4-10}$$

式中　" + "对应于第一族特征线；" - "对应于第二族特征线。

$$m(\lambda) = \frac{\lambda_y}{1 - \dfrac{\dfrac{2}{n+1}\lambda_x^2}{1 - \dfrac{n-1}{n+1}\lambda^2}} \tag{4-11}$$

借助于特征线法,我们可以对气流的流动情况进行计算。例如,我们想求出某个点"3"的气流参数,则设点"3"是经过参数为已知的相连两点(1,2)的不同族特征线的交点,如图4-10所示。点"3"的位置取决于特征线段1—3和2—3的交点,由于距离不长,可认为与其切线相重合,特征线段1—3和2—3的方向,参考上式可写成

$$\left(\frac{\mathrm{d}y}{\mathrm{d}x}\right)_{1,3} = \tan(\beta_1 + \alpha_1)\ ;\ \left(\frac{\mathrm{d}y}{\mathrm{d}x}\right)_{2,3} = \tan(\beta_2 - \alpha_2)$$

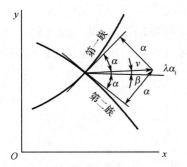

图4-9　特征线示意图之一

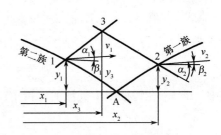

图4-10　特征线示意图之二

因点"3"同时落在两个特征线段上,则其参数值可参照式(4-10)由下列两个方程式联解求得:

$$\begin{cases} \lambda_{x3} + \left(\dfrac{\mathrm{d}y}{\mathrm{d}x}\right)_{1-3} \cdot \lambda_{y2} = \lambda_{x2} + \left(\dfrac{\mathrm{d}y}{\mathrm{d}x}\right)_{1-3} \cdot \lambda_{y2} - m(\lambda)_2\dfrac{x_3 - x_2}{y_2} \\[4mm] \lambda_{x2} + \left(\dfrac{\mathrm{d}y}{\mathrm{d}x}\right)_{2-3} \cdot \lambda_{y3} = \lambda_{x1} + \left(\dfrac{\mathrm{d}y}{\mathrm{d}x}\right)_{2-3} \cdot \lambda_{y1} - m(\lambda)_1\dfrac{x_2 - x_1}{y_1} \end{cases} \tag{4-12}$$

式中

$$m(\lambda)_{1,2} = \cfrac{\lambda_{y1,2}}{1 - \cfrac{\dfrac{2}{n+1}\lambda_{x1,2}^2}{1 - \dfrac{n-1}{n+1}\lambda_{1,2}^2}}$$

若点"1"、"2"的参数为已知时,由这两点引出的两族特征线交点的参数便可确定。因此,利用公式求得喷管中某些特征线上各点参数后,在气流流动区可得到一个特征线网络,而且这些特征线交点处的气流参数也都可确定,把相应的交点连起来,就能作出许多流线,可把其中之一选作为喷管扩散段壁面的型面。

但是,为了计算气流参数,必须事先知道某些原始点上气流的已知参数值,它们是计算中的边界条件,而且这些原始点上的气流速度都应该大于声速。为了更方便地给出原始点的参数值,通常采用径向流动的方法,因为在径向流的任何点上可以较容易地找到气流的参数,且径向流动模型虽较简单,但比平面一元流的假设更符合喉部附近流动的实际。由面积比的公式我们知道 $\varepsilon = f(\lambda)$,而对于径向流又知 $\varepsilon = (\rho/\rho_t)^2$,则认为 $\lambda = f(\rho/\rho_t)^2$,即对于径向流动,在超声速区任何点的气流参数取决于它的相对半径值。这样我们就可以假设,在锥形喷管中,首先建立起径向流动,并取得原始点参数,然后就可以借助特征线法继续将喷管型面全部设计出来。

如果在 x 轴上,我们把 O 当作径向流的源头,气流到达面 a 时,达到声速($v = a$),继续流到 A 点时,达到我们给定的最大速度 $\lambda_A(v_A)$。然后,由 A 点引出第二族特征线 AM,如图 4–11 所示。对于径向轴对称气流,其特征线微分方程比较简单,且在 $\lambda - \beta$ 坐标上是可以积分的。经过复杂的推导之后,最终形式可以写成

$$\beta = \pm \Psi(\lambda) + C$$

式中　β——在特征线上气流的转折角;

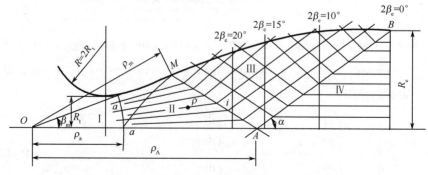

图 4–11　特征线法设计的喷管型面

$\Psi(\lambda)$——和速度 λ 有关的函数,即

$$\Psi(\lambda) = \sqrt{\frac{k+1}{k-1}} \cdot \arctan\left(\sqrt{\frac{k-1}{k+1}} \cdot \sqrt{\frac{\lambda^2-1}{1-\frac{(k-1)\lambda^2}{k+1}}}\right) - \arctan\sqrt{\frac{\lambda^2-1}{1-\frac{(k-1)\lambda^2}{k+1}}}$$

$$(4-13)$$

C——积分常数。

在轴线上 A 点的气流速度系数为 $\lambda = \lambda_A$,速度向量对轴线的倾角 $\beta_A = 0$,则积分常数为 $C = \Psi(\lambda_A)$。

第二族特征线 AM 的方程可写为

$$\beta = \Psi(\lambda_A) - \Psi(\lambda_M) \tag{4-14}$$

在特征线 AM 上任取一点 i,则可根据关系式 $\lambda = f(\rho_i/\rho_a)^2$ 求得速度系数 λ,再由上式求得气流折转角 β_i,并可根据 ρ_i 和 β_i 确定点 i 的坐标:$x_i = \rho_i\cos\beta_i$;$y_i = \rho_i\sin\beta_i$。因此,特征线 AM 上气流的所有参数值是已知的,并认为这一特征线限制了径向气流的继续扩展。

自 A 点沿流动方向向下引出第一族特征线 AB,并认为此特征线右边的气流为均匀的平行于轴线的气流。AB 与轴线的夹角即为马赫角,可由下式确定:

$$\cot\alpha = \sqrt{\frac{\lambda^2-1}{1-\frac{k-1}{k+1}\lambda^2}} \tag{4-15}$$

这样以来,气流在整个喷管中的流动情况可分为四个区。声速过渡面之前为Ⅰ区,叫亚声速流动区。由声速过渡面到特征线 AM 止为Ⅱ区,流动也为径向的,气流速度不断增加,气流速度向量对轴线的倾角沿特征线不断增加,由轴线处的零度变到 M 点处的最大值 β_m。这个区称为预膨胀区。不同族的两组特征线 AM 和 AB 之间的区域为第Ⅲ区,在此区内气流速度继续增加,而速度向量对轴线的倾角,自 AM 之后逐渐开始减小,在 AB 上倾角达到最小值等于零。气流在此区内逐渐均衡,称此区位均衡区。特征线 AB 之后为第Ⅳ区,气流在此区内转换成均匀且平行于轴线,称之为均匀气流区。

根据前面介绍的特征线方法,便可在特征线 AM 和 AB 之间建立特征线网,找出交点,导出流线。这些线通过两特征线间等角线,且为径向气流的相应流线的继续。当将其中某一流线选作喷管型面时,应使喷管长度尽可能短。也就是说,应选择离轴线最远的那条流线,因为这条流线所具有的喷管起始锥形段的锥角最大。那么,什么样的流线才能保证具有最大锥角呢?理论证明,当由流线与特征线 AM 的交点 M 引出的第一族特征线 OM,正好与声速过渡面相交于轴线的 O 点时,这条流线便具有最大的起始段锥角。其值为 $\beta_m = \frac{1}{2}\Psi(\lambda_a)$。

还应指出,出口具有完全平行均匀气流的喷管,并不是最好的喷管,因为它太长,虽说不平行损失极小,但摩擦损失却很大。用上述方法所设计的特形喷管也和锥形喷管一样,其出口处的扩张角β_e存在一个最佳值,在这个角度下,损失最小,η_n最高(图4-12)。对于液体火箭发动机,较合理的是采用短一些的喷管,不要求气流在出口完全平行。做法是:先设计一个具有平行流的原始喷管,其出口面积比要求值大。然后把这一原始喷管在型面切线与轴平行线夹角等于给定角处割去,并且使其所具有的出口面积等于给定的出口面积。

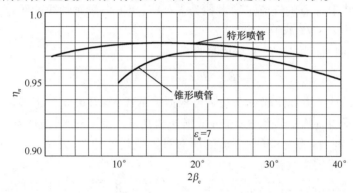

图4-12 锥形与特形两种喷管效率的比较

2. 抛物线法

如果短喷管的型面设计是用特征线法先计算出原始喷管,然后用截短的方法,则会使计算十分繁琐,费时费力,实际采用的多为简化方法。其主要想法是:把为了作流线所必需的特征线网的计算由流线的近似曲线—抛物线来代替。这种替换后的流线的分析式(抛物线方程)是已知的,则可得到一系列计算关系式。借助于它们可把原始喷管的分析参数与由此得到的短喷管加以联系,并利用这些关系式找到相应的几何关系,按给定的喷管出口面积和出口不平行角来确定所设计喷管的全部参数。这些参数间的关系,一般都事先根据不同情况计算出来,作成表格以备查用。

其作图步骤是:

(1)根据热力气动力计算所得到的尺寸D_t、D_e和任意选取的喷管出口角β_e,查表(见表4-1)得锥形段末端M点的参数:张角β_m、相对坐标$\bar{\rho}_m$以及喷管出口截面相对坐标$\bar{x}_e$。

(2)选择喷管喉部截面处型面的半径$R=D_t=2R_t$。以R为半径作弧线过$y=R_t$点并与OM线相切。

(3)计算ρ_a值:$\rho_a=R_t/2\sin\dfrac{\beta_m}{2}$。

(4)计算ρ_m值:$\rho_m=\rho_a\bar{\rho}_m$。

表4-1 喷管几何参数之间的关系

项目		面积比 ε_e	7	9	12	15	5
$n = 1.2$	$\beta_m = f(\varepsilon \cdot 2\beta_e)$ （弧度）	$2\beta_e = 30$	0.375	0.393			0.351
		20	0.333	0.353	0.374	0.388	0.305
		15	0.315	0.335	0.357	1.357	0.286
		10	0.297	0.318	0.342	0.342	0.268
	$\bar{\rho}_m = f(\varepsilon \cdot 2\beta_e)$	30					1.583
		20	1.525	1.587	1.656	1.712	1.450
		15	1.475	1.534	1.600	0.656	1.403
		10	1.432	1.490	1.552	1.605	1.360
	$\bar{\chi}_e = f(\varepsilon \cdot 2\beta_e)$	30	2.350	2.770			1.850
		20	3.000	3.590	4.200	4.800	2.350
		15	3.490	4.140	4.880	5.600	2.750
		10	4.130	4.930	5.800	6.600	3.240
$n = 1.15$	$\beta_m = f(\varepsilon \cdot 2\beta_e)$ （弧度）	$2\beta_e = 30$	0.389	0.397			0.359
		20	0.340	0.359	0.378	0.397	0.310
		15	0.320	0.341	0.363	0.379	0.289
		10	0.303	0.325	0.348	0.365	0.271
$n = 1.15$	$\bar{\rho}_m = f(\varepsilon \cdot 2\beta_e)$	30	1.648	1.707			1.570
		20	1.530	1.586	1.668	1.730	1.450
		15	1.477	1.534	1.610	1.666	1.400
		10	1.435	1.493	1.560	1.618	1.360
	$\bar{\chi}_e = f(\varepsilon \cdot 2\beta_e)$	30	2.270	2.670			1.360
		20	2.930	3.480	4.140	40755	2.300
		15	3.470	4.080	4.820	5.480	2.760
		10	4.090	4.780	5.680	6.500	3.250

（5）计算 x_e 值：$x_e = D_t \cdot \bar{x}_e$。

（6）作图（图4-13）。自原点 O 引一条与 x 轴夹角为 β_m 的直线 OP，自 B 点引一条与 x 轴夹角为 β_e 的直线 BP，在 OP 上截取线段 OM，并在 MPB 间所作的包络线中画出抛物线，即为喷管扩散段后面部分的型面。用这种方法作出的型面与特征线精确计算所得的型面相差甚微。

3. 双圆弧法

双圆弧形喷管是在锥形-弧形喷管基础上的改进形式。这种喷管的做法最简单，所得喷管型面最短。把理论计算得到的型面截短，扩散段局部的型面用一

85

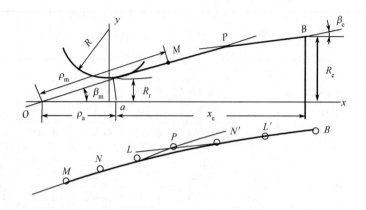

图 4 - 13　抛物线法设计的喷管型面

个与喉部圆弧型面相切的大圆弧代替,这样整个扩散段圆弧由两个圆弧构成,如图 4 - 14 所示。第一个圆弧为以 $R = D_t$ 为半径作出的临界截面区的型面;第二个大圆弧是以 R_0 为半径作出的,用来代替抛物线部分的扩散段型面。两个圆弧在 M 点相切。型面上仍具有最大的速度向量倾角。试验证明,用半径较大的圆弧作出的临界截面区的型面,可以保证气流在大锥角下的无冲击流动,不会引起显著的入口损失。用平滑曲线做成的扩散段部分,和用特征线法计算得到的精确型面基本重合,不会带来较大的损失。

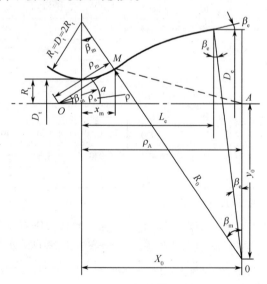

图 4 - 14　双圆弧法设计的喷管型面

1) 计算作图步骤

在大量统计数据和理论计算数据的基础上,经过简单的几何关系运算,双圆

86

弧喷管设计时,可采用下列步骤:

(1) 根据给定值 D_t、D_e 和选定值 β_e,查表(见表 4-2)得到喷管相对长度 $\overline{L}_e$。

表 4-2 双圆弧喷管相对长度 $\overline{L}_e(K=1.2)$

ε_e \ $2\beta_e$	15°	20°	25°	ε_e \ $2\beta_e$	15°	20°	25°
4	1.8999	1.7539	1.6266	31	5.9752	5.6118	5.2789
5	2.2089	2.0462	1.9028	32	6.0690	5.7006	5.3639
6	2.4783	2.3011	2.1438	33	6.1610	5.7878	5.4466
7	2.7196	2.5295	2.3599	34	6.2515	5.8735	5.5279
8	2.9398	2.7379	2.5571	35	6.3405	5.9518	5.6078
9	3.1433	2.9305	2.7395	36	6.4280	6.0407	5.6864
10	3.3333	3.1103	2.9097	37	6.5442	6.1224	5.7639
11	3.5120	3.2794	3.0698	38	6.5991	6.2028	5.8401
12	3.6810	3.4395	3.2214	39	6.6827	6.2820	5.9152
13	3.8418	3.5916	3.3655	40	6.7651	6.3600	5.9892
14	3.9953	3.7370	3.5031	41	6.8463	6.4370	6.0622
15	4.1425	3.8763	3.6351	42	6.9265	6.5129	6.1342
16	4.2839	4.0102	3.7619	43	7.0055	6.5878	6.2052
17	4.4202	4.1392	3.8842	44	7.0835	6.6618	6.2753
18	4.5519	4.2639	4.0023	45	7.1606	6.7347	6.3446
19	4.6793	4.3846	4.1166	46	7.2366	6.8068	6.4126
20	4.8029	4.5016	4.2275	47	7.3118	6.8780	6.4804
21	4.9230	4.6153	4.3352	48	7.3860	6.9484	6.5472
22	5.0397	4.7258	4.4400	49	7.4594	7.0179	6.6131
23	5.1535	4.8335	4.5421	50	7.5319	7.0866	6.6783
24	5.2644	4.9385	4.6416	51	7.6036	7.1546	6.7428
25	5.3726	5.0411	4.7388	52	7.6746	7.2218	6.8065
26	5.4784	5.1413	4.8338	53	7.7448	7.2883	6.8696
27	5.5819	5.2393	4.9267	54	7.8142	7.3541	6.9320
28	5.6832	5.3352	5.0176	55	7.8829	7.4193	6.9938
29	5.7825	5.4292	5.1067	56	7.9509	7.4837	7.0550
30	5.8798	5.5214	5.1941	57	8.0183	7.5476	7.1155

(2) 求大圆弧相对半径 $\overline{R}_0$:

由 $\sin^2\beta_m + \cos^2\beta_m = 1$,则

$$\left(\frac{x_0}{R_0+D_t}\right)^2+\left(\frac{y_0+1.5D_t}{R_0+D_t}\right)=1$$

将 $x_0=L_e+R_0\sin\beta_e$ 和 $y_0=R_0\cos\beta_e-\dfrac{D_e}{2}$ 代入上式,得

$$\overline{R}_0=\frac{\overline{L}_e^2+\left(1.5-\dfrac{D_e}{2D_t}\right)^2-1}{2\left[1-\overline{L}_e\sin\beta_e-\left(1.5-\dfrac{D_e}{2D_t}\right)\right]\cos\beta_e}$$

(3)计算各几何参数并作图:

$$R_0=\overline{R}_0D_t ; L_e=\overline{L}_eD_t ;$$

$$x_0=L_e+R_0\sin\beta_e ; y_0=R_0\cos\beta_e-\frac{D_e}{2}$$

$$\sin\beta_m=(L_e+R_0\sin\beta_e)/(R_0+D_t)$$

理论分析认为,双圆弧喷管,由于在 M 点前取消了直线段,会对 AM 边区内的流动情况发生影响,流动的不一致性(径向流与均衡流),将使气流的不均匀性加剧,造成的推力损失较前述喷管大。但因此种喷管短,摩擦损失降低了,故这种损失可相互补偿。由于它具有设计简单、工艺性好等突出的优点,已被现代火箭发动机广泛应用。

2)相对长度 $\overline{L}_e$ 的计算

由图 4-14,并参照图 4-11,可得到以下几何关系:

$$\rho_m=(3R_t-2R_t\cos\beta_m)/\sin\beta_m \tag{4-16}$$

$$x_0=(\rho_m\cos\beta_m-D_t\sin\beta_m)+L_e+R_0\sin\beta_e \tag{4-17}$$

$$(R_0+D_t)\sin\beta_m=L_e+R_0\sin\beta_e \tag{4-18}$$

$$\cos\beta_m(R_0+D_t)=y_0+R_t+D_t=y_0+1.5D_t=R_0\cos\beta_e-\frac{D_e}{2}+1.5D_t \tag{4-19}$$

前面我们已经讲过,在喷管超声速段中,从声速线 a 到 M 点发出的特征线 MA 之间是一种以 O 点(O 点为两圆公切线 MO 与喷管轴的交点)为源头的径向流动。在此区间内各点气流的流动方向和各点与 O 点连线的方向相同,其速度大小可用速度系数 λ 表示($\lambda=v/a_t$,a_t 为临界音速)。λ 与任何一点 ρ 到 O 的距离之间有以下关系:

$$\left(\frac{\rho}{\rho_a}\right)^2 = \frac{1}{\lambda}\left(\frac{\dfrac{2}{k+1}}{1-\dfrac{k-1}{k+1}\lambda^2}\right)^{\frac{1}{k-1}} \qquad (4-20)$$

以 O 为圆心、以 ρ 为半径的球面上各点的速度是相同的。

对于这种流动,在特征线 MA 上参照式(4 – 14)可写出下列关系:

$$\beta_m = \Psi'(\lambda_A) - \Psi'(\lambda_M) \qquad (4-21)$$

式中 $\Psi'(\lambda) = \dfrac{1}{2}\Psi(\lambda)$;

$\Psi(\lambda)$ 由式(4 – 13)求出。

通过以 O 为球心、速度为声速的球面上的流量应等于热力计算确定的流量:

$$\rho_t \cdot a_t \cdot \pi \cdot R_t^2 = \int_0^{\beta_m} \rho_t \cdot a_t \cdot 2\pi\rho_a \cdot \sin\theta \cdot \mathrm{d}\theta$$

式中 ρ_t ——气体的临界密度。

积分,得

$$\rho_a = R_t / 2\sin\frac{\beta_m}{2} \qquad (4-22)$$

利用上述各关系式,可按下列步骤进行计算:

(1) 给定一 β_m,由式(4 – 16)算出 ρ_m,由式(4 – 22)算出 ρ_a,并算出(ρ_m/ρ_a);

(2) 由(ρ_m/ρ_a),用式(4 – 20)算出 λ_M;

(3) 由 λ_M,用式(4 – 13)算出 $\Psi'(\lambda_M)$,式(4 – 21)算出 $\Psi'(\lambda_A)$,再用式(4 – 13)算出 λ_A;

(4) 由 λ_A 用式(4 – 20)算出(ρ_A/ρ_a),并得到 ρ_A,$\rho_A = x_0$;

(5) 由 x_0 及式(4 – 17)得($L_e + R_0\sin\beta_e$),代入式(4 – 18)得 R_0,给定 β_e 便可算出 L_e;

(6) 由 R_0、β_m、β_e 可算出 D_e,算出 D_e/D_t 及 ε_e;

(7) 给定一系列 β_m,β_e,便可列表,见表4 – 2。

4. 三圆弧法

这种喷管的计算方法和罗氏(G. V. R. Rao)喷管的计算方法基本一样,只是加以简化,所以也算是最佳造型喷管(最大推力喷管)。三圆弧喷管是用曲率半径依次加大的三个圆弧近似代替理论计算(网格计算)得到的型面,并使两个型面坐标误差达到最小。

1) 计算作图步骤

根据已知数据 R_t 和 R_e,计算出 ε_e。当面积比 ε_e 大于 10 时,可查表4 – 3,

得到 L_e、β_m、R_e。然后由下列几何关系计算出型面设计所需尺寸(图4-15)。

表4-3 三圆弧法喷管几何参数之间的关系

ε_e	10	15	20	30	40	50	60	70	80
L_e/R_t	5.7	7.7	9.4	12.1	14.4	16.4	18.3	20.0	21.5
$\beta_m/(°)$	27.9	29.6	30.7	32.4	33.5	34.3	34.9	35.4	35.8
$\beta_e/(°)$	12.5	11.3	10.7	10.2	9.8	9.7	9.6	9.5	9.4

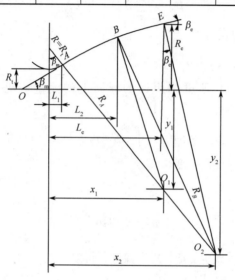

图4-15 三圆弧法设计的喷管型面

2)几何公式

从图4-15可以看出,各尺寸之间有以下几何关系:

$$\begin{cases} x_1 = (R_t + R_A)\sin\beta_m \\ y_1 = (R_t + R_A)\cos\beta_m - 2R_t \end{cases} \quad (4-23)$$

$$\begin{cases} x_2 = L_e + R_B\sin\beta_e \\ y_2 = R_B\cos\beta_e - R_e \end{cases} \quad (4-24)$$

第一个 R_A 和 R_B 的关系式可写成

$$(R_B - R_A)^2 = (x_2 - x_1)^2 + (y_2 - y_1)^2 \quad (4-25)$$

整理式(4-23)、式(4-24)可得

$$cR_A + dR_B + eR_A R_B + f = 0 \quad (4-26)$$

式中 $c = 2(a\cos\beta_m + b\sin\beta_m)$;

$d = 2(-a\cos\beta_e + b\sin\beta_e)$;

$e = 2[1 - \cos(\beta_m - \beta_e)]$;

90

$$f = a^2 + b^2 ; a = R_e + R_t (\cos\beta_m - 2) ;$$

$$b = L_e - L_1 ; L_1 = R_t \cdot \sin\beta_m ; L_2 = \frac{L_e}{2} + \frac{L_1}{2} 。$$

第二个 R_A 和 R_B 的关系式可写成

$$\frac{R_A}{R_B} = \frac{x_1 - L_2}{x_2 - L_2} \qquad (4-27)$$

将式(4-23)、式(4-24)中的 x_1、x_2 代入式(4-27),整理后得

$$gR_A + hR_B + iR_A \cdot R_B = 0 \qquad (4-28)$$

或

$$R_B = \frac{-g \cdot R_A}{h + iR_A} \qquad (4-28)'$$

式中　$g = L_2 - L_e$;

$h = L_1 - 2$;

$i = \sin\beta_m - \sin\beta_e 。$

联立式(4-28)和式(4-26)得

$$jR_A^2 + KR_A + fh = 0 \qquad (4-29)$$

式中　$j = Ci - eg$;

$K = ch + fi - dg 。$

解式(4-29),得

$$R_A = \frac{-K + \sqrt{K^2 - 4j \cdot f \cdot h}}{2j} \qquad (4-30)$$

再由式(4-28)'解出 R_B。然后根据相应公式求出 x_1、y_1、x_2、y_2,参照图 4-15 作图。如想得到各段型面的准确值,则可按下列公式求出其坐标值。

$$y = 2R_t - \sqrt{R_t^2 - x^2} \ (0 \leqslant x \leqslant L_1) \qquad (4-31)$$

$$y = \sqrt{R_A^2 - (x_1 - x)^2} - y_1 (L_1 \leqslant x \leqslant L_2) \qquad (4-32)$$

$$y = \sqrt{R_B^2 - (x_2 - x)^2} - y_2 (L_2 \leqslant x \leqslant L_3) \qquad (4-33)$$

5. 最大推力喷管(罗氏法)

按最大推力原理设计的喷管型面如图 4-16 所示。ST 线为临界截面,SB 线为喉部区域型面,它是以 O' 为圆心、$R_2 = R_t$ 为半径作的圆弧,称为初始膨胀段,该段的气体流动等速面是以圆弧 SB 的切线与 x 轴的交点 O 为圆心所画的圆弧 BA。BC 是自 B 点引出的第 Ⅱ 族特征线。据前所述,利用特征线方程和锥形流理论,便可确定该线上各点的参数。DF 线是自 BC 线上某一点 D 引出的过喷管出口的第 Ⅰ 族特征线,称为控制面,它实际上是某个旋转面的母线。

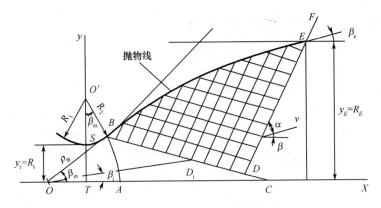

图 4 – 16　钟形喷管型面的抛物线近似

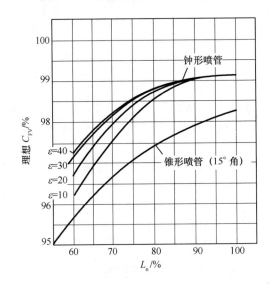

图 4 – 17　推力系数与钟形喷管长度的关系

图 4 – 17 中的 C_{Fv} 和 L_n 用的是相对值,是以一个相应的 15° 半角锥形
喷管作为标准来说明钟形喷管。锥形和钟形喷管具有相同的 D_t 和 ε_e。

　　如果喷管的型面已经确定,则喷管内的流场,以及控制面上的气流参数便是
已知的,对用这些已知参数表示的推力公式进行积分,便可得到推力。如果喷管
型面是未知的,则作为喷管型面对气流发生作用的边界——控制面上的参数也
是未知的,无法用积分求得推力。这时推力就成了控制面及其上面气流参数分
布的函数,可在约束条件下求得这个函数的极值,即在流量一定、喷管扩散段长
度一定的条件下,设计一个喷管型面,使这个型面对气流的作用能产生最大的推
力。印度人 G. V. R. Rao 和其他科学工作者较好地解决了这个问题。在严格的
条件下,推导出了控制面的方程,从而使确定控制面上各点的参数成为可能。出
口点 E 是根据 BD 段的流量等于 DE 段的流量而定出的。型面 BE 则是根据

BDE 区域作出的特征线网格确定的。

如果决定采用这种最佳推力喷管,在初步设计时可以采用更为简单的方法,当 D_t、D_e 已知,可根据需要或参照已有型号选取喷管长度 L_e。按图 4 – 18 根据 L_A 和 ε_e 选取 β_m 和 β_e。图中 $L_A = L_e/L$,L 为 ε_e 相同时 15°角锥形喷管的长度。并且选取 $R_1 = 1.5R_t$,$R_2 = 0.382R_t$。先在圆弧 R_2 上按角 β_m 作切线确定 B 点,然后在 BE 之间作抛物线,以代替用特征线网格计算方法得到的精确最佳喷管型面。用抛物线法作出的喷管型面(图 4 – 16)与精确计算得到的喷管型面误差一般不大于 3%。

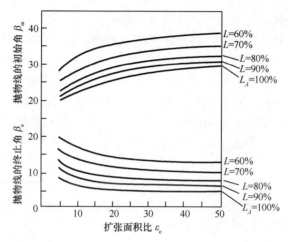

图 4 – 18　β_m 和 β_e 与扩张面积比的关系

还应指出的是,利用控制面上一些公式计算时,β_m 是可以任意选定的。因此 D 点也是可以选定的,如图 4 – 19 所示,并可由此算出许多个出口参数,然而对于每一个出口点 E,都对应着一个最佳压力比。出口角 β_e 与出口气流参数间的关系:

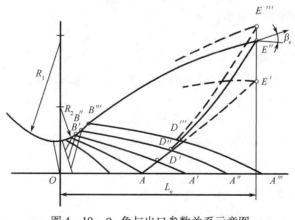

图 4 – 19　β_m 角与出口参数关系示意图

$$\frac{p_\mathrm{a}}{p_\mathrm{e}} = 1 - \frac{K \cdot M_\mathrm{e}^2 \cdot \sin 2\beta_\mathrm{e}}{2 \sqrt{M_\mathrm{e}^2 - 1}} \qquad (4-34)$$

除上面介绍的四种喷管型面外,还有一种带角进口的喷管,这种喷管在临界截面后,超声速段一开始便有一个较大的张角 β_m,气流的膨胀加速是在环流外钝角时进行的。此种喷管的造型理论和方法在国外的一些文献中作过介绍。

4.4 喷管中的损失和流量系数

燃气流在喷管内的实际流动过程是复杂的,和我们提出的理想推力室的条件有着明显的差异。这些差异将导致气流参数的实际值偏离其理想值。首先,从喷管中喷出的燃烧产物并非一维气流,因此,同样条件下,按实际的非一维气流算出的推力要比理想一维气流算出的推力小,造成不平行损失(又称非轴向流损失、径向分速损失、扩散损失);燃气在喷管收敛段通过喉部进入扩散段流动时,如果型面选择不当,也会使气流参数产生变化,从而造成入口损失;喷管内燃气在膨胀过程中并非理想平衡流动,伴随有化学成分和能量的不平衡,造成不平衡流动损失(又称化学动力学损失);具有黏性和热导性的燃气在喷管内流动时,在靠近壁面产生边界层,由于边界层所产生的摩擦力和与边界层有关的喷管壁面上压力分布的变化,导致产生摩擦损失;燃气向壁面的传热对边界层的参数影响也很大,壁面处的燃气温度 T_wg 要比喷管中心处的燃气温度低,将造成传热损失。

与理想推力室相比,为评价喷管工作的完善程度,前面曾用喷管效率 η_n 来估价喷管中所有损失造成的性能下降。它可进一步写成

$$\eta_\mathrm{n} = \eta_\mathrm{f} \cdot \eta_\beta \cdot \eta_Q \cdot \eta_\mathrm{i} \cdot \eta_\mathrm{h.d} \qquad (4-35)$$

式中　η_f——摩擦损失系数;

　　　η_β——不平行损失系数(又叫径向分速损失系数、扩散损失系数);

　　　η_Q——传热损失系数;

　　　η_i——入口损失(激波损失)系数;

　　　$\eta_\mathrm{h.d}$——化学动力学损失(不平衡流动损失)系数。

理论和实践证明,燃气流与室壁间热交换所造成的损失,对于一般采用再生冷却方案的推力室来说都很小,再作分析计算时可不予考虑,近似地认为 η_Q 等于 1.0。下面只对其余的几种损失作进一步较为详细的分析。还应指出,我们在分析这些损失时,认为喷管是在设计工况下(或真空状态下)工作的,不计过膨胀或欠膨胀所造成的损失。

4.4.1 摩擦损失

由于气体具有黏性,它在流动过程中必然会引起气体流层之间的摩擦和气

流与壁面之间的摩擦,从而形成阻力,造成一定的摩擦损失。气流与壁面的摩擦损失是这一损失的主要组成部分。壁面附近由于摩擦,气流流动参数(速度、温度、密度以及气体的其他热物理特性)将变得不均匀,并在固体壁面形成边界层。

因摩擦引起的推力损失通常用系数 η_f 来估价。其值为具有摩擦时的真空推力 $F_{v,f}$ 与理论真空推力 F_{vth} 之比,即

$$\eta_f = F_{v,f}/F_{vth} = 1 - \frac{\Delta F_f}{F_{vth}} \qquad (4-36)$$

式中 $\Delta F_f = F_{vth} - F_{v,f}$——在整个气流流经表面上所产生的方向与推力相反的摩擦合力。

由图 4-20 可以看出,ΔF_f 可用下式表示:

$$\Delta F_f = \int_0^{x_e} \tau \pi D \mathrm{d}x = 4A_t \int_0^{\bar{x}_e} \tau \overline{D} \mathrm{d}\bar{x} \qquad (4-37)$$

式中 τ——摩擦应力;

$\overline{D} = D_i/D_t$——截面的相对直径;

$\bar{x} = \dfrac{x}{D_t}$——截面的相对轴向长度。

由式(4-36)、(4-37)可得

$$\eta_f = 1 - \frac{4}{C_{F_v}} \int_0^{\bar{x}_e} \frac{\tau}{p_c^*} \overline{D} \cdot \mathrm{d}\bar{x} \qquad (4-38)$$

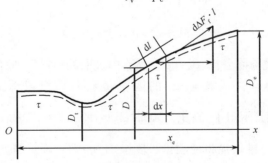

图 4-20　摩擦损失计算示意图

在液体火箭发动机中,由于要涉及到复杂的近壁层和边界层理论,想得到 η_f 可使用的解析表达式是较为困难的。苏联学者阿夫都耶夫斯基和库德林运用边界层理论,并作了一系列简化和假设,经过复杂的推导后,得出了可用于计算 η_f 值的半经验公式:

$$\eta_f = 1 - 0.01285 \cdot \frac{(\overline{D}_e + 1)^{0.18}}{R_{c0}^{0.05} \cdot \overline{T}_{wg}^{0.25}} \cdot \frac{K}{K+1} \cdot \frac{\lambda_e(\lambda_e^2 - 3\lambda_e + 2)}{t_g\beta_e(\lambda_e^2 + 1)} \cdot$$

$$\left[1 + \left(\frac{\overline{D}_c + 1}{\overline{D}_e + 1}\right)^{0.18} \cdot \frac{\tan\beta_e}{\tan\beta_c} \cdot \frac{\lambda_c^2 - 3\lambda_c + 2}{\lambda_e^2 - 3\lambda_e + 2}\right] \qquad (4-39)$$

式中　$R_{c0} = \dfrac{p_c^* \cdot D_t \cdot \xi_c}{(RT^*)_c^{0.5} \cdot \mu_c^*} \cdot \sqrt{\dfrac{2K}{K-1}}, \xi_c = \dfrac{p_c^*}{p_c}$ 一般近似等于 1；

$\beta_c \setminus \beta_e$——喷管收敛段与扩散段的锥角；

$\overline{D}_c \setminus \overline{D}_e$——喷管收敛段进口截面和扩散段出口截面的相对直径；

$\overline{T}_{wg} = \dfrac{T_{wg}}{T_c^*}$——喷管入口处燃气一方的推力室内壁面相对温度。

式(4-39)的后一部分为收敛段部分摩擦损失的相对量,这一项当 $p_c^*/p_e <$ 100 时,尚有存在的意义,当 p_c^*/p_e 较大时,由于收敛部分气流速度低,表面积小,其损失相对量小到可以忽略不计。

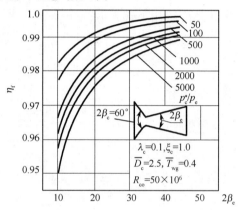

图 4-21　η_f 与 $\beta_e \setminus p_c/p_e$ 的关系

推进剂的种类与混合比、压力 p_c^*、喷管内表面的粗糙度、收敛段的几何形状等对 η_f 影响不大。主要影响 η_f 的因素是喷管扩散段部分的相对长度。

图 4-21 对锥形喷管示出了,当 $\beta_c = 30°$ 时,$\eta_f = f\left(\dfrac{p_c^*}{p_e}, 2\beta_e\right)$。从图中可以看出,当 β_e 为常数时,p_c^*/p_e 的增加将使喷管长度增加,η_f 则下降。当 p_c^*/p_e 为定值,即出口截面积不变时,β_e 的增加,有利于喷管长度的缩短,则 η_f 上升。T_{wg} 降低有利于提高壁面处气体密度,使损失增加,η_f 下降。

对于现代的液体火箭发动机,可取 $\eta_f = 0.97 \sim 0.99$。

4.4.2　不平行损失

实际喷管内气流的流动是二维的轴对称流动。和过去我们所假设的一元流动是有区别的。一元流动认为,气流在喷管出口截面上各点的速度大小相等,方向都和轴线平行。计算理论推力时不考虑径向分速的影响。径向分速是不能产生轴向推力的一个速度分量。它的存在将使推力有一定的损失,其大小主要取决于喷管出口角的大小。

喷管中的不平行损失(又称为扩散损失)用系数 η_β 表示,它是不平行流动时的真空推力和理论推力之比,即

$$\eta_\beta = \frac{F_{v\beta}}{F_v} = \frac{C_{F_{v\beta}}}{C_{F_v}} \qquad\qquad (4-40)$$

式中 $F_{v\beta}$ 和 $C_{F_{v\beta}}$——不平行流动时的真空推力和真空推力系数。

为方便起见,我们取一锥形喷管进行研究,如图4-22所示。我们近似认为在这样一个锥形喷管中,气流从 O 点开始呈放射状地在喷管中流动,这时气流参数(v、p、T、ρ 等)在同一球面上都是相等的。

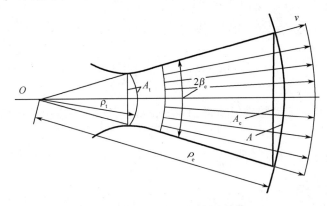

图4-22 不平行损失计算示意图

将真空推力公式的一般形式应用于锥形流动情况,可以写成下列形式:

$$F_{v\beta} = q_m \cdot v_e + p_e \cdot A_e = \int_A (\rho v^2 + p)_e \cos\beta_e \mathrm{d}A = (\rho v^2 + p)_e A_e$$

$$\qquad\qquad (4-41)$$

式中 p、ρ、v——经尾喷管出口处等参数面上的值。

由式(1-48)得

$$C_{F_v} = \frac{F_v}{p_c^* \cdot A_t} = (\rho v^2 + p)_e \cdot \varepsilon_e / p_c^* \qquad\qquad (4-42)$$

由式(1-56)得

$$(p + \rho v^2) = p_c^* \cdot \left(\frac{2}{K+1}\right)^{\frac{1}{K-1}} \cdot \frac{\lambda^2+1}{\lambda} \cdot \frac{1}{\varepsilon} \qquad\qquad (4-43)$$

将式(4-43)代入式(4-41),得

$$F_{v\beta} = \left(\frac{2}{K+1}\right)^{\frac{1}{K-1}} \cdot \frac{\lambda^2+1}{\lambda} \cdot \frac{\varepsilon_e}{\varepsilon} \cdot p_c^* \cdot A_t \qquad\qquad (4-44)$$

则相对应于锥形流的真空推力系数为

$$C_{F_{v\beta}} = \left(\frac{2}{K+1}\right)^{\frac{1}{K-1}} \cdot \frac{\lambda^2+1}{\lambda} \cdot \frac{\varepsilon_e}{\varepsilon} \qquad (4-45)$$

对于截面 A_e,其理论的真空推力系数可写成

$$C_{F_v} = \left(\frac{2}{K+1}\right)^{\frac{1}{K-1}} \cdot \frac{\lambda_e^2+1}{\lambda_e} \qquad (4-46)$$

仿照上式,由球面 A,带有速度 λ 所确定的符合一元流要求的理论真空推力系数可写成

$$C_{F_{vA}} = \left(\frac{2}{K+1}\right)^{\frac{1}{K-1}} \cdot \frac{\lambda^2+1}{\lambda} \qquad (4-47)$$

将式(4-45)、式(4-47)代入式(4-40),便有

$$\eta_\beta = \frac{C_{F_{vA}} \cdot \varepsilon_B}{C_{F_v} \cdot \varepsilon} = \frac{C_{F_{vA}}}{C_{F_v}} \cdot \frac{A_e}{A} \qquad (4-48)$$

对于有径向流动的锥形喷管,$A > A_e$,因此 $\dfrac{C_{F_{vA}}}{C_{F_v}} > 1$。当所选锥角在适当范围内$(2\beta_e < 40°)$时,计算证明,$\dfrac{C_{F_{vA}}}{C_{F_v}}$的值与 1.0 差别很小,可认为 $\dfrac{C_{F_{vA}}}{C_{F_v}} \approx 1$。通过几何关系推导又知

$$A_e = \pi\rho_e^2 \sin^2\beta_e ; A = \pi\rho_e^2 (1-\cos\beta_e)$$

则式(4-48)可写成

$$\eta_\beta = \frac{1}{2}(1+\cos\beta_e) \qquad (4-49)$$

在喷管中,气流速度当量对轴线的倾角在喷口半径方向是变化的,由中心处的零度到壁面处的 β_e。一般来说,当 β_e 不太大时,不平行损失对比冲下降的影响很小。按式(4-49)计算,当 $\beta_e = 15° \sim 20°$,$\eta_\beta = 0.9957 \sim 0.9924$。

4.4.3　入口损失

在亚声速的收敛段,气流的速度较小,如果能将喉部之前收敛段的型面做得圆滑,圆柱段与收敛段相交处和喉部截面处型面的转接半径都足够大,就可以保证气流平稳流畅地进入喉部,此时将不会造成多大损失。所谓入口损失主要是指跨声速段,尤其是跨声速段和超声速段相连接的部分。如果此处的连接不够平滑,会使气流转弯过激,而局部产生涡流和激波,从而造成较大的性能损失。因此,超声速段型面设计要比亚声速段更严格,必须保证在连续增加截面积的同时,相应地增加气流的速度。

图4-23示出了气流在跨声速段流动时,速度和压力分布的情况。超声速气流越过喉部的交界线Ⅲ—Ⅲ后,沿凹形型面流动,气流速度迅速改变方向,即

98

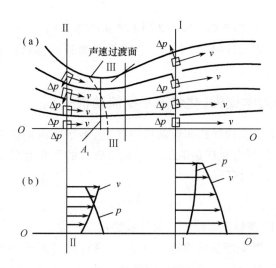

图 4 - 23　喷管中的跨声速流动

转向远离喷管轴线,速度向量对喷管轴线的某种转动会引起离心力的产生,离心力将气流压向喷管壁面。因此,壁面处气流的压力将比中心区的高,其压力和速度分布如截面 I—I 所示。如果壁面的转向半径很小,就会使边缘气流内的压力剧烈增加,阻碍了其随截面的增加和速度的继续增加,激波也就由此产生。在临界截面处,喷管型面是凸起的,气流在由亚声速转变为声速的流动中,靠近壁的气流在离心力的作用下投向中心,压缩中心气流,其压力和速度分布(见截面 II—II)和 I—I 截面处相反。因此边缘区的气流要比中心区的气流较早达到声速,而中心区因压力下降较慢,声速较迟达到。声速过渡面将是一个向超声速区凸起的曲线型面。此处的型面如果选择不当,则会在声速过渡面之后立即产生激波,以相应调整流动状态。这些激波通过尾喷管壁面反射,在喷管整个长度上的气流中传播,不止一次对气流的流动产生影响,从而导致推力一定程度的损失。这是因为,当气流在向喷管口截面流动的过程中,经历一系列不同强度和喷管不同位置的激波作用后,将比无激波的气流平均速度小,而温度、压力高。也就是说,将在较小的热效率下工作。

　　因为上述激波的产生是由于不正确地选择喷管临界截面区域的型面所引起的,通常又将激波引起的损失叫做入口损失,用入口损失系数 η_i 表示。它是具有激波时的真空推力 F_{vs} 与理论真空推力之比,即

$$\eta_i = \frac{F_{vs}}{F_v} = 1 - \frac{\Delta F_{vs}}{F_v} \qquad (4-50)$$

式中　$\Delta F_{vs} = F_v - F_{vs}$——由激波引起的推力损失。

　　当前尚无合适的计算公式来评估这一系数。实践中,常用已知的喷管效率 η_n 来估计这一分量,以确定其取值范围,如:

$$\eta_n = \eta_f \cdot \eta_\beta \cdot \eta_i \quad \text{则} \quad \eta_i = \eta_n / (\eta_f \cdot \eta_\beta) \tag{4-51}$$

一般情况在喷管设计时,都十分注意临界截面附近型面的选择,η_i很小,可认为 $\eta_i \approx 1.0$。

4.4.4 化学动力学损失(化学不平衡流动损失)

与理想的平衡流动情况相比较就可以知道,不平衡流动损失主要和燃气在喷管流动中的离解、复合反应造成的燃气化学成分的变化有关。实际的不平衡损失系数用 ξ_h 表示,则有

$$\eta_{h.d} = 1 - \xi_h \tag{4-52}$$

影响 ξ_h 大小的参数主要是 p_c^*、余氧系数 α_m、D_t 等。

ξ_h 值的大小和燃烧产物的离解度有关,当喷管进口截面的气流温度 T_c^*(以及喷管其他截面的温度 T_i^*)升高时,离解度增大,ξ_h 也随之增大。而温度的上升,又可促使化学反应速度的加快而使 ξ_h 减小。因为 T_c^* 随 α_m 的变化有极小值存在,所以 ξ_h 随 α_m 的变化关系也可用极大值的曲线来描述(见图4-24),该极大值的位置相对于 T_c^* 的极大值位置有些偏移。

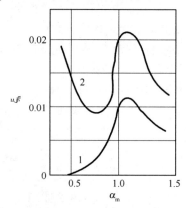

图4-24　ξ_h 与 α_m 之间的变化关系($D_t = 50\text{mm}$;$\varepsilon_e = 10$;$p_c = 15\text{MPa}$)

1—液氧 + 液氢;2—四氧化二氮 + 偏二甲肼。

随着喷管进口截面处的压力 p_c^* 增加(对于固定喷管来说,喷管其他截面上的压力也增加),温度 T_c^* 增大,离解度降低,而化学反应速度由于浓度提高而增大。所以,随着压力 p_c^* 的增加,ξ_h 是下降的。

随着 D_t 的增大,燃气在喷管内停留时间增加,因此 ξ_h 减小。

另外,除以上所分析的几种损失之外,由于喷管型面的几何尺寸偏离,也会给推力造成一定的损失。在实际的推力室上,常常由于结构上的需要,制造工艺上的要求,以及工作过程中喷管内型面的烧蚀,使得喷管的几何尺寸偏离设计(理论)型面的相应尺寸,这种偏离可能发生在收敛段,也可能发生在扩散段。

这种偏离如果对扩散段型面当地倾角 β_i 影响不大,所造成损失可忽略不计。

4.4.5 流量系数

我们将喷管内实际流动过程系数和理想流动过程系数进行比较时,除以上讨论的喷管效率 η_n 和以效率形式表达的喷管内的各种损失系数之外,还有一个流量系数问题。

喷管流量系数 C_d 是通过喷管的实际燃气流量 q_m 与理论燃气流量 q_{mth} 之比,q_{mth} 是在理想一维流动条件下按照实际的临界截面几何尺寸 D_t 计算出的流量。

$$C_d = \frac{q_m}{q_{mth}} \qquad (4-53)$$

造成 q_m 小于 q_{mth} 的因素有两个。一是在喷管喉部(最小截面)上游收敛段的型面通常是以 R_1 为半径的圆弧,而且 $M=1$ 的声速线是一个向喷管出口方向凸起的曲线。由于喉部截面上气流参数的分布是不均匀的,并且这种不均匀性还要随着 R_1 的减小而增大,将导致燃气流量的减小。二是气流是有黏性的,将在壁面上形成边界层,燃气流量随着黏度 μ 的增加而减小。

C_d 的表达式可写成

$$C_d = C_d^0 - \Delta C_{d \cdot \mu} \qquad (4-54)$$

式中 C_d^0——气流参数分布不均匀性对流量系数的影响量;

$\Delta C_{d \cdot \mu}$——黏度 μ 对流量系数的影响量。

在跨声速段为圆弧型面的情况下,当 $R_1 > 0.5R_t$ 时,C_d^0 主要取决于 R_1 的大小,与等熵过程指数 K 和收敛段的形状关系不大。通过二维流动的计算和试验,得到 C_d^0 和 $\overline{R}_1 = R_1/R_t$ 的关系曲线,如图 4-25 所示。

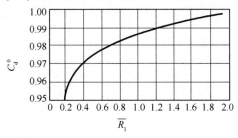

图 4-25 C_d^0 与 $\overline{R}_1$ 的关系

经过公式推导和变换,$\Delta C_{d \cdot \mu}$ 的表达式可进一步写成

$$\Delta C_{d \cdot \mu} = \frac{2\rho v}{\rho_t \cdot v_t} \cdot \frac{\delta^*}{R_t} \cdot \left(1 - \frac{\delta^*}{2R_t}\right) \approx 2\frac{\delta^*}{R_t} \qquad (4-55)$$

式中 ρ、v——喉部截面处边界层之外的气流参数;

δ^*——位移厚度(它是一个假想的位移量,当黏性流体绕流物体时,为补

偿流量的减小和沿表面压力分布的变化使壁面必须向外移动的距离)。

$\Delta C_{d \cdot \mu}$ 的主要影响因素是:燃气的性质(等熵指数 K)、雷诺数(可用一维流动模型在临界截面上的燃气参数来确定(即 $Re_t = \rho_t \cdot v_t \cdot D_t / \mu_t$),以及跨声速流动区的几何特点。

计算和试验证明,当 $Re_t > 10^5 \sim 10^6$ 时,$\Delta C_{d \cdot \mu}$ 值很小 ($\Delta C_{d \cdot \mu} = 0.001 \sim 0.002$),可忽略不计。对于小推力发动机,$Re_t$ 比较低,此时 $\Delta C_{d \cdot \mu}$ 可考虑用下式修正:

$$\Delta C_{d \cdot \mu} = (\overline{R_1})^{0.2} \cdot \sqrt{Re_t}(0.97 + 0.86K) \qquad (4-56)$$

对于大推力发动机,多数情况下选取 $R_1 = R_2 = 2R_t$,因此可以认为 $C_d \approx 1.0$。

第5章 喷嘴的工作原理与设计

5.1 概　　述

5.1.1 喷嘴的种类

喷嘴是将推进剂组元喷入燃烧室的专用元件,它们也是构成喷注器最基本的元件。液体火箭发动机上采用的喷嘴有以下几种:直流式、离心式、直流离心式和同轴式喷嘴等。

1. 直流式喷嘴

直流式喷嘴的结构最简单,它们是直接在喷注器面板上或者是在镶嵌于喷注器上的喷嘴环上打的圆柱器直流孔。液体组元在挤压下进入喷孔,通过喷孔由出口喷入燃烧室,如图5－1所示。

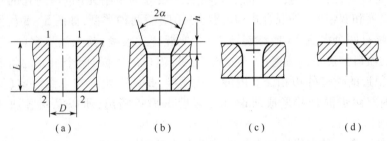

图5－1　单孔直流式喷嘴
(a)进口无倒角;(b)进口有倒角;(c)进口带倒圆;(d)进口有锐边。

实际应用时,分为三种情况:当 $L/D \leqslant 0.5$ 时,称为薄壁孔;当 $L/D = 1 \sim 5$ 时,称为短孔;当 $L/D > 5$ 时,称为长孔或孔管。常规液体火箭发动机用到的多是短孔,氢氧发动机和补燃发动机上常用的同轴式喷嘴的内中心管为长孔。

为改善直流孔的某些性能,现代较大推力的液体火箭发动机多采用直流撞击式喷嘴。它是使两股或多股射流相互碰撞使其碎裂成液滴。撞击式喷嘴又分同组元自击式和双组元互击式两种。

溅板式喷嘴也是撞击式喷嘴的一种形式,它是靠射流与某一固体表面撞击使射流碎裂成液滴,这种形式的喷嘴现代发动机已很少采用。

2. 离心式喷嘴

离心式喷嘴的结构较为复杂,通常由带切向孔(或涡流器)的涡流室和喷口

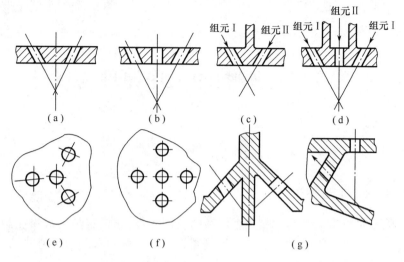

图 5 - 2　互击式和溅板式直流式喷嘴

(a)同组元两股相击；(b)同组元三股相击；(c)双组元两股相击；

(d)双组元三股相击；(e)四股相击；(f)五股相击；(g)溅板式。

两部分组成。液体从涡流室壳体上打的切向孔(或从涡流器上端)进入涡流室，沿壁面旋转后，由喷口喷出。离心式喷嘴一般分为单组元(带切向孔的和带涡流器)喷嘴和双组元(外混合式和内混合式)喷嘴两种类型，如图 5 - 3 所示。双组元喷嘴有两个涡流室(或称旋转室)。外混合式喷嘴，其上涡流室(一般为燃烧剂)的喷口伸进下涡流室(一般为氧化剂)喷口的里面，两个组元的射流在距离喷口很近的喷嘴外边相交。内混合式喷嘴，是两个组元在下涡流室(又称混合室)内部初步混合并形成所谓乳浊液后由喷嘴喷出，所以又叫乳浊式喷嘴(图 5 - 4)。

　　另外还有一种现代液体火箭发动机上不常用到的单组元双级离心式喷嘴，如图 5 - 3(c)所示。

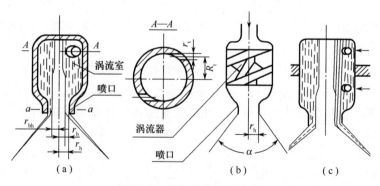

图 5 - 3　单组元离心式喷嘴

(a)带切向进口孔；(b)带涡流器；(c)单组元双级。

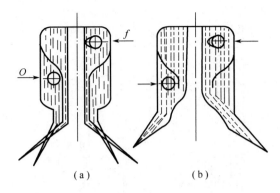

（a）　　　　　　　　（b）

图5－4　双组元离心式喷嘴
（a）双组元外混合；（b）双组元内混合。

3. 直流离心式喷嘴

有时为了适应燃烧过程的某种需要,还采用一种综合直流式和离心式两种喷嘴特点的直流离心组合式喷嘴。这种喷嘴是在离心式喷嘴涡流室的上端或涡流器上打直孔。有时也在离心式喷嘴出口两侧打直流孔,形成直流式喷嘴的射流与离心式喷嘴伞状液膜相击或几股直流式喷嘴射流互击,如图5－5所示。

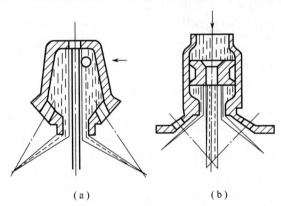

（a）　　　　　　　　（b）

图5－5　直流离心式喷嘴
（a）带切向孔；（b）带涡流器。

4. 同轴式喷嘴

这种类型的喷嘴可以看作直流式喷嘴或直流离心式喷嘴的特殊形式。它由内中心管和外环管两个同轴管组成。同轴式喷嘴工作时,一个组元的射流(气态的或液态的)被另一个组元的射流所包围,如图5－6所示。

同轴式喷嘴多为双组元气液内混合喷嘴,常用于氢－氧液体火箭发动机和高压补燃式液体火箭发动机。图5－6(a)形式的同轴式喷嘴常用于氢－氧液体火箭发动机。液氧由顶端节流嘴进入,沿着圆柱形通道进入燃烧室,气态氢经外环管上的直流式喷嘴进入,沿环形通道进入燃烧室。图5－6(b)形式的同轴式

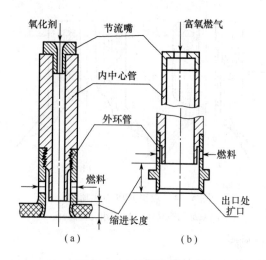

图5-6 同轴管式喷嘴

喷嘴常用于高压补燃液体火箭发动机,经过涡轮做功后的富氧燃气由顶端经节流嘴进入内中心管,液体燃料由外环管上的液喷嘴(一般为切向孔离心式喷嘴)进入涡流室后,逐步与富氧燃气混合。

还有一种非同轴管式气液喷嘴,如图5-7所示。这时液体直接喷向气体组元中,注入深度的计算,可根据射流形状的试验和理论研究来进行,在哥·恩·阿勃拉莫维奇的著作中,推荐了在自由流动的气体中计算射流坐标的关系式。计算射流轴线的坐标,常用如下经验公式:

$$\frac{x}{d} = a \frac{\rho_g \cdot v_g^2}{\rho_L \cdot v_L^2}\left(\frac{y}{d}\right) + \frac{y}{d}f(\beta) \quad (5-1)$$

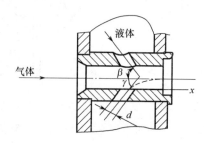

图5-7 非同轴管式气液喷嘴

式中　a——数值接近于1.0的经验常数;

　　　d——喷射液体的喷孔直径;

　　　ρ_L、v_L——射流初始截面上的液体密度和速度;

　　　ρ_g、v_g——气体的密度和速度;

　　　β——孔的轴线方向与流动气流方向的夹角;

　　　$f(\beta)$——β角的函数,可取$f(\beta) = \cot\beta$。

5. 缝隙式喷嘴

这种类型喷嘴与同轴式喷嘴相似,所不同的是气体组元由包围内中心管下部的环缝中喷出,如图5-8所示。

在一些变推力发动机上,有时也采用一种可变面积的缝隙式喷嘴。推进剂组元由在喷注器面上做成的环缝中喷出,如图5-8(c)所示。

106

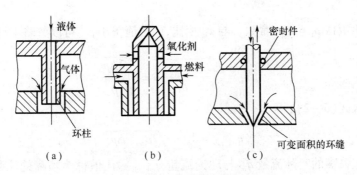

图 5 – 8 缝隙式喷嘴

5.1.2 喷嘴的主要参数

喷嘴的主要参数是:喷嘴压降、流量、喷雾角(又称喷射锥角)、喷雾细度、喷雾后的流强分布(或称喷雾均匀度)。有时为了弄清密实液体的保留情况,对射流(直流式)和液膜(离心式)碎裂之前的连续段长度也很感兴趣。

1. 喷嘴压降

喷嘴压降是喷嘴入口处的总压 p_h^* 和喷嘴出口处的压力 p_0(一般 p_0 和燃烧内"0"截面的压力相等)之差:$\Delta p_h = p_h - p_0$。喷嘴压降的确定,关系到燃烧效率、燃烧稳定性,供应系统的负荷以及推力和混合比的调节裕度,因此是一个需慎重选择的参数。对于泵压式系统,通常选取喷嘴压降为燃烧室压力的 10% ~ 20%。提高 Δp_h 可使推进剂液滴直径减小,改善雾化质量,且有利于抑制低频燃烧不稳定性。但 Δp_h 高于某个值,对雾化质量的改善不明显,且增大了供应系统的负荷,还有可能增大产生高频不稳定燃烧的危险。如果 Δp_h 过低,则会导致雾化质量恶化,使燃烧效率降低,并且易受到供应系统的干扰,产生低频不稳定性。在选取 Δp_h 时,一般需综合各方面因素,参照喷嘴冷试验的结果和以往型号的经验。对离心式喷嘴可选取:$\Delta p_h = 0.3 \sim 1 \text{MPa}$,对直流式喷嘴可选取 $\Delta p_h = 0.5 \sim 2 \text{MPa}$。

2. 喷嘴的流量

对于一维无黏性的理想情况,通过喷嘴的流量为

$$q_{mh*th} = \rho_h \cdot \nu_h \cdot A_h \tag{5-2}$$

由伯努利方程知:

$$\frac{p_t}{\rho_t} + \frac{v_t^2}{2} = \frac{p_h}{\rho_h} + \frac{v_h^2}{2} \tag{5-3}$$

式中　下标"t"——对应于喷嘴入口处的参数;

　　　　下标"h"——对应于喷嘴出口处(即燃烧室"0"截面)的参数,A_h 为喷嘴出口处截面积。

107

对于液体 $\rho_t = \rho_h =$ 常数。与 v_h 相比,v_t 的值很小,$\dfrac{v_t^2}{2}$ 可以忽略不计,则有

$$v_h = \sqrt{\frac{2(p_t - p_h)}{\rho_t}} = \sqrt{\frac{2\Delta p_h}{\rho_h}}$$

代入式(5-2),得

$$q_{mh \cdot th} = A_h \cdot \sqrt{2\rho_h \cdot \Delta p_h} \qquad\qquad (5-4)$$

通过喷嘴的实际流量 q_{mh} 与理论流量 $q_{mh \cdot th}$ 的比值称为喷嘴的流量系数,用 C_{dh} 表示,则有

$$q_{mh} = C_{dh} \cdot A_h \cdot \sqrt{2\rho_h \cdot \Delta p_h} \qquad\qquad (5-5)$$

引入系数 C_{dh} 是对流体在喷嘴中的理想流动情况进行的修正,基本上考虑到两个因素:一是流体在实际流动中存在着一定的流阻损失;二是流体实际上并不能将喷孔充满,流体的实际流通面积要比喷嘴出口截面 A_h 小。

一般选取单个喷嘴的流量少者 20 ~ 50g/s,多者 200 ~ 600g/s。

3. 喷雾细度

喷雾细度一般用喷射流碎裂后的液滴平均直径来表示。同样流量的液体喷射后形成的液滴越多,液滴总的表面积就越大。有利于推进剂的加热、蒸发。喷雾细度和推进剂组元的物理性质、喷射速度、喷嘴的具体结构形式以及包围射流的燃气参数等因素有关。喷雾中形成的液滴直径大小不等,相差很大,一般为 10 ~ 500μm。

4. 喷射角

喷射角是指液体离开喷嘴时形成的散射角,或者是射流撞击后形成的雾状锥角。通常用 α 表示。喷射角的大小随喷嘴的种类和结构形式的不同,可以在很大范围内变化。喷射角的大小对推进剂组元之间的混合,液滴的加热、蒸发以及喷注器面的保护都有一定的影响。对非撞击的直流式喷嘴:$\alpha = 10° \sim 15°$;对离心式喷嘴:$\alpha = 60° \sim 100°$。

5. 喷雾后的流强分布

流强是在离开喷嘴出口截面一定距离的局部面积上收集到的喷雾后的流量除以相应的局部面积。它表示了喷雾后流量分布的均匀程度。流强的不同,将造成碎裂后液滴的加热、蒸发条件的差异。

5.1.3 研究的目的和方法

通常从两个方面对喷嘴加以研究:一是着重研究喷嘴内部液体流动的过程,从中找出喷嘴压降、喷嘴结构形式和尺寸,流量以及喷雾角之间的相互关系;二是着重研究喷嘴出口液体流动的过程,从中找出各种因素对射流的雾化过程

（碎裂过程），雾化细度和雾化后流强分布的影响程度。由于工作过程复杂，影响因素很多，当前主要靠实际做实验来确定各种参数与诸因素之间的定量关系。

对喷嘴的理论研究，通常是先把复杂的实际问题理想化，然后运用流体力学的基本定律和数学工具，从量上找出各种参数间的关系。实际运用时，根据实验数据再加以必要的修正。

5.2 离心式喷嘴

5.2.1 理想流体在喷嘴内的流动

理想流体所满足的假设条件是：流体没有黏性；进口流量系数为 $C_{dt}=1.0$，流体在入口处不存在脱壁现象；流体的所有质点都有相同的动量矩，$M=R_t \cdot v_t$；流体在室内流动时只有轴向速度 v_x 和切向速度 v_u，没有径向速度 $v_r=0$；忽略不计入口和出口的位能差 $(z_t - z_h = 0)$。

1. 原始方程组

设 v_t 为喷嘴入口处的速度，p、$v(v_x, v_u)$ 为喷嘴室内任一截面流体的压力和速度（见图 5-3(a)）。对理想流体可写成如下方程：

伯努利方程： $$p_t^* = p_t + \rho \frac{v_t^2}{2} = p + \rho \frac{v_x^2}{2} + \rho \frac{v_u^2}{2} = 常数 \qquad (5-6)$$

动量矩方程： $$v_t R_t = v_u r = 常数 \qquad (5-7)$$

由式（5-7）可以看出，如果喷嘴室内都充满液体，则在轴线上 $(r=0)$ 的切向速度 $v_u \to \infty$，根据伯努利方程，此时液体的压力将趋近于负无穷大。这种情况实际上是不可能的，随着 r 的减少，液体的压力将下降到和喷射环境的介质压力相等。当液体压力低于介质压力时，液体就将被介质压力所排开。因而中心区就形成一个充满气体介质的旋涡，液体仅分布在喷嘴内壁表面上，液体所通过的只是位于喷口内壁半径 r_h 和气涡外界半径 r_b 之间的这部分环形面积。

通常用字母 φ 来表示喷嘴出口处液流的有效截面系数：

$$\varphi = 1 - \frac{r_b^2}{r_h^2} \qquad (5-8)$$

压力平衡方程：在截面 a—a 上取一环形单元，半径为 r，宽为 dr，高度为 1（图 5-9），在此环形单元内的液体质量为

$$dq_m = 2\pi r \cdot dr \cdot \rho$$

作用在环形单元上的离心力应和该单元两侧的压力差相等：

$$2\pi r dp = dq_m \cdot \frac{v_u^2}{r} = 2\pi r v_u^2 \cdot \rho \frac{dr}{r}$$

109

即

$$dp = \rho \cdot v_u^2 \cdot \frac{dr}{r} \qquad (5-9)$$

将式(5-7)微分,得

$$\frac{dr}{r} = -\frac{dv_u}{v_u}$$

代入式(5-9),得

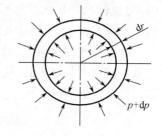

图 5-9　环形单元示意图

$$dp = -\rho v_u dv_u \qquad (5-9)'$$

将式(5-9)′积分,并参照式(5-7),可得

$$\int_{P_b}^{p} dp = p - p_b = -\rho \int_{v_{ub}}^{v_u} v_u \cdot dv_u = \frac{\rho}{2}(v_{ub}^2 - v_u^2)$$

即

$$p - p_b = \frac{\rho}{2}(v_{ub}^2 - v_u^2) = \frac{1}{2}\rho v_{ub}^2 \left(1 - \frac{r_b^2}{r^2}\right) \qquad (5-10)$$

式(5-10)表达了液体层内压力随涡流室半径变化的规律。压力的差值从气涡边缘处的零值($r = r_b$)增加到壁面处的最大值。

2. 流量系数公式

将式(5-10)代入式(5-6),可得

$$v_x = \sqrt{\frac{2\Delta p}{\rho} - v_{ub}^2} \qquad (5-11)$$

由此式可以看出,轴向速度 v_x 在整个有效截面上是定值。

喷嘴出口处的液体秒流量可写成

$$q_{mh} = \varphi \pi r_h^2 \cdot \rho \cdot v_x \qquad (5-12)$$

考虑到 $v_{ub} = \frac{v_t R_t}{r_b}$ 和喷嘴进口处的流速为 $v_t = \frac{q_{mt}}{\rho \pi r_t^2 \cdot n}$($n$ 为进口切向孔数目),轴向速度 v_x 可进一步写成

$$v_x = \sqrt{\frac{2\Delta p}{\rho} - \frac{R_t^2 \cdot q_{mt}^2}{\rho^2 \pi^2 r_t^4 r_b^2 n^2}} \qquad (5-13)$$

将式(5-13)与式(5-12)联解,并将式(5-8)代入,可得

$$q_{mh} = \frac{\pi r_h^2}{\sqrt{\dfrac{A^2}{1-\varphi} + \dfrac{1}{\varphi^2}}} \cdot \sqrt{2\rho \Delta p} = C_{dh} A_h \cdot \sqrt{2\rho \Delta p} \qquad (5-14)$$

110

式中　$A = \dfrac{R_t \cdot r_h}{n \cdot r_t^2}$——离心式喷嘴的几何特性,是一个和喷嘴几何尺寸有关的无因次量。

流量系数 C_{dh} 的表达式为

$$C_{dh} = \dfrac{1}{\sqrt{\dfrac{A^2}{1 - \varphi} + \dfrac{1}{\varphi^2}}} \tag{5-15}$$

由式(5-15)可以看出,C_{dh} 为 A 和 φ 的函数,当 A 为定值时,C_{dh} 随 φ 变化,在 φ 为某一数值时有最大值,即同样条件下可得到最大的流量。当 $\varphi \rightarrow 0$ 时,意味着气涡的半径 r_b 很大,液体通过有效环形面积很小;$\varphi = 0$ 时,$C_{dh} = 0$,$q_{mh} = 0$。当气涡半径很小时($\varphi \rightarrow 1$),此时大部分压力消耗在靠近喷嘴轴线处液体的旋转速度上,液体的轴向速度很小;当 $\varphi = 1$ 时,$v_u = \infty$,$v_x = 0$,则 $q_{mh} = 0$,$C_{dh} = 0$。例如,当 $A = 1.0$ 时,$\varphi \approx 0.62$,C_{dh} 有最大值。

实验证明,在一定的 A 值条件下,气涡的半径是一定的,其 φ 值对应着流量系数为最大值时的稳定工作状况,根据这一点可用求极限的方法得到 A 和 C_{dh} 与 φ 之间的关系式。

将式(5-15)对 φ 偏微分,并令其一阶导数为零,得

$$\dfrac{\partial C_{dh}}{\partial \varphi} = -\dfrac{1}{2}\left(\dfrac{A^2}{1 - \varphi} + \dfrac{1}{\varphi^2}\right)^{-\frac{3}{2}} \cdot \left[\dfrac{A^2}{(1 - \varphi)^2} - \dfrac{2}{\varphi^3}\right] = 0$$

式中　$\left(\dfrac{A^2}{1 - \varphi} + \dfrac{1}{\varphi^2}\right)^{-\frac{3}{2}}$ 不可能为零,故只有

$$\left[\dfrac{A^2}{(1 - \varphi)^2} - \dfrac{2}{\varphi^3}\right] = 0$$

即

$$A = \sqrt{2}(1 - \varphi) / \varphi\sqrt{\varphi} \tag{5-16}$$

将式(5-16)代入式(5-15),得

$$C_{dh} = \varphi\sqrt{\varphi} / \sqrt{2 - \varphi} \tag{5-17}$$

C_{dh} 和 φ 随 A 的变化如图 5-10 所示。

对于带涡流器的离心式喷嘴,其液体流动过程亦可以用带切向孔喷嘴的一些公式来描述。此时喷嘴的几何特性为

$$A = \dfrac{\pi \cdot r_h \cdot R_t \cdot \cos\beta}{n \cdot A_t} \tag{5-18}$$

式中　R_t——喷嘴轴线到螺旋通道中间点的距离(旋转臂);

β——进口通道方向与喷嘴轴线垂直面之间的夹角(螺旋升角);

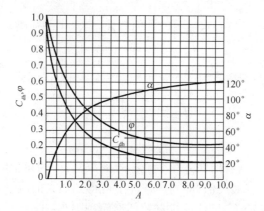

图 5 - 10 流量系数、喷雾角和有效截面积系数与喷嘴几何特性的关系

n——螺旋形通道数(涡流器螺纹头数);

A_t——螺纹形通道法向横截面积。

3. 喷雾角公式

液体在喷嘴出口处将依靠惯性按直线轨迹散飞开,其方向即液体合成速度的方向,因此其喷射角就是切向速度和轴向速度之比:

$$\tan \frac{a}{2} = \frac{v_u}{v_x} \qquad (5-19)$$

由式(5-10)和式(5-11)可知,液体在喷嘴内横截面积上的轴向速度是常数,且截面上的压力分布由于离心力的作用是变化的。因为在喷嘴出口截面压力是一样的,都是等于燃烧室内的压力 p_0,所以该截面上的压力差此时都将转变成相应的轴向速度头,轴向速度值在截面上的分布也将起变化,越靠近外缘,压差越大,轴向速度也就越大。轴向分速的增加,将导致有效截面的减小,则出口截面的气涡半径 r_{bh} 将大于喷嘴内部的气涡半径 r_b。

由式(5-6),对喷嘴出口截面可写成

$$v_x^2 + v_u^2 = \frac{2\Delta p}{\rho} \qquad (5-20)$$

又知:$v_t = \dfrac{q_{mh}}{\rho \pi r_t^2 \cdot n} = \dfrac{C_{dh} \cdot \pi \cdot r_h^2 \sqrt{2\rho\Delta p}}{\rho \cdot \pi \cdot r_t^2 \cdot n} = \dfrac{C_{dh} \cdot r_h^2}{n r_t^2} \cdot \sqrt{\dfrac{2\Delta p}{\rho}}$

$$v_u = \frac{R_t \cdot v_t}{r} = \frac{C_{dh} \cdot R_t \cdot r_h^2}{r \cdot n \cdot r_t^2} \sqrt{\frac{2\Delta p}{\rho}} = C_{dh} \cdot A \cdot \frac{r_h}{r} \cdot \sqrt{\frac{2\Delta p}{\rho}} \qquad (5-21)$$

将式(5-21)代入式(5-20),便可得到喷嘴出口截面上轴向速度的分布规律:

$$v_x = \sqrt{1 - C_{dh}^2 \cdot A^2 \cdot \frac{r_h^2}{r^2}} \cdot \sqrt{\frac{2\Delta p}{\rho}} \qquad (5-22)$$

112

由式(5-21)和式(5-22)可看出，v_u 随 r 增加而减小，v_x 随 r 增加而增大。将此二式代入式(5-19)，得

$$\tan\frac{\alpha}{2} = \frac{C_{dh}\cdot A\cdot\dfrac{r_h^2}{r}}{\sqrt{1-C_{dh}^2\cdot A^2\cdot\dfrac{r_h^2}{r^2}}} = \frac{1}{\sqrt{\dfrac{r^2}{C_{dh}^2\cdot A^2\cdot r_h^2}-1}} \qquad (5-23)$$

由上式可以看出，液体质点的散飞角取决于它距喷嘴轴线的距离，靠近轴线处倾角较大，靠近壁面处倾角较小。我们取液膜平均半径的质点喷雾角作为喷嘴的喷雾角。

$$r = \frac{1}{2}(r_h + r_{bh}) = \frac{r_h}{2}(1+S) \qquad (5-24)$$

式中　r_{bh}——喷嘴出口截面的气涡半径；

　　$S = r_{bh}/r_b$——气涡的无因次半径，如设 $r_{bh} = r_b$，则有 $S = \sqrt{1-\varphi}$。

将式(5-24)代入式(5-23)，得

$$\tan\frac{\alpha}{2} = \frac{2C_{dh}\cdot A}{\sqrt{(1+S)^2-4C_{dh}^2\cdot A^2}} = \frac{1}{\sqrt{\left(\dfrac{1+S}{2C_{dh}A}\right)^2-1}} \qquad (5-25)$$

为进一步确定 S 值，我们写出下式：

$$q_{mh} = \int_{r_{bh}}^{r_h}\rho\cdot v_x\cdot 2\pi r\mathrm{d}r = C_{dh}r_h^2\cdot\pi\sqrt{2\rho\Delta p} \qquad (5-26)$$

利用式(5-22)，并将上式积分，可得到下式：

$$C_{dh} = \sqrt{1-C_{dh}^2\cdot A^2} - S\sqrt{S^2-C_{dh}^2\cdot A^2} - C_{dh}\cdot$$

$$A^2\ln\frac{1+\sqrt{1-C_{dh}^2\cdot A^2}}{S+\sqrt{S^2-C_{dh}^2\cdot A^2}} \qquad (5-27)$$

此式是一个超越公式，只能用图解法求解。利用式(5-16)、式(5-17)和式(5-27)，便可得到 $S = f(A)$ 的关系式(见图5-11)，从而进一步由式(5-25)求得喷雾角 α 随 A 的变化关系(见图5-10)。

在以上所推导的公式中可以看出，C_{dh}、φ 和 α 均与几何特性 A 有关。可见几何特性 A 是一个很重要的参数。如将 A 的表达式上下同乘以 $\dfrac{q_{mh}}{n\cdot\pi\cdot r_t^2\cdot R_t^2}$，便得

$$A = \frac{R_t\cdot r_h}{n\cdot r_t^2} = \frac{\dfrac{q_{mh}}{n\cdot\pi\cdot r_t^2}\cdot\dfrac{R_t}{r_h^2}}{\dfrac{q_{mh}}{\pi r_h^2}} = \frac{切向速度\times力臂因子}{轴向速度}$$

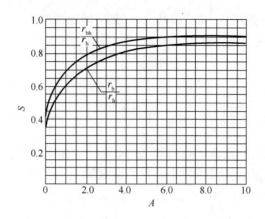

图 5 - 11　无因次涡流半径与喷嘴几何特性的关系

由此可将 A 看作液体动量矩和轴向速度之比，A 值越大，液体的旋转能力越强，因而喷射角就越大，φ 和 C_{dh} 就越小。

5.2.2　影响离心式喷嘴工作参数的因素

试验表明，按上述理想情况设计出来的喷嘴，一般均能较好地和试验值相符合。但由于理论推导中许多因素被忽略，在不少情况下，试验结果和理论计算值之间还存在着明显的差异。

1. 液体的黏性

理论计算中，认为液体是没有黏性的。而实际的液体总是有黏性的。黏性液体流动中和壁面的摩擦，将导致有效压降的减少，从而使液体流出速度降低，C_{dh} 值减小，另一方面又使动量矩不守恒。v_u 降低，r_b 和 α 值减小，又使 C_{dh} 上升。无论是对于带切向孔的离心式喷嘴，还是带涡流器的离心式喷嘴，因摩擦损失较为显著，实际的流量系数 C_{dh} 总是略小于理论值 $C_{dh \cdot th}$。对一般液体火箭发动机所用的喷嘴，因黏性影响较小，计算时通常忽略不计。这一因素只有当涡流室直径很大、r_t 较小（$A > 2.5$）而且液体的流量很小、黏性很大时，才加以考虑。

2. 结构因素

结构因素对喷嘴参数的影响较大，但由于影响过程的复杂性，很难从理论上加以计算，只能靠试验解决。如图 5 - 12 所示，大量的试验结果证明：

（1）l_k / D_k（旋转室的高度和直径之比）：l_k 越大，则由于摩擦所造成的动量矩损失越大，使喷嘴出口处的切向速度 v_u 降低，气涡半径减小，流量系数 C_{dh} 上升，喷雾角变小。对于长喷嘴一般选取 $l_k / D_k \leqslant 2.5$，对于短喷嘴 $l_k / D_k \geqslant 0.6$。

（2）l_h / d_h（喷嘴出口长度和直径之比）：l_h 增加可使动量矩减小和喷雾角减小，但对 C_{dh} 值影响很小，一般选 $l_h / d_h = 0.25 \sim 1.0$。

（3）l_t / d_t（喷嘴入口通道的长度和直径比）：当 l_t / d_t 较大，即入口细长时，入口液流是平行的，具有动量矩（$v_t \cdot R_t$），实际液流和理论上的假设相似。当 $l_t /$

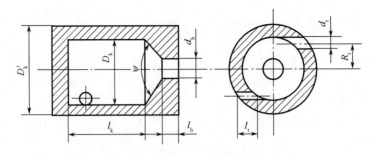

图 5 – 12　离心式喷嘴的几何尺寸

$d_t < 2.0$,即入口短粗时,液流便可斜向进入,实际的 $R_t' < R_t$(见图 5 – 13),以致实际动量矩小于理论值 $(v_t \cdot R_t') < (v_t \cdot R_t')_{th}$,则 C_{dh} 增大,喷雾角减小。

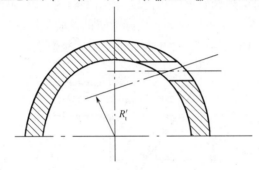

图 5 – 13　入口孔短粗时 R_t 的变化

（4）R_t/r_h（旋转室半径和喷嘴出口半径之比）:因在喷嘴出口处离心压力转化为轴向速度,气涡半径有所增加。但如果 R_t/r_h 较大,则由于出口的紧束效应,流体截面 $\pi \cdot (r_h^2 - r_b^2)$ 不致减少太多,实际流量系数 C_{dh} 和理论值 $C_{dh.th}$ 相接近;如果 R_t/r_h 较小,则流体截面 $\pi \cdot (r_h^2 - r_b^2)$ 缩小,$C_{dh} < C_{dh.th}$,对液体火箭发动机,一般取 $R_t/r_h \leqslant 2.5 \sim 3.0$。

（5）ψ（喷嘴出口张角）:ψ 太大易造成流体在喷嘴入口处的脱离现象:ψ 过小又使喷嘴长度增加。一般取 $\psi = 60° \sim 120°$。

对于带涡流器的离心式喷嘴,影响其工作过程的主要结构因素是涡流器的长度和螺纹头数。涡流器的长度增加时,C_{dh} 上升,α 变小。通常取涡流器的长度 l_w 等于一圈螺旋线(一头螺纹)间距的 1/3 ~ 3/4。而且螺纹头数越多,长度越短;螺纹头数越多,喷射后的液膜厚度越均匀。一般取螺纹头数 $n = 2 \sim 4$。

3. 其他因素

推进剂的温度和工艺因素(如粗糙度、毛刺、锐边等),也将对 C_{dh} 和 α 产生一定的影响。但对不同的发动机型号,不同的喷嘴结构形式和不同工艺水平,影响程度均不一致,只能靠实际的试验结果进行必要的修正。

5.2.3　单组元离心式喷嘴的计算步骤

已知或选定的原始数据:

（1）给定单个喷嘴的流量 q_{mh}。

（2）选择适当的喷嘴压降 Δp。

（3）选择喷射角:一般可选 $\alpha = 60° \sim 120°$,不宜过大,否则可能造成喷嘴出口端面出现烧蚀。

（4）推进剂组元的物理性能:密度(重度)、黏度等。

喷嘴设计计算的目的:根据原始数据,求出喷嘴的各个几何尺寸。实际计算时,一般先不考虑诸影响因素,按理想情况进行设计计算,然后制造出若干个喷嘴投入试验,将试验结果和要求值相比较,找出差异的原因,再对尺寸进行修正,直至满意为止。图 5 - 14 所示即为一实际喷嘴的试验值。如所设计喷嘴的结构形式和工艺水平与试验用喷嘴一样,也可直接用试验值进行计算。

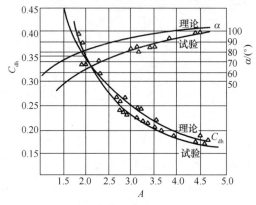

图 5 - 14　单个离心式喷嘴和双组元内喷嘴的流量系数

计算步骤:

（1）根据选定的喷射角,在图 5 - 10 上查出对应的 α 值的流量系数 C_{dh} 和几何特性 A。

（2）喷嘴喷口直径 $d_h = \sqrt{\dfrac{4q_{mh}}{C_{dh} \cdot \pi \cdot \sqrt{2\rho \cdot \Delta p}}}$,mm。

（3）根据外部尺寸要求,选取 $R_t \leqslant (2.5 \sim 3.0)r_h$。

（4）选取切向孔数目 n。

（5）计算切向孔进口半径 $r_t = \sqrt{\dfrac{R_t \cdot r_h}{n \cdot A}}$,mm。

（6）旋转室内半径 $R_k = R_t + r_t$,mm。

（7）喷嘴其他结构尺寸:

116

旋转室外径 $R'_h = D_k + (3 \sim 5) r_t$；

切向孔长度 $l_t \geqslant 2d_t$；

喷口圆柱段长度 $l_h = (0.25 \sim 1.0) d_h$；

喷口进口锥角张度 $\psi = 60° \sim 150°$；

旋转室长度 l_k 根据具体结构形式适当选取。

带涡流器离心式喷嘴的计算方法与上述基本相同，具体结构参数稍有差别：

选取螺流器螺纹头数 n；

选取涡流器螺纹升角 $\beta = 25° \sim 35°$；

涡流器螺纹槽法向截面面积，由式(5-18)得

$$A_t = \frac{\pi \cdot r_h \cdot R_t \cos\beta}{n \cdot A}$$

考虑到螺纹槽的流量系数 $C_{dh} = 0.9$，则需要通道面积增大到 $A'_t = A_t/0.9$。若螺旋槽为矩形，则螺纹槽法向截面上的宽 S 和高 h 应为 $A'_t = S \cdot h$；

涡流器外径 $D'_k = 2R_t + h$；

涡流器内径 $D_k = 2R_t - h$；

选取涡流器长度 l_w。

5.2.4　离心式喷嘴在实际应用中的几个问题

1. 喷嘴理论的使用条件

阿勃拉莫维奇的离心式喷嘴理论是建立在 C_{dh} 对应 φ 值为最大值的稳定工作情况，这一理论在工程上得到了广泛的应用，但是它有一定的适用条件。C_{dh} 的计算结果和试验结果基本一致，但用它计算的喷雾角又都存在着一定的误差。

可以证明，在轴对称情况下，当喷嘴出口处液体的轴向速度等于压力波沿液体自由表面的传播速度时，通过离心式喷嘴的流量才有最大值，也就是说在这种条件下最大流量原理才能成立。经推导可得以下关系式：

$$C^2 = \frac{A^2 \cdot \varphi^2}{2(1-\varphi)^2} v_x \tag{5-28}$$

$$A = \frac{(1-\varphi)\sqrt{2}}{\varphi \sqrt{\varphi}} \frac{1}{M^*} \tag{5-29}$$

式中　M^*——相似准则，$M^* = \dfrac{v_x}{c}$，类似于马赫数；

从式(5-28)可以看出，当 $M^* = 1$，式(5-29)和式(5-16)一样。但传播速度 c 和 A 及 φ 有关。因此喷嘴的 A 不同，其 M^* 数也不同。可以得其表达式为

$$M^* = \sqrt{\frac{A^2}{\sqrt{1+2A^2-1}} - 1} \qquad (5-30)$$

当 $A=2$ 时,有 $M^*=1$;当 $A>2$ 时,$M^*>1$,即所谓喷嘴工作在超临界工况下,此时计算的喷雾角比阿勃拉莫维奇喷嘴理论计算值有较大的减小。由此可见阿勃拉莫维奇喷嘴理论的适用条件是 $A\geqslant 2$。

2. 对几何特性 A 的修正

实际的液体存在黏性,在离心式喷嘴中流动时存在摩擦力,这将引起 C_{dh} 和 α 与上述理论值不一致。可通过修正几何特性来对黏性进行修正。

$$A = \frac{R_t \cdot r_h}{n \cdot r_t^2 + 0.5\lambda \cdot R_t(R_t - r_h)} \qquad (5-31)$$

式中 $\lambda = \dfrac{0.3164}{Re^{0.25}}$;

Re——雷诺数,为切向孔中的值。

3. 带有开度比离心式喷嘴

喷嘴入口处的旋转半径 R_t 和喷嘴出口半径 r_h 比值对 A 有影响,也对 C_{dh} 有影响。所以在应用时还应考虑对这一影响因素进行修正。我们将这一比值定义为开度比,用 C 表示,即

$$C = \frac{R_t}{r_h} \qquad (5-32)$$

一般液体火箭发动机上应用的离心式喷嘴,其出口都是收口式的,即开度比 $C>1$。近些年来广泛采用了敞口式的离心式喷嘴(如:补燃发动机用的同轴式气液喷嘴的液喷嘴),即 $C\leqslant 1$。用阿勃拉莫维奇理论计算喷嘴的有关尺寸时,应考虑这一情况,进行开度比的修正,取 $\dfrac{R_t}{r_h}\approx 0.9$。

5.2.5 双组元离心式喷嘴

由于双组元离心式喷嘴具有大流强和雾化混合质量好等优点,同样流量下可使喷注器的面积缩小,并且燃烧效率高,所以在大、中推力的液体火箭发动机上得到了广泛的应用。

双组元内混合离心式喷嘴混合效果最好,单个喷嘴的流量也比较大。一般适应于非自燃的液体推进剂。如果用于自燃推进剂,则首先要保证两种组元在混合室内停留的时间小于该种推进剂的燃烧延迟时间。但由于这种喷嘴对发动机启动时两种组元进入的同时性要求高,对发动机停车后燃气的回流问题不易解决等,使其工作很不可靠,故在实际型号上极少应用。而且,其计算方法也和单组元喷嘴一样,在此不作专门介绍。

双组元外混合离心式喷嘴的内喷嘴,就是一般的单组元喷嘴(或称单室喷嘴)。对于外喷嘴有两种情况(如图5-15所示):

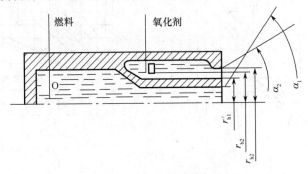

图5-15 双组元外混合离心式喷嘴的几何尺寸

(1) $r_{b2} > r'_{h1}$:则外喷嘴的工作不受内喷嘴的干扰,称为不相干。其计算方法同单室喷嘴。

(2) $r_{b2} < r'_{h1}$:则外喷嘴的工作受到内喷嘴的干扰,称为相干。r_{b2} 被限制在与内喷嘴的喷口外径 r'_{h1} 相等,气涡已不再存在。对液体火箭发动机,一般氧化剂流量比燃料流量多,氧化剂由外喷嘴进入。为保证两个组元喷射液膜相交,内喷嘴的喷射角要大于外喷嘴的喷射角 $10° \sim 15°$,又可写成:$r'_{h1} = r_{b2} = r_{b0} = r'_{hf}$,$r_{h2} = r_{h0}$,此时液体的有效流通面积是 $\pi(r_{h0}^2 - r'^2_{hf})$。

外喷嘴(氧化剂喷嘴)的流量可仿照式(5-26)写成

$$q_{mho} = C_{dho} \cdot \pi r_{ho}^2 \sqrt{2\Delta p_o \cdot \rho_o} = \int_{r_{hf}}^{r_{ho}} \rho_o \cdot v_{xo} \cdot 2\pi r \mathrm{d}r \qquad (5-33)$$

同样可利用式(5-22),并将式(5-33)积分,可得和式(5-27)相似的公式,即

$$C_{dho} = \sqrt{1 - C_{dho}^2 \cdot A_o^2} - S' \sqrt{S'^2 - C_{dho}^2 \cdot A_o^2} - C_{dho} \cdot$$

$$A_o^2 \ln \frac{1 + \sqrt{1 - C_{dho}^2 \cdot A_o^2}}{S' + \sqrt{S'^2 - C_{dho}^2 \cdot A_o^2}} \qquad (5-34)$$

式(5-34)和式(5-27)的区别是,流量系数和几何特性的关系已和过去不一样,S' 和 S 不一样,$S' = r'_{hf}/r_{ho} = r'_{h1}/r_{h2}$。

$$\tan \frac{\alpha}{2} = \frac{1}{\sqrt{\left(\dfrac{1+S'}{2C_{dho}^2 A_o^2}\right)^2 - 1}} \qquad (5-35)$$

根据式(5-34)、式(5-35)作得的曲线如图5-16(a)、(b)所示,虚线为 $S' = S$ 的情况。

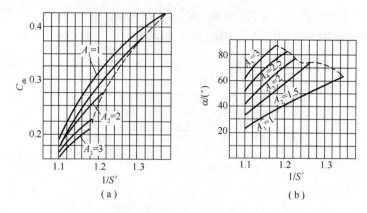

图 5－16　流量系数和外喷嘴喷雾锥角与比值 $1/S'$ 的关系

双组元喷嘴计算时仍按两个独立的喷嘴计算,对计算结果进行比较,若证明为相干情况,则按图 5－17 上的 $\alpha = f(A \text{、} S')$ 和 $C_{dh} = f'(A \text{、} S')$ 找出 A 和 C_{dh},进而求出其他的几何尺寸。

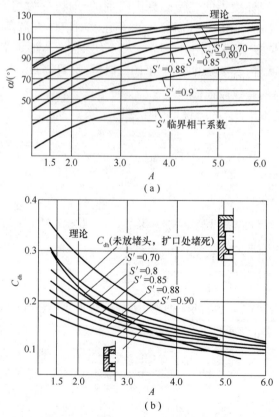

图 5－17　双组元外喷嘴的试验曲线

(a) $\alpha = f(A)$; (b) $c_{dh} = f(A)$。

实践证明,在双组元喷嘴的研制中较困难的工作是使内喷嘴的喷射角大于外喷嘴的喷射角。往往要对结构尺寸作多次调整方能达到目的。

图 5-17(a)、(b)为相干情况下某种类型喷嘴,当 S' 为不同值时,C_{dh}、α 与 A 之间的试验关系曲线。

5.3 直流式喷嘴

5.3.1 液体在喷嘴内的流动

液体在压力差作用下进入燃烧室,若用 1—1 和 2—2 表示喷嘴进口和出口两个截面,且不计两个截面间的位能差,则伯努利方程可写成

$$\frac{p_1}{\rho} + \frac{v_1^2}{2} = \frac{p_2}{\rho} + \frac{v_2^2}{2} + \varsigma \frac{v_2^2}{2} \qquad (5-36)$$

式中 ς——由于局部阻力和沿程摩擦损失存在而引进的损失系数。

又知连续方程为 $\rho \cdot v_1 \cdot A_1 = \rho \cdot v_2 \cdot A_2$,故有 $v_1 = v_2(A_2/A_1)$,则有

$$v_2 = \sqrt{\frac{2\Delta p/\rho}{\zeta + 1 - (A_2/A_1)^2}} = \frac{1}{\sqrt{\zeta + 1 - (A_2/A_1)^2}} \cdot \sqrt{\frac{2\Delta p}{\rho}}$$

令 $C_{dh} = 1/\sqrt{\zeta + 1 - (A_2/A_1)^2}$,$\Delta p = p_1 - p_2$,即有

$$q_{mh} = C_{dh} \cdot A_2 \cdot \sqrt{2\rho \cdot \Delta p} \qquad (5-37)$$

此时流量系数 C_{dh} 表示损失的存在和截面的变化而引起的实际流量减少的程度。它与 Δp、喷嘴的几何尺寸和形状、反压、液体的物理性质以及喷嘴的加工质量等多种因素有关。

由式(5-37)可以看出,直流式喷嘴的计算比较简单。当 Δp 给定后,已知流量,便可求得喷嘴孔的尺寸,知道喷嘴孔尺寸亦可算出流量。关键是准确选取流量系数 C_{dh},否则将使流量有较大的偏离,造成混合比和比冲也有较大的偏离。影响 C_{dh} 值的因素很多,无法从理论上加以解决。一般为了进行直流式喷嘴的设计,必须首先对 C_{dh} 进行大量的实验研究。

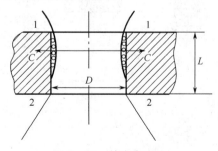

图 5-18 单个直流孔

5.3.2 影响流量系数 C_{dh} 值的因素

1. 压降与汽蚀对 C_{dh} 值的影响

对于一定的介质来说,喷嘴压降对流体在喷孔中流动的速度有较大的影响。试验证明,随着流动速度的变化,流体在喷孔中的流动状态也迅速改变,并在较大程度上影响着 C_{dh} 值的大小。

当流体从大容积进入喷孔时,由于流体的离心作用,流体脱离喷孔内壁而形成一个小空穴,在压降不大的情况下,流体最小截面处($C—C$ 截面)距喷嘴入口截面的距离约为 $0.2~0.5D$,空穴结束截面的距离约为 $1.0D$,不超过 $1.5D$。

在相对压降较低,喷孔中流速较小的情况下,$C—C$ 截面处的压力(压力最小、速度最大的截面)p_C 大于当地、当时液温下的饱和蒸气压 p_v,液流处于非汽蚀流动状态,随着压降不断增加,p_C 逐渐降低,当 $p_C = p_v$ 时,液体表面开始蒸发,溶解在液流中的气体也开始逸出,汽蚀现象发生,空穴区便被蒸气充满。用水在透明的喷嘴中做试验时,可以看出,原来透明的空穴区逐渐变成不透明的白雾状,随着喷嘴压降的继续增加,白雾状的空穴区就向下扩张,当 Δp 增加到某一值时,白雾状的汽蚀区便扩张到喷嘴出口,流体一下子全部脱离壁面,p_C 也就和 p_2 相等。

当压降较低,流速较小,液流在非汽蚀状态下工作时,影响 C_{dh} 值大小的主要因素是液流损失,此时雷诺数较低,随着流速和雷诺数的增加,流阻系数 ζ 是逐步下降的。因此 C_{dh} 值有上升的趋势(见图 5-19 中部分 I);随着喷嘴压降增加和汽蚀发生,由于气体的不断产生和被排出,使得喷孔中变成了两相流动,实际的液体流通面积减小,C_{dh} 值逐渐下降(部分 II);而一旦空穴区扩张到了喷嘴出口,形成脱壁流动时,C_{dh} 值不再受汽蚀和压降提高的影响,跳跃式下降,稳定在一个较低的值上(部分 III)。C_{dh} 值较低的原因,不仅是入口局部损失较大,更重要的是液流脱壁后,出口处实际的液体流通面积达到最小。

由此可见,对于薄壁孔,液体在孔中流动时,永远是脱壁的,一般不会有汽蚀

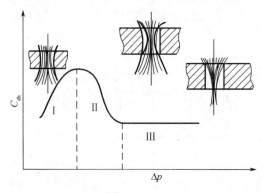

图 5-19　流动状况及流量系数随压降变化

现象发生,而对于孔管来说,液体在其中流动时,不管汽蚀发生与否,液流则永远不会脱壁,因此,它们的 C_{dh} 值变化也和短孔不一样。

人们常用汽蚀系数 K 来衡量喷孔内的汽蚀程度。

$$K = \frac{p_2 - p_v}{\Delta p}$$

K 值越小,产生汽蚀的趋势越大。压力 p_v 是一个随温度的变化而变化的参数。

2. 反压对 C_{dh} 值的影响

反压对上图部分 II、III 流动状态下 C_{dh} 值的影响较大,对非汽蚀流动影响较小。

反压的存在可以使原来的脱壁流动变成不脱壁流动,或者说可以减轻流体在喷孔中的脱壁程度,因此,反压情况下的流量系数要比没有反压情况下的流量系数高。但对于非汽蚀流动,有无反压,C_{dh} 值变化不大(见图 5 - 20)。

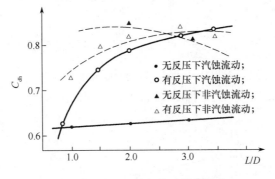

图 5 - 20 反压对流量系数的影响

由此可见,如果没有反压,汽蚀脱壁现象很容易发生。如果有反压,即使 L/D 较小,汽蚀脱壁现象也不太容易发生。

试验结果还证明(图 5 - 21、图 5 - 22),对于 L/D 不大的短孔,当喷嘴压降 Δp 保持不变、反压 p_2 增加到某一值时,则液流脱壁转为不脱壁,C_{dh} 值产生跳跃

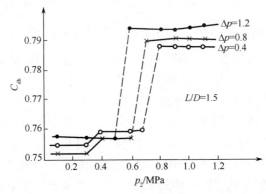

图 5 - 21 $L/D = 1.5$ 时,流量系数随出口压力的变化

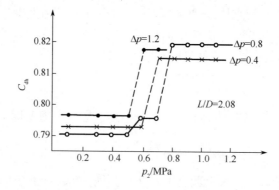

图 5-22　$L/D=2.08$ 时，流量系数随出口压力的变化

式增加。而对于 L/D 较大的孔，因本身就是不脱壁的，当 p_2 增加时，只能使汽蚀区向上移。液流和喷孔壁接触的沿程增加，使水力损失加大，因而 C_{dh} 值是下降的(图 5-23)。

而且，从汽蚀公式 $K=\dfrac{p_2-p_v}{\Delta p}$ 可以看出，汽蚀发展趋势是随 p_2 增加而减小的。实验还证明，当入口压力 p_1 保持不变，用减小 p_2 的方法来改变 Δp，比同时改变 p_1、p_2 来改变 Δp 具有较小的 K 值，更容易产生汽蚀。

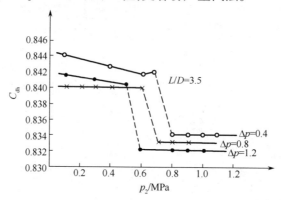

图 5-23　$L/D=3.5$ 时，流量系数随出口压力的变化

产生跳跃后的流量系数并不随着反压 p_2 的再增加而有更大变化这一事实，提供了用较低反压来模拟高反压研究 C_{dh} 值的可能性。

3. 喷孔长细比 L/D 对流量系数的影响

L/D 是影响 C_{dh} 值比较大的参数。因流体出现最小截面，而后又重新充满孔径的截面大约在 $X_2=D$ 处，所以，L/D 较大时，流体将在扩张后充满整个喷孔截面，这时空穴区就被流体包围在中间，成为封闭状态，L/D 越大，则满流段越长，孔穴区被封闭得越严，孔穴区延伸到喷嘴出口处所需的压降就越大。由于 L/D 的增加减轻了液流脱壁流动，并且 Δp 的加大在某种程度上抑制了汽蚀的发

124

生与扩展。L/D 的增加都将导致 C_{dh} 值的增加(图 5 - 24、图 5 - 25)。

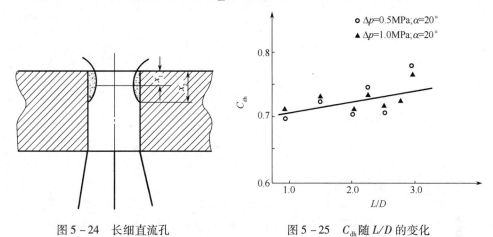

图 5 - 24　长细直流孔

图 5 - 25　C_{dh} 随 L/D 的变化

由此可以看出,L/D 对 C_{dh} 值的影响主要还是通过汽蚀来实现(图 5 - 26),为更清楚地看出流量系数和汽蚀的关系,假设:进入喷孔时流速很小 $v_1 \approx 0$,C—C 截面前入口损失变化不大,摩阻损失因距离很短,可以忽略不计,主要损失为 C—C 截面后的流阻损失(扩张损失和沿程损失),此时 C—C 截面到 2 - 2 截面间的伯努利方程可以写成

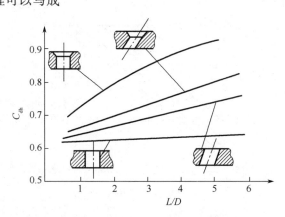

图 5 - 26　不同结构形式直流孔的流量系数

$$\frac{1}{\rho}(p_2 - p_C) = \frac{v_C^2}{2} - (\zeta + 1)\frac{v_2^2}{2}$$

已知:$v_o = v_2(A_2/A_o)$;$\dfrac{v_2^2}{2} = \dfrac{p_1 - p_2}{(\xi + 1)\rho}$

代入,则有

$$\frac{1}{\rho}(p_2 - p_C) = \frac{v_2^2}{2}\left(\frac{A_2}{A_C}\right)^2 - \frac{v_2^2}{2}(\zeta + 1) = \frac{1}{\rho}(p_1 - p_2)\left[\left(A_2/A_C\right)^2\frac{1}{\zeta + 1} - 1\right]$$

设 $\varepsilon = A_2/A_C$；当 $A_1 \to \infty$，即 $v_1 \to 0$ 时，$C_{dh} = \dfrac{1}{\sqrt{\zeta+1}}$，则有

$$p_2 - p_C = (p_1 - p_2)\left(\frac{C_{dh}^2}{\varepsilon^2} - 1\right)$$

在未产生脱壁流动的汽蚀情况下：

$$p_C = p_v$$

代入上式，可得

$$C_{dh} = \varepsilon \sqrt{1 + \frac{p_2 - p_v}{p_1 - p_2}} = \varepsilon \cdot \sqrt{1 + K}$$

产生汽蚀的趋势越大，C_{dh} 值下降越快。

令 $\overline{C_{dh}} = C_{dh}/C_{dh}^\circ$，$C_{dh}$ 为实际流量系数，C_{dh}° 为没有发生汽蚀时的流量系数。$\overline{C_{dh}}$ 和 K 及 L/D 的关系见图 5－27。由图可以看出，L/D 越大，进入汽蚀状态时的 K 值越小。当 $L/D = 5$ 时，$\sqrt{1+K} \leqslant 1.31$ 可进入汽蚀状态；当 $L/D = 2$ 时，$\sqrt{1+K} \leqslant 1.35$ 才进入汽蚀状态，这是因为由于 L/D 的增加，喷孔中流阻加大，流体必须消耗更大压降才能使 C—C 截面处的压力降低到和 p_v 相等，而使汽蚀发生。

对于全脱壁状态的流动情况，L/D 不一样，流体在出口处的收缩程度也不一样，随着 L/D 增加，C_{dh} 仍有上升的趋势。

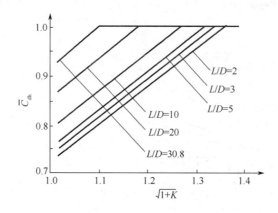

图 5－27　相对流量系数随汽蚀系数的变化

4. 喷孔几何尺寸和几何形状对 C_{dh} 值的影响

1）喷孔进口倒角影响

喷孔进口处有适当的倒角角度和倒角深度对流体进入喷孔起着一个导向作用，使流线平滑，断面充满系数 ε 增加，C_{dh} 有增加的趋势。

当倒角的角度一定、倒角深度 e 的值比较小时，随着 e 的加大，入口损失系数逐渐减小，C_{dh} 值相应增加，但 e 值增加到一定深度时（$e/D > 1.5$），C_{dh} 值的变化幅度很小，基本上趋近于一个常数。

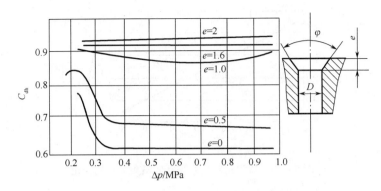

图 5-28　直流孔进口倒角深度对流量系数的影响

　　和不同倒角的情况相比,倒角 φ 加大,入口损失系数降低,C_{dh} 值随之加大,当 φ 继续增加,则使入口锥面和圆柱段交界处锐边越来越大,流体因离心力绕锐边流动时产生的空穴也渐渐加大,汽蚀发展趋势增加,入口处损失系数反而上升,C_{dh} 值也逐渐下降,对于不同的 e/D 存在一个最低 ξ 值和最高 C_{dh} 值的最佳值。

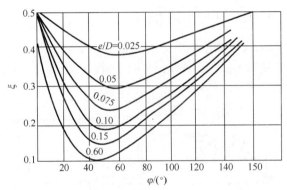

图 5-29　流阻系数随直流孔进口倒角大小的变化

　　2）喷孔倾斜角对 C_{dh} 值的影响

　　当喷孔的中心线和喷注器面不是垂直的,而倾斜一定的角度时,液体无论是从垂直方向或是具有一定的横向速度进入斜孔入口时,在孔中的流动状态都是不对称的,往往是斜孔的一侧和入口处流体的方向较为一致,具有一定导向作用,液流和壁间产生的空穴区就比较小;而另一侧则相反,流体要绕过一个锐角进入喷孔入口,形成空穴区就比较大,流线在孔中形成扭曲,并使喷孔下部的流体受到一定程度的挤压。所以斜直流孔和正直流孔比较,在其他条件一样的情况下,C_{dh} 值有不同程度的降低。

　　图 5-30 示出了倾斜角大小和流阻系数 ξ 的关系,随着 δ 值的减小(即 α 角的增大),ξ 值是增加的,也就是说 C_{dh} 值是下降的。

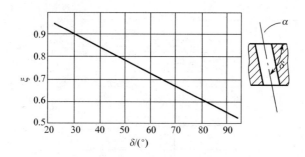

图 5-30 流阻系数随直流孔倾斜角大小的变化

5. 影响 C_{dh} 值的其他因素

除以上谈到的关于影响 C_{dh} 值的几个主要因素外,还有一些因素也可在特定的条件下对 C_{dh} 值产生不同程度的影响(图 5-31、图 5-32)。

1)表面张力的影响

当流体喷入异向介质中(如液体喷入气体)时,便存在两种介质的分界面,流体在喷嘴出口处由于表面张力的影响,可使流量系数有很少的降低,因为表面张力 σ 可以使流体产生一个附加阻力($\Delta p_\sigma = 2\dfrac{\sigma}{D}$),消耗一部分能量。但另一方面,表面张力增加,又可能使断面充满系数 ε 增加,而引起 C_{dh} 值升高,两方面影响的结果,使得 σ 对 C_{dh} 的影响有一个最佳值。当喷孔直径较小(<1mm)时,

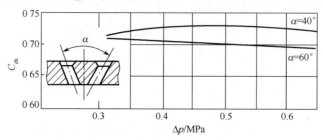

图 5-31 流量系数随二股射流夹角大小的变化

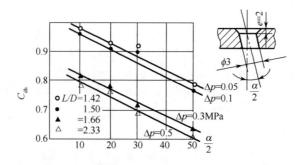

图 5-32 流量系数与喷嘴压降及喷孔倾斜角的关系

128

影响较为显著,而对于喷嘴压降较高,孔径较大的喷嘴来说,这种影响一般可以忽略不计。

2)喷嘴出口环境介质状态的影响

液流喷入同相介质液体中和异相介质气体中,其 C_{dh} 值差异是由于表面张力的作用和喷孔出口处液流脱壁程度不一样所引起的。液流喷入液体介质中,一般来说不会产生脱壁现象,仅仅是 K 的函数,而且产生汽蚀趋势也比喷入气体中小,所以在同样条件下喷入液体中的流量系数都比喷入气体中的高。由图 5-33 还可以看出,在非汽蚀流动情况下,两者的流动规律是一样的,只有在汽蚀流动状态下,它们之间的差别才较明显。

还应指出:在进行 C_{dh} 值试验研究时,发现在压降不很大的情况下,对于 $L/D<2$ 的短孔, C_{dh} 值常常不稳定,散布度很大,液体常常在喷孔内处在分离和未分离的临界状态下工作。有时会由于某一偶然因素引起流体的分离和 C_{dh} 值的波动。估计这种 C_{dh} 值波动是由于在 L/D 较小的情况下,汽蚀流动时,空穴区的位置不稳定造成的。

在反压较低时,流体喷入大气时,短孔中还经常观察到两种流态,一是高压降下的纯脱壁流动,再就是汽蚀和脱壁交织在一起的流动,这对 C_{dh} 稳定也有影响。

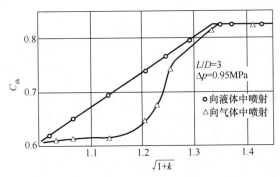

图 5-33 喷嘴出口处介质类型对流量系数的影响

3)喷嘴进口截面液体横向流动速度的影响

当喷嘴压降 $\Delta p<0.4\mathrm{MPa}$ 时, C_{dh} 随着横向速度的增加略有减小,当 $\Delta p>0.4\mathrm{MPa}$ 时, C_{dh} 基本上不受横向速度的影响,随着横向速度的增加为一常数,这是由于横向速度使得液体不容易进入喷嘴。在较低压降下,这种影响较严重,当 Δp 增加时,液体通过喷嘴的惯性力增加,这时由于横向速度而引起的液流分离力可以忽略不计。

4)加工质量的影响

喷嘴进口和出口表面及喷孔的粗糙度也将对流量系数产生影响,粗糙度不够将使 C_{dh} 降低,一般要求进出口边缘不得有毛刺,粗糙度需在 1.60 以上。

5.3.3 直流撞击式喷嘴

单纯的直流式喷嘴的缺点是,雾化质量差,仅靠表面张力和气动力的联合作用下碎裂成的液滴直径较大,且射流连续段长,在距离喷注面很远的地方才能雾化;喷射锥角小($\alpha < 15°$),碎裂(雾化)后液滴的浓度很集中,流量主要分布在靠近喷嘴轴线很窄的范围内,工艺上又不允许用无限制地减小孔径的办法来提高雾化质量。所以常采用撞击式喷嘴来改进雾化质量和流量分布的均匀性。

当前,除了一些便于在头部直接打孔,对高频燃烧不稳定不敏感的小燃烧室有可能采用异组元互击式喷嘴外,一般多采用同组元的自击式喷嘴,而且以二击式为主。

1. 工作的基本原则

为保证喷注器的正常工作,对每个局部的撞击喷嘴,应遵循以下基本原则:

(1)在两股射流(或多股射流)撞击后,所形成的合成射流方向和燃烧室的轴线方向平行以保障流强和混合比(对异组元互击)沿燃烧室横截面上的分布很均匀。这就要求各股射流的动量应相等或接近。

(2)采用异组元互击时,氧化剂射流和燃烧机射流的流量比应与所要求的混合比相等或接近。

(3)各相击射流的直径应相等,各射流的轴线应相交。

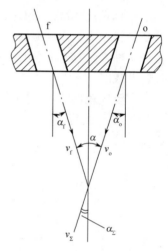

图 5-34 异组元二股射流
互击计算示意图

如果两股射流,互击后合为一股,则可写成下列动量方程。为使公式有普遍性,假设两股射流为异组元互击(图5-34)。在垂直面上的投影为

$$q_{mf} \cdot v_f \cdot \cos\alpha_f + q_{mo} \cdot v_o \cdot \cos\alpha_o = (q_{mf} + q_{mo})v_\Sigma \cdot \cos\alpha_\Sigma$$

在水平面上的投影为

$$-q_{mf} \cdot v_f \cdot \sin\alpha_f + q_{mo} \cdot v_o \cdot \sin\alpha_o = (q_{mf} + q_{mo})v_\Sigma \cdot \sin\alpha_\Sigma$$

$$\tan\alpha_\Sigma = \frac{q_{mo}v_o\sin\alpha_o - q_{mf}v_f\sin\alpha_f}{q_{mf}v_f\cos\alpha_f + q_{mo}v_o\cos\alpha_o} \tag{5-38}$$

要求互击后,合成射流与燃烧室轴线平行,则有 $\tan\alpha_\Sigma = 0$,即

$$q_{mo} \cdot v_o \cdot \sin\alpha_o = q_{mf} \cdot v_f \cdot \sin\alpha_f \tag{5-39}$$

由式(5-5)知:

$$A_o = \frac{q_\Sigma \cdot \gamma_m / (1 + \gamma_m)}{C_{dho} \sqrt{2\rho_o \cdot \Delta p_o}}$$

$$A_f = \frac{q_\Sigma / (1 + \gamma_m)}{C_{dhf} \sqrt{2\rho_f \cdot \Delta p_f}}$$

由式(5-4)、式(5-39)可得

$$\alpha_f = \arctan \frac{\sin\alpha}{\gamma_m \cdot \sqrt{\dfrac{\rho_o \cdot \Delta p_o}{\rho_f \cdot \Delta p_f}} + \cos\alpha}$$

$$\alpha_o = \alpha - \alpha_f$$

2. 碎裂形状的试验研究

两股射流撞击后便形成大小和形状不同的锥体状射流,如果将其投影在包括二射流轴线的平面上,情况和单个直流孔相似,其形状和大小随射流的速度变化而变化。

(1)封闭边缘形状。在速度较低时,两股射流撞击后,将形成一个由平滑液膜包围成的菱形锥体,菱形锥体的短径与两股射流轴线构成平面垂直。液膜边缘呈片状,它包含了射流流量的大部分,在薄膜下端边缘开始相交,并形成单股射流,然后和单个直流孔相似,慢慢分离成液滴,如图5-35(a)所示。

(2)间断液滴形状。当速度 $v \geqslant 4.5\text{m/s}$ 时,两股射流撞击后,在液体薄膜上因扰动而形成波纹。液滴主要在菱形锥体下端的薄膜周围开始有规则的、间断的横向分离,这些液滴的流量和主截面的流量相比很小,但速度相等,如图5-35(b)所示。

(3)敞开边缘形状。当 $v \geqslant 6\text{m/s}$ 时,除其下端边缘液膜不相交外,与上面两种情况相似,液膜厚度自撞击点后,向远处延伸时,进一步减小,然后自边缘分离,先在液膜表面起波纹,而后呈带状,再进一步分离成液滴,如图5-35(c)所示。

(4)完全展开形状。当速度 $v \geqslant 10\text{m/s}$ 时,两股射流撞击后,经过一个非常短暂的波纹状液膜过渡后,便形成一个个环形液滴群向四周射去,如图5-35(d)所示。

上面所谈四种分类情况是相对的,在 $v = 4.5 \sim 10\text{m/s}$ 范围内,可能相继出现第二、第三两种形状,甚至个别时候还会产生第一种形状。在出现第四种形状时,常伴有波纹状液膜和有规则、间断液滴情况。影响形状变化的主要因素是速度。液体的物理性质(黏度、表面张力)影响很小。对于第一、第二种形状,液膜的宽度 h 和长度 L 随喷射速度的增加而增加。黏度大、表面张力小的液体可得到较宽、较长液膜。

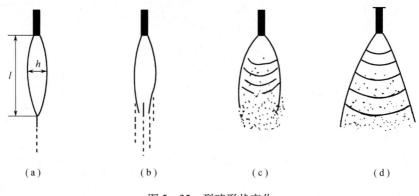

(a)   (b)   (c)   (d)

图 5 - 35　裂碎形状变化

3. 液滴波频的试验研究

在液体火箭发动机中遇到的一般为完全展开形状。对此形状作进一步研究时发现,当两股射流高速撞击后,从撞击点向远处延伸时,受扰动的液膜和液滴群的运动是波浪形的,间断的液滴群以一定的频率一束束离去,在互击点下面一个液滴集中区域,可以看到液滴群以一定的频率一个接一个地降落,可就每单位时间内降落此区域的液滴数来计频率。它和上面所谈的扰动波的频率是一致的。

对波频影响最大的是射流喷射速度,随速度增加直线增加,速度每增加1.0m/s,波频大约增加 100 波/s。其次是二射流撞击时的夹角 $2\alpha_1$,当 $2\alpha_1$ 较大时,随 $2\alpha_1$ 的增加,波频降低得比较快,$2\alpha_1$ 较小时,影响不显箸。喷孔直径的影响较小,随喷孔直径的增加频率稍有减少,喷孔直径从 0.63mm 增加到 1.45mm,在频率上每秒只差大约 200 个波。射流撞击之前的长度对波频的影响可以忽略不计,只是在射流长度低于 30 倍直径时,频率才稍有增加,数量上不大于 5%(图 5 - 36、图 5 - 37)。

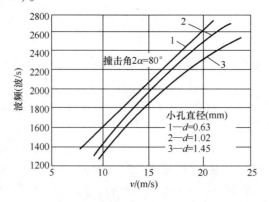

图 5 - 36　波频随喷射速度和小孔直经的变化

研究波频的意义在于,这种现象有可能影响燃烧过程和高频燃烧振荡的产生。

4. 喷雾区中流量分布情况的试验研究

1）理论分析

为简化起见,在研究两股射流相撞时,认为液体本身是不可压缩的和带黏性的。两股射流撞击后,一开始形成两个对称的薄膜,这两个薄膜附在通过二射流夹角分角线的一个平面上,我们称此平面为喷雾区的主平面,把两股射流夹角的分角线叫做主轴。相对于主平面来说,两股射流薄膜的流动情况完全一样,我们只研究一半就可以了,并把主平面看作是一个不可渗透面,如图5－38、图5－39所示。

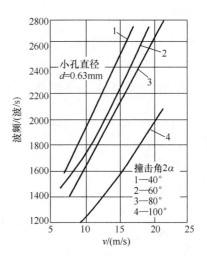

图5－37 波频随喷射速度和
射流撞击夹角的变化

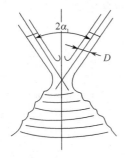

图5－38 两股射流撞击示意图

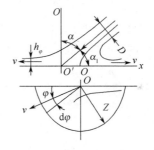

图5－39 半个撞击液膜计算示意图

射流在"O"点和主平面相交,在这一点上液流先完全被滞止,然后液体从这一点径向地向四面八方流动,"O"点是压力中心,同时也是分流源点。用φ角来表示液体流动时和主轴的相对位置,并认为液体流动时没有切向速度,即$\frac{\partial v}{\partial \varphi}=0$。

在距撞击点"O"相当大的一个距离"Z"处,液膜表面几乎和主平面平行,这意味着在整个液膜厚度上液体的压力都是一样的,并且这个压力和外界介质的压力相等,否则液膜表面将出现凸起或凹进的现象。

由于包围整个流体的介质压力是一样的,且为一个常数,因此从简单的伯努利方程可以推论,此时液膜中的速度和射流中的速度是一样的,可以认为经过撞击后没有动量损失。

在任意一个夹角为$\Delta\varphi$的小扇形中,其流量可以写成

$$\Delta q_m = \rho v h_\varphi z \Delta\varphi$$

式中 ρ——液体的密度;

133

v——射流的速度;

h_φ——当地液膜厚度;

z——圆柱形切面的半径。

对于射流切面和液膜厚度圆柱形切面之间,可以写出质量守恒方程:

$$\rho v z \int_0^{2\pi} h_\varphi \mathrm{d}\varphi = \frac{\pi D^2}{4} \rho v$$

化简后,得

$$\int_0^{2\pi} h_\varphi \mathrm{d}\varphi = \frac{\pi D^2}{4z} \qquad\qquad (5-40)$$

将上式投影在主轴和垂直轴上,可得

$$\int_0^{2\pi} h_\varphi \cos\varphi \mathrm{d}\varphi = \frac{\pi D^2}{4z} \cdot \sin\alpha$$

$$\int_0^{2\pi} h_\varphi \sin\varphi \mathrm{d}\varphi = 0 \quad （因无切向速度） \qquad (5-41)$$

联立解这两个积分方程,可以得到液膜厚度沿不同圆柱切面的分布规律,在解积分方程时,可以得到几个解,我们只取其中比较合理的一个,有

$$h_\varphi = \frac{h_1}{1 - \sin\alpha^n \cos\varphi} \qquad\qquad (5-42)$$

式中

$$h_1 = h_0 \cdot k_\alpha, \ h_0 = \frac{D^2}{4z}, \ k_\alpha = \frac{\cos\alpha^2}{1 + \sin\alpha}, \ n = \frac{\ln\dfrac{2\sin\alpha}{1 + \sin\alpha^2}}{\ln\sin\alpha}$$

h_1 和 n 都是角度的函数,它们可以通过将式(5-42)代入式(5-40)、式(5-41)求得。

从式(5-42)可以看出,h_φ 在极坐标上具有椭圆性质。将 h_1 和 n 代入式(5-42),经过展开和化简可得:

$$h_\varphi = \frac{h_0 \cos\alpha^2}{1 + \sin\alpha^2 - 2\sin\alpha\cos\alpha} \qquad\qquad (5-43)$$

从上式可以看出,h_φ 和速度无关,它仅是角 α 和 φ 的函数,并且在中心线上(当 $\varphi = 0$ 时),可得到 h_φ 的最大值,即

$$h_{\varphi\max} = \frac{h_0 \cos\alpha^2}{1 + \sin\alpha^2 - 2\sin\alpha} \qquad\qquad (5-44)$$

相对无因次液膜厚度为

$$\overline{h}_\varphi = h_\varphi / h_{\varphi \max} = \frac{1 + \sin\alpha^2 - 2\sin\alpha}{1 + \sin\alpha^2 - 2\sin\alpha\cos\alpha} \qquad (5-45)$$

在撞击处,由于对称性,实际的液膜厚度为 h_φ 的两倍。并且可以想象无因次液膜厚度 $\overline{h}_\varphi$ 在其他外界条件一样的情况下应该和无因次流量强度 $\overline{q}_{md}$ 相等。$\overline{q}_{md}$ 为切面上某处的流强与主轴上流强($\varphi = 0$ 处)之比。

2)试验结果讨论

试验时,流量强度 q_{md} 是通过在撞击点下一定距离上测得的单位时间内的流量,然后经过换算得到。

(1)从用试验数据作出的曲线(图 5 - 40)上可以看出:一是相对流强 $\overline{q}_{md}$(相对液膜厚度)的分布规律不因射流速度、喷孔直径和射流长度的不同而改变,只是角度的函数,即 $\overline{h}_\varphi = \overline{q}_{md} = f(\alpha,\varphi)$;二是实际得到的分布曲线和理论计算出来的分布曲线不相符,而且是角度 α_1 越小时,差别越大。二者相差的原因,可能是由于在理论计算时作了切向射流速度等于零的假设所造成。实际上液膜在主轴附近有一个厚的液膜凸起,并且由于表面张力的作用,包围在液膜内部的液体压力相对较高,因此液体不光是径向流动,而是四处飞溅,所以说产生切向速度是可能的,在实际工作中,中央区的流量有可能比理论值要少,而边缘处则可能比理论值要大。

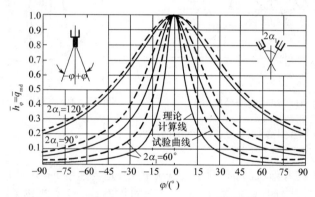

图 5 - 40　相对液膜厚度(相对流密)在主平面上的分布

实际的液膜相对厚度 $\overline{h}_{\varphi.\exp}$ 可写成

$$\overline{h}_{\varphi.\exp} = \frac{1 + \sin\alpha^2 - 2\sin\alpha}{1 + \sin\alpha^2 - 2\sin\alpha\cos(a\varphi)} \qquad (5-46)$$

式中　a——试验常数,$a = \cos\alpha^{2/3}$,此系数适用范围为 $0° \leqslant \alpha \leqslant 60°$。

实际的液膜厚度可写成

$$h_{\varphi.\exp} = \frac{h_0 . k_0 . \cos\alpha^2}{1 + \sin\alpha^2 - 2\sin\alpha . \cos(a\varphi)} \qquad (5-47)$$

式中 k_0——引进的系数,它可以根据射流和液膜流量恒等的关系求出。

$$k_0 = \frac{\pi a}{2}\left\{ \arctan\left[\frac{(1+\sin\alpha)^2}{\cos\alpha^2}\tan\frac{\pi a}{2}\right]\right\}^{-1}$$

（2）液体在切面上径向分布的问题很复杂,从理论上进行研究十分困难。一些文献上指出,液体在切面上径向的分布情况和液膜的不对称振动裂碎有关,另外在撞击点处液体流动的不稳定性对分布也有影响,但都不足以给出一个合适的计算公式。

根据试验结果作出了相对流强$\overline{q_{md}}$随半径的分布曲线（图5–41）,从图中可以看出,$\overline{q_{md}}$的分布和射流夹角$2\alpha_1$有关,夹角越大,靠边缘的$\overline{q_{md}}$越高。$\overline{q_{md}}$随速度和孔径的增加,在径向方向上的跨度稍有降低。撞击前射流长度增加,可以提高$\overline{q_{md}}$分布的均匀性（图5–42）。

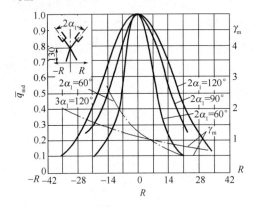 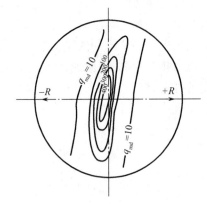

图5–41　相对流密径向分布　　　　图5–42　流密在切面上的分布

5. 裂碎过程和雾化细度的试验研究

1）理论分析

对于完全展开形状,可有两种裂碎方式:一是当速度$v=10\sim15\text{m/s}$时,表面张力为主要因素,射流靠液膜表面的振动而逐渐破裂;二是当$v=50\sim100\text{m/s}$时,射流撞击后的液膜主要在外界气流和流体内部湍流颤振的影响下而裂碎。而在液体火箭发动机中,一般工作范围为$v=15\sim50\text{m/s}$,因此需要同时考虑两种情况。

（1）液膜失去稳定。

为简便起见,认为液膜为扁平形,无限大,在平面上只有单向运动,液体和周围介质是无黏性和不可压缩的。

设液膜厚度为$2h$,在静止气体中的流速为v,在气液界面上作用着各种力,这些力导致液膜失去稳定,可用微小振动方法来研究失稳过程。认为在各种力的作用下,在液膜表面产生一种频率范围很宽的振动,这些振动随着时间的增加可能逐渐衰减下去,或者是保持在谐振状态,或者增强,最终由于波幅逐渐增高,引起液膜失稳。理论分析的目的是找出一个以频率体现的稳定边界和一个最优的波长值λ_{opt},扰动若按这样一个波长进行,振动强度就会随时间很快增加。

为此,我们需要将液膜流动方程和液体及气体微小振动方程放在一起进行联立解,认为液体和气体的运动只在xy平面上进行。气液边界的运动方程可以写成下列形式

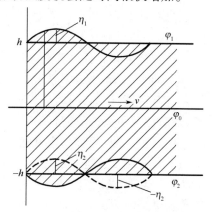

$$y = h + \eta; \qquad \eta = \eta_0 \cdot \mathrm{e}^{\mathrm{i}(\sigma\tau + kx)}$$

$$(5-48)$$

式中　η_0——微小扰动的初始振幅;

　　　$\sigma = 2\pi/T_b$,其中T_b为振动周期;

　　　$k = 2\pi/\lambda$,λ为波长。

图 5-43　液膜失稳示意图

液膜的上、下两个界面在振动时,因互相对应的位置不同,将产生两种不同的振动情况:一种是同相的情况($\eta_1 = \eta_2$),叫做非对称振动;另一种为不同相的情况($\eta_1 = -\eta_2$),叫做对称振动。我们用下角“1”、“2”和“s”、“Hs”表示上、下二边界及“对称”和“非对称”情况。

因液体和气体的运动是无旋的,即所谓势运动,且势函数是定常的,不随时间而变化,所以连续方程可写成拉普拉斯形式,设φ为势能,可有

$$\frac{\partial^2 \varphi}{\partial x^2} + \frac{\partial^2 \varphi}{\partial y^2} = 0 \tag{5-49}$$

找到式(5-49)的通解后,并利用边界条件和不稳定流动的能量方程及液体和气体运动的速度表达式,找到通解的各系数,对于非对称和对称两种振动情况,可有

$$\begin{cases} \sigma_s = \alpha_s \pm \mathrm{i}\beta_s \\ \sigma_{Hs} = \alpha_{Hs} \pm \mathrm{i}\beta_{Hs} \end{cases} \tag{5-50}$$

式中

$$\begin{cases} \alpha_s = \dfrac{-kv \cdot \mathrm{cth}(kh)}{\bar{\rho} + \mathrm{cth}(kh)} \\[3mm] \alpha_{Hs} = \dfrac{-kv \cdot \mathrm{th}(kh)}{\bar{\rho} + \mathrm{th}(kh)} \end{cases} \tag{5-51}$$

$$\beta_{Hs} = k\sqrt{\frac{\bar{\rho} \cdot \mathrm{th}(kh)v^2}{[\bar{\rho} + \mathrm{th}(kh)]^2} - \frac{Tk}{\rho_0[\bar{\rho} + \mathrm{th}(kh)]}}$$

$$(5-52)$$

$$\beta_s = k\sqrt{\frac{\bar{\rho} \cdot \mathrm{cth}(kh)v^2}{[\bar{\rho} + \mathrm{cth}(kh)]^2} - \frac{Tk}{\rho_0[\bar{\rho} + \mathrm{cth}(kh)]}}$$

式中　$\bar{\rho}=\rho/\rho_0$ 为相对气体密度,一般不大于 0.01;

$k=\dfrac{2\pi}{2h\bar{\lambda}}$,$\bar{\lambda}=\lambda/h$。

将式(5-50)代入式(5-48),可得

$$\eta=\eta_0\cdot e^{-\beta\tau}\cdot e^{i(\alpha\tau+kx)} \qquad (5-48)'$$

从式(5-48)′可以看出,当 $\beta>0$ 时是一种渐衰振动,当 $\beta=0$ 时是简谐振动,$\beta<0$ 时是渐增振动。从式(5-50)可以看出,对于两种振动情况,β 都将小于零,因此可以认为,振动是渐增的,振幅将按着 $\eta=\eta_0\cdot e^{\beta\tau}$ 的规律随时间 τ 增长,最后使液膜失去稳定而破裂。

由式(5-52)可以作出 β 随 $\bar{\lambda}$ 变化的曲线,见图5-44。从图中可以看出,对应着每一流动速度 $v(\Delta p)$,都存在渐减波(短波长)和渐增波(长波长)。$\beta=0$ 时波长 λ_0 可以认为是稳定边界,对应 β_{max} 时波长即为最优波长 λ_{opt}。并且非对称振动情况下的 β_{max} 要高一些。

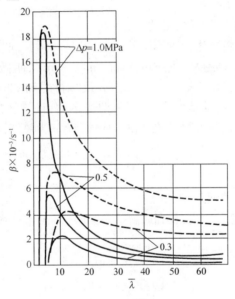

图 5-44　β 随 $\bar{\lambda}$ 的变化

为了找到拐点处的 β_{max} 值,对式(5-51)、式(5-52)进行微分,并令其等于零。为简便起见,舍去包括 $\bar{\rho}^2$ 的项和量值较小的项,并利用韦伯准则 $w_e=\dfrac{v^2\cdot\rho_0\cdot h}{T}$,可得

$$\begin{cases}(\lambda_{opt})_s=2\dfrac{T}{\rho v^2}\varphi_2(a)\\[2mm](\lambda_{opt})_{Hs}=2\dfrac{T}{\rho v^2}\phi_2(a)\end{cases} \qquad (5-53)$$

138

式中　$a = 2\pi/\bar\lambda$；

T——表征表面张力的系数；

$$\varphi_2(a) = \frac{\mathrm{cth}^3 a + \dfrac{3}{a}\mathrm{cth}^2 a + \mathrm{cth}a}{\mathrm{cth}^3 a + \dfrac{2}{a}\mathrm{cth}^2 a + \mathrm{cth}a}$$

$$\phi_2(a) = \frac{\mathrm{th}^3 a + \dfrac{3}{a}\mathrm{th}^2 a - \mathrm{th}a}{\mathrm{th}^3 a + \dfrac{2}{a}\mathrm{th}^2 a - \mathrm{th}a}$$

当 $\beta = 0$ 时,可得到稳定边界,如不考虑 $\bar\rho$ 项,对两种振动情况,可有

$$\lambda_0 = \frac{2\pi T}{\rho v^2} \tag{5-54}$$

（2）液膜分裂成液流束。

前面我们谈到,二射流撞击后形成的液膜厚度并不是常数,而呈一条双曲线（$hz = \mathrm{cost}$）。当 $\lambda = \lambda_{\mathrm{opt}}$ 时,液膜趋向不稳定,很快裂碎成液流束,且 λ_{opt} 和液膜厚度关系不大。因此,可以认为液膜刚分裂液流束时,液流束一定有一个大约等于 λ_{opt} 的宽度,由此可以求得环形液流束的直径为

$$R_0 = \sqrt{\frac{2h\lambda_{\mathrm{opt}}}{\pi}}$$

我们感兴趣的是分裂处的厚度。假设液膜是对称振动情况下破裂的,从半径 z_1（撞击点处）开始到半径 z,扰动的振幅已达到一半的液膜厚度,然后分裂成一个环形液流束。设频率系数 β 是一个常数,并等于破裂范围中的一个中间值 β_{Ψ},便可得到液膜破裂处厚度 h 的关系式：

$$\ln\left(\frac{h}{\eta_0}\right) = \frac{z_1 \beta_{\Psi}}{v}\left(\frac{h_1}{h} - 1\right) \tag{5-55}$$

式中　η_0 可通过试验得到,可取 $\eta_0 = 0.011$。

（3）液流束裂碎成液滴。

由液膜分裂成的液流束形状的截面并非完全是圆形的,而是介于长方形和椭圆形之间的一种形状。对于一个不规则截面的液体柱来说,如不考虑气体动力的影响,它的振动周期可以用下式表示：

$$T_{1.c} = 2\pi\sqrt{\frac{\rho_0 R_0^3}{T} \cdot \frac{1}{n_1(n_1^2 - 1)}}$$

式中　n_1——液流束截面形状系数,对于椭圆可取 $n_1 = 2$,对于长方形可取 $n_1 = 4$。

液滴本身的振动周期可表示为

$$T_{\mathrm{dr}} = 2\pi\sqrt{\frac{r_{\mathrm{dr}}\rho_0}{T.n(n-1)(n+2)}}$$

式中 n——表示液滴振动频率的级数,对应于主要频率的级数为 $n=2$。

可以认为,当液流束和液滴能够产生共振时 $(T_{1c} = T_{dr})$,液流束就会裂碎成液滴,设 $n=2$,$n_1=3$,可得到液滴直径的公式为

$$d_m = \pi \sqrt{\frac{T \cdot h}{\rho v^2}} \qquad (5-56)$$

式中 d_m——质量中间直径,是指在此直径以上液滴的总质量占全部液滴质量的 1/2。

在进行理论计算时,取 $h = h_\varphi$,h_φ 由式(5 – 43)确定,取 $T = \sigma$(表面张力),$\alpha = 90° - \alpha_1$,φ 为与主轴的夹角。

2)试验结果讨论

从图 5 – 45 可以看出,对雾化细度(d_m 为液滴直径)影响较大的是液膜运动速度、射流直径和两股射流的夹角。当 $2\alpha_1$ 较大时,d_m 的试验值大于理论值,这是由于撞击角越大,撞击时的能量损失越大,导致速度稍有降低。其他因素,如反压、二射流的不同心度和撞击前的射流长度等,虽对 d_m 有一定的影响,但影响不大。

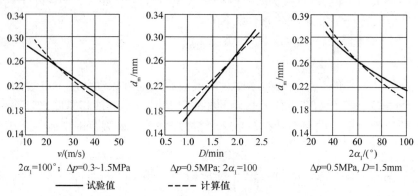

图 5 – 45 液滴直径随速度、孔径和射流夹角大小的变化

5.4 同轴式喷嘴

同轴式喷嘴为直流式喷嘴或直流离心式喷嘴的特殊形式,工作原理也基本一样。

它的主要特点是:其结构参数直接影响喷嘴的流量特性、燃烧室的燃烧效率和工作稳定性,以及喷注器面的防护。这些参数有:中心管喷嘴的长度和直径,节流环的直径,缩进长度,内、外管之间的环形缝隙和气 – 液喷射速度比(或动量比)等(图 5 – 46)。往往结构参数的细微差别,就有可能引起燃烧性能和稳定性的显著变化。

140

这类喷嘴常用的有双组元液气喷嘴(中心管进液体)和双组元气液喷嘴(中心管进气体)两种形式。

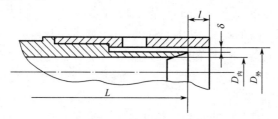

图 5-46 同轴式喷嘴几何尺寸

5.4.1 双组元内混合液气喷嘴

中心管进液的同轴式喷嘴广泛应用于氢氧发动机。从与中心管平行的同心环缝流出的气氢射流对喷嘴中的液氧射流产生撞击、扰动,使其破碎成细小的液滴,增加了液体的表面积,有利于雾化、混合和燃烧。中心管的内径可选取 $D_内 \approx$ 6-12mm,外环管的内径可根据结构尺寸适当选取,约为 $D_外 \approx 10-15$mm。两管长度可选:对液氧喷嘴 $L/D_内 \approx 10$,对气氢喷嘴 $L/D_外 \approx 3$。

外环管上气氢进入的径向孔的总面积和环形缝隙面积之比应大于3,以保证用环形缝隙来调整氢路的流量和压力损失的大小。一般可取氢环形间隙与气氢喷嘴内径之比 $\delta/D_外$ 为(0.06~0.1)。

中心管喷嘴缩进深度 l 主要影响液体射流的破碎程度,而气液速度比(或动量比)则是影响雾化性能的主要因素。可选取缩进深度与氢喷嘴的内径之比为 $l/D_外 = 0.6~1.3$。对氢氧发动机可选气液速度比 $v_{H_2}/v_{O_2} = 16~30$,相当于动量比 $(\rho v^2)_{H_2}/(\rho v^2)_{O_2} = 3.5~12.7$。

试验还证明,缩进深度增加可使燃烧效率提高,但增加到一定深度时,燃烧效率便不再提高,过深反而会使效率降低。增大气液速度比也可使燃烧效率提高,但缩进深度对燃烧效率的影响程度要比喷射速度比对燃烧效率的影响程度大。

5.4.2 双组元内混合气液喷嘴

中心管进气的气液喷嘴的液喷嘴可为直流式也可为离心式。补燃式液体火箭发动机上多为气液直流离心式喷嘴。

这类喷嘴的主要特点是中心管的气腔和燃烧室腔相通,这将对燃烧室的工作稳定性产生正负两方面的影响。一方面,气液喷嘴中如果压降较低和流通面积较大,可能导致产生流量型不稳定性。中心管的气体通道和本身就是振源的燃烧室相连,喷嘴的声学特性直接和燃烧室的声学特性相关联。如果喷嘴振荡频率和燃烧室某一声学振型一致,就有可能产生不稳定性。另一方面,喷嘴气体可视为亥姆霍兹振荡器(一种特定性的声腔),吸收燃烧室的声能,抑制高频不稳定性的发生。喷嘴的结构参数,特别是喷嘴的长度、节流嘴孔径和喷嘴缩进长度三个对稳定性影响较大的尺寸,在选取时要考虑到有利于抑制高频不稳定性的发生。主要工作的喷嘴,其中心管的长度,通常选择使其和燃烧室一阶切向振型的1/2波长相等。计算和试验都表明,当喷嘴长度为1/2切向一阶振型波长,进气节流嘴孔径面积与气喷嘴通道的面积之比约等于0.5时,阻尼的能量最大,对燃烧稳定性最有利。

双组元气液内混合喷嘴的缩进长度对两个组元的预混程度、火焰锋位置、喷注器附近的燃气温度分布等都有显著的影响,从而影响喷注面的保护和燃烧稳定性。推进剂的种类、化学反应能力(自燃或非自燃)不同和使用的喷嘴形式(液液喷嘴、液气喷嘴、气液喷嘴)不同,缩进长度可以有很大的差别。对燃烧效率和燃烧稳定性影响最大的还是在燃烧室内经历的物理化学过程,如破碎、掺混、雾化、加热、蒸发、燃烧等。对补燃发动机来说,气相的掺混最为重要,它是燃烧所需要的初始过程,对燃烧过程的好坏起着控制性作用。而对掺混影响程度最大的就是缩进长度。喷嘴缩进长度的选取还与喷嘴内部的组元比有关。缩进长度关系到是否在喷嘴内开始燃烧、是否形成稳定的初始火焰和初始火焰的长度、是否会烧蚀内喷嘴等。选择缩进长度,要考虑各种因素,兼顾冷却、燃烧效率和燃烧稳定性之间的关系,通过分析和试验,认为缩进长度可以选为 $l = 6 \sim 12\text{mm}$。

如果采用离心式喷嘴作为外喷嘴,则内喷嘴的喷口处于外喷嘴的气涡之中,一般不希望内外喷嘴是相干的,而且希望外喷嘴的气涡半径能略大于内喷嘴的喷口半径,如果过大,则炽热的燃气可以从燃烧室一方沿着气涡渗透到内喷嘴表面,内喷嘴有烧毁的可能,二者间隙一般取为 $0.1 \sim 0.4\text{mm}$。

通常,在计算离心式喷嘴几何尺寸时,都是先由选取的喷雾角确定出几何特性 A 值(可进行黏性修正)和流量系数 C_{dh} 值,然后再确定其他参数,但由于喷雾角在离心式喷嘴理论中不是十分完善,理论值与试验值差异较大,因此,可以按所需的流量系数加开度比修正,求出理论流量系数,由此得出有效截面系数 ϕ 和几何特性值 A,确定切向孔孔径;按所需的实际流量系数求出气涡直径,之后再求喷雾角的大小。

除以上所讲的离心式、直流式和同轴式几种喷嘴的液喷嘴的设计方法外,还有一种直流离心式喷嘴,它可以是单组元的,也可以是双组元的。在设计时,一般把它们看成是两种不相关的喷嘴组合,分别进行计算。如果外部是离心式喷嘴,内部是直流式喷嘴,则需先计算外喷嘴的参数,然后根据内部直流式喷嘴的射流能够容纳在离心式喷嘴的气涡中间的原则,来计算直流式喷嘴。

5.4.3　直流式气喷嘴的计算

气喷嘴计算时要考虑气体的可压缩性,即考虑气体的密度随压力和温度的

变化。气喷嘴可表示为

$$q_{mh} = C_{dh} \cdot \rho_2 \cdot A_2 \cdot v_2 \qquad (5-57)$$

式中　C_{dh}——流量系数,通常根据试验结果选取,(一般为 0.70 ~ 0.85);

　　　$\rho_2 \cdot v_2$——喷嘴出口处气体的密度和速度;

　　　A_2——喷嘴出口面积(或环缝面积)。

对于 v_2,可用速度系数 λ_2 表示为

$$\lambda_2 = \frac{v_2}{a} = \frac{v_2}{\sqrt{2(K/K+1)RT_1^*}} = \sqrt{\frac{K+1}{K-1}\left[1-\left(\frac{p_2}{p_1^*}\right)^{\frac{K-1}{K}}\right]} \qquad (5-58)$$

式中　p_1^*——气体的总压,$p_1^* = p_2 + \Delta p_h$;

　　　Δp_h——喷嘴压降;

　　　T_1^*——气体温度。

气喷嘴的流量可用气动函数 $q(\lambda_2)$ 表示为

$$q_{mh} = C_{dh} \cdot \frac{(p_2 + \Delta p_h)A_2}{C^*} \cdot q(\lambda_2) \qquad (5-59)$$

式中

$$C^* = \sqrt{K} \cdot \left(\frac{2}{K+1}\right)^{\frac{K+1}{2(K-1)}} \cdot \sqrt{R \cdot T_1^*}$$

$$q(\lambda_2) = \left(\frac{K+1}{2}\right)^{\frac{1}{(K-1)}} \cdot \lambda_2 \cdot \left(1 - \frac{K-1}{K+1}\lambda_2^2\right)^{\frac{1}{(K-1)}}$$

同轴式喷嘴的基本结构形式如图 5 - 46 所示。有时为与喷注器中、下底联结,在喷嘴外部适当位置设计有凸台或扩边。中心管与外环管的联结,喷嘴与喷注器中、下底的联结,通常都采用钎焊或电子束焊方法。

5.5　喷嘴的典型结构

5.5.1　单组元离心式喷嘴

单组元离心式喷嘴结构简单,流强小,多用于对雾化、混合质量和流强要求不高的燃气发生器上。它主要由带颈部的壳体、涡流器和喷口等几个小零件组成。先采用扩边铆接的方法和喷注器的中、下底连接,然后在扩边外安放焊料,放在炉中高温熔化,从而大大加强了喷嘴和中、下底的连接强度和密封性。喷口和壳体连接,一般采用压边固定。有时也用手工氩弧焊或电子束焊将壳体和喷口焊在一起,以加强连接强度,如图 5 - 47 所示。

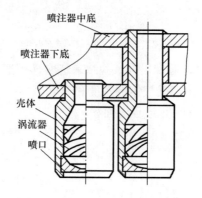

图 5 – 47　单组元离心式喷嘴结构

5.5.2　双组元离心式喷嘴

内喷嘴带切向孔的双组元喷嘴结构形式如图 5 – 48 所示,内喷嘴带涡流器的双组元喷嘴结构形式如图 5 – 49 所示。

双组元离心式喷嘴一般用作推力室的基本喷嘴。如前所述,通常它的外喷嘴为氧化剂喷嘴。其壳体外侧车有上、下两个台,以保证喷注器中、下底之间的距离,两端用扩边钎焊的方法与中、下底连接。对第一种结构类型(图 5 – 48),内喷嘴(燃料喷嘴)做成独立的形式,安放在外喷嘴中间,通过适当的配合间隙和钎焊,保证二组元腔之间的密封。为工艺方便,内喷嘴上端有一压板与其压边固定。第二种结构(图 5 – 49)较为简单,它是通过在外喷嘴内部安放喷口、涡流器和固定器三个小零件构成的内喷嘴。这种喷嘴的流强大于第一种。固定器和壳体通过钎焊连接,并保证两组元腔间密封。

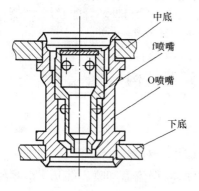

图 5 – 48　带切向孔的喷嘴结构

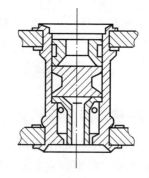

图 5 – 49　带涡流器的喷嘴结构

5.5.3　直流离心式喷嘴

这种喷嘴一般以离心式喷嘴为主体。有时利用直流式喷嘴和离心式喷嘴喷出

144

射流有较大差异的特点,将这种喷嘴用作离心式喷嘴所构成的喷注器的分区喷嘴。

双组元直流离心式喷嘴如图 5-50 所示,其结构形式和中、下底的连接与双组元离心式喷嘴基本一样。燃料通过其离心式喷嘴部分,它由中心涡流器零件和喷口构成。由外喷嘴下端两侧的氧化剂直流孔和在中心涡流器上打的燃料直流孔,形成三股射流双组元互击式直流喷嘴。如果没有两侧氧化剂直流孔,则中心喷嘴为单组元直流离心式喷嘴。

图 5-51 示出了另一种单组元直流离心式喷嘴,用螺纹固定在喷注器底板上。早期的液氧/酒精发动机曾用它作为酒精喷嘴,固定在预燃室内侧。

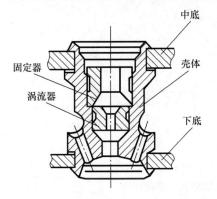

图 5-50 带涡流器的直流离心式喷嘴结构

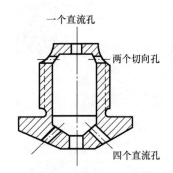

图 5-51 带切向孔的直流
离心式喷嘴结构

5.5.4 直流式喷嘴

在实际应用时,一般都将很多个直流孔或很多对直流孔(对于撞击式喷嘴)制作成一个零件,固定在喷注器面板上。对于微型或小推力(5t 以下)的发动机,可直接在喷注器面板上打孔。图 5-52 所示为早期液氧/酒精发动机上所使用的用铜制作的直流式液氧喷雾器。图 5-53 为直接在喷注器面板上打孔的直流式喷嘴结构。

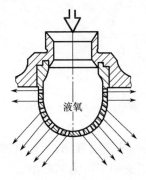

图 5-52 直流式喷雾器

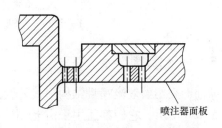

图 5-53 在喷注器面板上直接打孔

图 5 - 54 为直流撞击式喷嘴的喷嘴环结构。将直流孔单排或双排成对地钻在喷嘴环上,然后再将喷嘴环镶嵌到喷注器面板上,通过铆接、钎焊加以固定。

还有一种双组元直流撞击式喷嘴,既不在整体的喷注器面板上打孔,也不在喷嘴环上打孔,而是做成一个整体喷嘴结构,其外型类似于一个双组元直流离心式喷嘴,与不受力的轻型头部的喷注器中、下底相连接。它可以是异组元三击式、四击式或互击式喷嘴(图 5 - 55)。

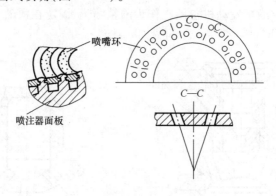

图 5 - 54   直流式喷嘴的喷嘴环结构

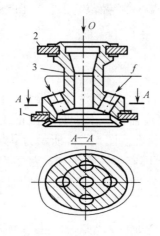

图 5 - 55   整体式直流式喷嘴

1—中底;2—下底;3—喷嘴。

5.5.5 气液喷嘴

除前面介绍的气液喷嘴结构形式外,还有几种气液式喷嘴结构形式被采用,如图 5 - 56 所示。它们都适用于由上、中、下三底组成的不受力的轻型头部的喷注器上,连接方式也相同。

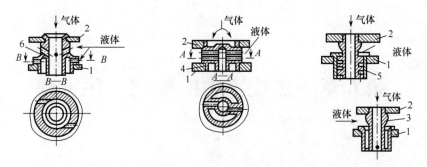

图 5 - 56　非同轴管式气液喷嘴

1—下底；2—中底；3—直流撞击式喷嘴；4—带切向孔的直流离心式喷嘴；

5—带涡流器的直流离心式喷嘴；

6—两级(组合型)喷嘴,第一级为气液撞击式；第二级为带切向孔的离心式液体喷嘴。

第6章 燃烧室中的稳定工作过程

6.1 概 述

液体火箭发动机推力室中的工作过程有两种:稳定工作过程与不稳定工作过程。前面介绍发动机工作原理时所涉及到的推力室工作过程不仅是稳定的,而且符合许多其他的理想条件。在理想推力室的假设条件下,我们通过热力、气动力计算得到了推力室的主要性能参数(如比冲、特征速度等)和两个基本的几何尺寸(D_t、D_e),并引进了冲量效率 η_I、η_c、η_n。这一章我们着重研究燃烧室中实际的稳定工作过程以及各种参数和结构因素对这一过程和燃烧效率 η_c 的影响。

从推进剂由喷嘴喷入燃烧室开始到完全变成燃烧产物,中间要经历一个十分复杂的物理化学转变过程。根据对液体火箭发动机总的要求,我们在研究并组织实际燃烧室中的工作过程时,应使其达到以下三个目的:尽可能提高燃烧室的冲量效率 η_c;尽可能缩小燃烧室的几何尺寸;确保燃烧室工作可靠,这就要求燃烧室中的工作过程足够稳定,并在规定的工作时间内喷注器表面,推力室内壁等不被烧蚀。

试验研究表明,对常规液体火箭发动机来说,推进剂的两个组元进入燃烧室后所经历的物理过程(雾化、蒸发、混合)和化学过程(燃烧),大致可在燃烧室内的三个区域内进行。区域 I 为雾化区,在距喷注器面 0~50mm 之间,约在 25mm 之前两个组元开始接触,射流在此区域内雾化成液滴,由于液滴不断受到来自燃烧区的热量的加热,一部分开始蒸发,尽管有一定的液相化学反应现象存在,但总的来看温度较低,化学反应速度也较低。区域 II 为二组元进行混合和剧烈的燃烧区。在此区域内液滴群大量蒸发。由于喷注点不是连续的,在喷嘴间距范围内,无论是在纵向还是横向都存在着很大的氧化剂和燃料之间的浓度梯度,所以混合(主要是横向)很剧烈,形成可燃混合气。如果是自燃推进剂,由于两个组元的初始掺混,会产生液相反应,可使这个区域的可燃混合气温度更高,因为化学反应速度和 $e^{-\frac{E}{RT}}$ 成正比(E 为活化能),所以此区域内的化学反应速度迅速增加,并达到最大值。如果是以气－气方案或气－液方案工作的燃烧室,则其两个组元或一个组元就不存在加热和汽化的过程。还有的推进剂组元在进入燃烧室前,已在预混室中部分或全部混合和反应。对一般液体火箭发动机,可燃混合气一旦形成,绝大部分推进剂就可在大约百万分之一秒内燃烧,所以称此区域为

148

剧烈燃烧区,此区域的长度介于 50～100mm 之间。在此区域内,由于横向的浓度、流强梯度较大,燃烧时体积成百倍增加,故形成较大的横向流动。随着燃烧的进行,横向浓度、流强梯度差别的减小,推进剂逐步转化为燃烧产物,横向流动不再是显著的特征。区域Ⅲ为管流燃烧区,这一区域基本上可以延伸到临界截面,此区域中的混合主要是湍流混合,燃烧主要是补充燃烧。由于燃气的轴向流速很大(在燃烧室中只能停留 3～5μs),不大可能显著改变燃气流的横向成分的分布,流动基本上属一元管流状态。

应当指出,上述把燃烧过程分成三个区域的提法,只是从宏观角度研究燃烧过程的一个大致的描述。一般情况下,推力室中的稳定工作过程是一个宏观上按一定顺序先后进行的,但又是同时进行和彼此相互联系的物理化学转化过程。图 6-1 示意性地标出了此工作过程的构成情况。由于构成这一过程总和的许多小过程都比较复杂而且彼此相关,所以不容易在燃烧室中建立一个稳定工作

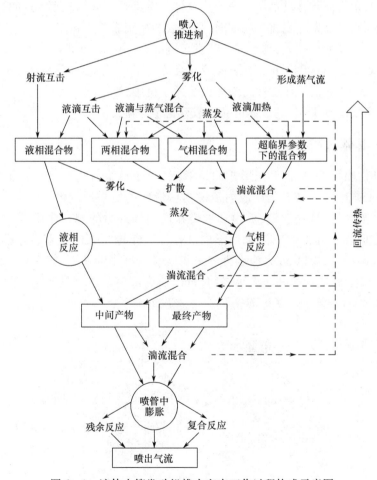

图 6-1　液体火箭发动机推力室中工作过程构成示意图

过程的通用模型,用它来精确定量计算出每个单独过程的参数以及它们准确的综合指标。当前,国内外有关液体火箭发动机设计原理的研究,还不能把丰富的研制经验都提高到应有的理论高度,许多过程无法准确定量计算。但下面我们将要从实践角度阐述的有关燃烧过程的一些基本概念,有助于弄清影响该过程的主要因素和参数之间的相互关系,对于深入掌握现象本质、加深对结构设计的理解具有一定的意义。

6.2　液体推进剂组元的雾化

从喷嘴喷出的射流或液膜裂碎成液滴和大液滴进一步裂碎成微小液滴(如同雾状)的过程,称为雾化过程。这一过程对整个稳定燃烧过程起着决定性的作用。因为燃烧(化学反应)过程是在气体状态下进行的,为加速燃烧过程实现,首先必须将液体推进剂尽快蒸发成气体。蒸发是从液体表面进行的过程,表面积越大,越易蒸发。当流量相同时,裂碎成的液滴表面积和其直径成反比。液滴直径越小,表面积越大,越有利于蒸发。例如,1L 液体,当其直径为 0.124m 的球体时,表面积为 $0.0483m^3$,若裂碎成很多个直径为 $100\mu m$ 的液滴,其总表面积就可增大 1240 倍。在现代的液体火箭发动机中,推进剂组元雾化后的直径约为 $25\sim500\mu m$,即 $1cm^3$ 的液体可裂碎成几亿个液滴。

6.2.1　雾化过程

液体由喷嘴喷出后,最先形成的是射流(对于单个直流式喷嘴)、锥形液膜(对于离心式喷嘴),或者是两股射流撞击后形成的扁平形液锥(对于二股自击式直流式喷嘴)。这些射流、液膜和液锥在内力和外力的相互作用下:第一步,是先在它们表面出现不稳定,而后形成带有若干节点的波纹,接着裂碎成液丝和较大的液滴;第二步,是较大液滴再进一步裂碎成细小的液滴,如图 6-2 所示。射流或液膜裂碎成液丝和大液滴之前,可以认为液体基本上是连续的。称这段

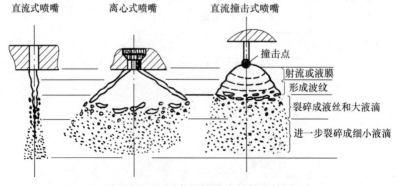

图 6-2　不同类型喷嘴喷射裂碎情况

距离为连续段长度。

造成以上两步实现的所谓外力是指液体与环境介质相互作用的力,该力与液体的相对喷射速度的平方、环境介质的密度以及液滴直径的平方成正比。液体射流和液滴的互击或者它们与障碍物的撞击所产生的力也属于外力。液体仅在内力作用下,原则上也可以实现裂碎。所谓内力是指能够使液体射流(或液膜)失稳的惯性力、湍流度以及分子力。湍流度的大小,既取决于液体本身的初始湍流度,也取决于喷嘴结构的特点、喷嘴进口处的扰动、流道的粗糙度等因素。分子力是指黏性力和表面张力。随着液体温度的升高,分子力逐渐减弱,尤其是当温度达到临界温度时表面张力就降为零。对于液体火箭发动机的推进剂组元来说,其临界温度相对都比较低。如果组元在压力等于临界压力的情况下喷射,则在达到临界温度之后射流(或液膜)裂碎而不再形成液滴。

1. 射流与液膜的裂碎

一般认为,射流和液膜裂碎成液丝和大液滴是由于射流和液膜不断受到扰动的结果。主要扰动源是液体本身的湍流度。所以影响裂碎的主要准则是雷诺数 Re。另外还有一些小的扰动,如喷嘴孔口表面的粗糙度、喷嘴压降的不稳定等。所有这些扰动同时作用于射流和液膜。开始使其发生不稳定的波浪运动,随着扰动的加大,波浪振幅不断增加,进而形成不稳定的带节点的波纹。节点处的液膜变得越来越薄,最后在惯性力和表面张力的作用下,裂碎成液丝和大液滴。在气体介质中,波动的射流、液膜表面还受到介质(燃气)气动阻力的作用。而且这种气动阻力在射流不同位置上是不一样的(见图 6-3)。某些局部受到正的介质压力,另一些部位受到负的介质压力,所以射流在介质中就更加容易裂碎。

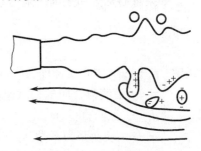

图 6-3 射流表面的气动阻力

试验证明,喷射速度对射流裂碎的影响最大。当喷射速度较小时($v<4\text{m/s}$),连续段长度随 v 的增加而增加;当 $v>4\text{m/s}$ 时,连续段长度随 v 的增加而减小;当 $v\geqslant 6\text{m/s}$ 时,连续段长度趋向于一个小的定值。此外,喷嘴的孔径越大,连续段长度越长。可以用提高喷嘴压降和减小孔径的办法提高雾化质量,但要有一定的限度,需考虑到供给系统的负荷和工艺加工的可能性。现代的液体火箭发动机为了提高雾化质量,多采用射流和液膜相互撞击的办法。

2. 大液滴的进一步裂碎

大液滴在燃气流中运动时,在其上面作用着四种力:液滴的表面张力,它发生在两种不同介质(气体和液体)的界面上,力图使液体的表面积最小,维持液滴为球形;黏性力,它能够降低液体的湍流度和消耗液滴的部分运动能力,是阻

151

止射流和液滴裂碎的力;气体介质的阻力,它是力图使液滴变形、分裂的力;液滴的惯性力,它使液滴各部位受力不均衡,以致受压或分离。前两种力不利于大液滴碎裂,后两种力有利于大液滴的进一步裂碎。大液滴的雾化过程就是以上四种力相互作用发展的过程。

惯性力和黏性力都作用于液滴内部,表面张力和气动阻力都作用于液滴表面,故按力的作用位置来分,对液滴碎裂起作用的准则有两个,即惯性力/黏性力和气动阻力/表面张力。一般液体推进剂的黏性系数都比较小,而液滴的速度则很大,所以惯性力要比黏性力大几十甚至上千倍。对于黏性不大的液体,液滴的雾化主要取决于(气动阻力/表面张力)的比值,通常称它为液滴破裂准则,又叫韦伯(Weber)准则,用 w_e 表示。

$$w_e = \frac{\text{由于气动阻力于液滴外表面上的气体动压}}{\text{由于表面张力作用于液滴内表面的内压}}$$

$$= \frac{c \dfrac{\rho_g v^2}{2}}{\dfrac{4\sigma_L}{d_i}}$$

如果忽略常数和无因次阻力系数 c,则有

$$w_e = \frac{\rho_g v^2 d_i}{\sigma_L} \qquad\qquad (6-1)$$

式中 ρ_g——气体介质密度,$kg \cdot s^2/m^4$;

  v——液滴与介质的相对速度,m/s;

  d_i——液滴直径,m;

  σ_L——表面张力系数,kg/m。

对于各种不同表面张力的液体,以不同的相对速度所做的试验表明,裂碎时的 w_e 数基本上是个定值。当 $w_e > 14$ 时,大液滴均可裂碎成小液滴,w_e 越大,碎裂成的小液滴越细。在实际的液体火箭发动机中,w_e 一般都很大。因为当温度很高时,表面张力越小,在超临界温度下其表面张力为零。

综上所述,可以看出,雾化过程的第一步取决于湍流波动,即 Re;第二步取决于 w_e。一切使 Re 和 w_e 增大的因素都有助于液体组元的雾化。

6.2.2 雾化特性的几个指标

雾化特性的主要指标是:雾化的细度及其均匀性(液滴分布),喷雾锥角(雾化角)的大小和连续段长度,以及喷雾锥下面的流强分布。

1. 雾化细度及其均匀性

雾化细度是用雾化后液滴尺寸的大小来表达的。在燃气流中雾化后的液滴,不但直径各不相同,而且形状也不规则。为了比较不同情况下的雾化细度,

近似把液滴看作球形,并引入平均直径(或中间直径)的概念。平均直径是用来代替真实液滴的假想液滴流的液滴直径。假想液滴流的液滴直径都一样,而且具有真实液滴流的某些特点,如总体积相等,总表面积相等或质量之间有一定关系。

体积平均直径 d_{30}:若假想液滴流和真实液滴流的总体积(用下标"3"表示)和液滴数目相等(用下标"0"表示),则有

$$d_{30} = \sqrt[3]{\frac{\sum n_i d_i^3}{\sum n_i}}$$

体积、表面积平均直径 d_{32}:若假想液滴流与真实液滴流的总体积和总表面积相等(用下标"2"表示),则有

$$d_{32} = \frac{\sum n_i d_i^3}{\sum n_i d_i^2}$$

式中　d_i——i 液滴的直径;

　　　n_i——直径为 d_i 的液滴数目。

质量中间直径 d_m:在比较雾化细度和其他计算中常用到它,一般对离心式喷嘴 $d_m = 25 \sim 250 \mu m$,对单个直流式喷嘴 $d_m = 200 \sim 500 \mu m$,直流撞击式喷嘴的 d_m 介于二者之间。

三种直径的换算关系为:$\frac{d_{30}}{d_m} = 0.69$;$\frac{d_{32}}{d_m} = 0.88$。

雾化理论的发展尚未达到用来精确计算液滴直径的程度,雾化细度的计算一般采用通过试验得出的经验公式。例如,对于两股射流相击的直流撞击式喷嘴,大致可写成

$$d_m = \frac{1.44}{0.30\sqrt{\frac{v_L}{d_c}} + 0.015 |\Delta v|} \cdot \frac{\cos\alpha}{\cos 45°} \tag{6-2}$$

对于离心式喷嘴,则有

$$\frac{d_m}{d_c} = \frac{47.8}{A^{0.6}} \left(\frac{\rho_g}{\rho_L}\right)^{0.1} \cdot \frac{1}{w_e^{0.1} \cdot Re^{0.5}} \tag{6-3}$$

对于同轴式喷嘴(内液、外气),则有

$$\frac{d_m}{d_c} = 105 (Re \cdot w_e)^{-0.48} + 0.0208 \left(\frac{v_L}{v_g}\right) \tag{6-4}$$

以上各式中　d_c——喷孔直径,m;

　　　　　　v_L——液体喷射速度,m/s;

v_g——气体喷射速度,m/s;

$|\Delta v|$——相对速度,液体射流速度和气体速度之差;

α——射流撞击半角;

d_m——质量中间半径,μm;

ρ_L——液体密度,kg·s²/m⁴;

ρ_g——气体密度,kg·s²/m⁴;

$Re = \rho_L v_L d_c / \mu_L$——雷诺数;

$w_e = \rho_g v_L^2 d_c / \sigma_L$——韦伯数;

A——喷嘴几何参数;

σ_L——液体表面张力系数;

μ_L——液体黏性系数,kg·s/m²。

雾化的均匀性(或称雾化分布),是指液滴直径的变化范围和液滴流中不同液滴直径的分布规律。最大和最小液滴直径差别越小,均匀性越好。虽说 d_m 相同,如果雾化分布不同,则燃烧完善程度也不一样。

对不同的喷嘴来说,其雾化分布客观上是有一定规律的。但目前理论上尚无法求出,只能靠试验求得。通常将试验结果用图表示,横坐标为液滴直径 d_i,纵坐标为液滴流相对质量(即直径小于 d_i 的那部分液滴的质量 q_{mi} 与总质量 $q_{m\Sigma}$ 之比),见图 6-4。

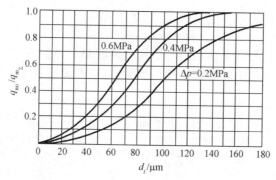

图 6-4 液滴相对质量与液滴直径的关系图

也有的文献用某些经验公式来表达这一分布。例如:对于离心式喷嘴,有

$$\frac{q_{mi}}{q_{m\Sigma}} = e^{-0.693\left(\frac{d_i}{d_m}\right)^m} \tag{6-5}$$

式中 m 为常数。

对于直流撞击式喷嘴,有

$$\frac{d\left(\frac{q_{mi}}{q_{m\Sigma}}\right)}{d(d_i/d_m)} = 0.047\left(5.7\frac{d_i}{d_m}\right)^5 \cdot e^{-5.7\frac{d_i}{d_m}} \tag{6-6}$$

154

液滴尺寸和其均匀性对研究液滴的蒸发速度、运动情况及混合条件有一定意义。但实践证明,它们对燃烧过程的完善程度并不发生多大影响,而对工作过程的稳定性倒有可能产生一定影响。

2. 连续段长度与雾化角

连续段长度是指射流或液膜裂碎前的喷射距离。雾化角是指液体推进剂雾化的散布角度。因此连续段长度和雾化角决定了推进剂在喷注器面附近的空间分布情况。为缩短燃烧准备的区域,以至整个燃烧室的尺寸,我们希望推进剂的雾化尺寸尽可能靠近头部,即连续段长度尽可能短,雾化角尽可能大。两项指标对不同类型的喷嘴来说,差异很大。

对单个直流式喷嘴,连续段长度大,雾化角小,一般为 $5° \sim 20°$。对于直流撞击式喷嘴,雾化角则显著增加,自撞击点到液膜碎裂之间的连续段长度也很短。不过这两个指标的大小除与喷嘴压降有关外,主要取决于两股射流的撞击角度,撞击角度越大,连续段长度越短。

对于离心式喷嘴,连续段长度和雾化角的大小取决于喷嘴本身的结构形式,一般为 $60° \sim 120°$。应当指出的是,这两项指标和细度及均匀性相互之间有着密切的联系。例如,通过改变几何参数 A 使雾化角 α 增大,则导致流量系数 C_{dh} 减小,使得由喷嘴喷出的液膜厚度变薄,雾化细度和均匀性都得到改善。而雾化角的增加,使得液体表面积增大,加上周围介质阻力作用的加强,造成连续段长度缩短。

在实际发动机中,无论是单、双组元离心式喷嘴还是直流式喷嘴,连续段长度的大小都主要取决于喷射出来的两股射流或液膜是否相撞击,以及和周围喷嘴喷雾锥膜相撞击的情况。

3. 流强分布

液体的流量强度 q_{md} 在喷雾锥下面半径方向和圆周方向的分布,也是雾化过程的一个重要指标。一般来说,喷雾锥下面的流强都是不均匀的,而且在离开喷嘴不同距离 l 上的流强分布情况也不一样。

图 6-5 示出了单个直流式喷嘴的流强在半径方向分布情况。可以看出,其流强最大处位于喷嘴中心线上。

直流撞击式喷嘴的流强在半径方向上的分布情况见图 5-41。可以看出,其流强分布情况和单个直流式喷嘴的相似,而且与撞击射流的夹角 2α 的大小有关,夹角越大,靠近边缘的流强越高。

对直流式喷嘴来说,随喷射速度和孔径的增加,流强在径向方向上的跨度有所降低,流量更加集中在中心处。

对于离心式喷嘴(见图 6-6),流强最低值在中心线处,最大值在离中心线两侧一定的径向距离上,其流强分布和喷雾锥的形状相对应。

无论哪一种喷嘴,都是距离喷嘴出口的距离越远,流强的分布越趋向平缓。

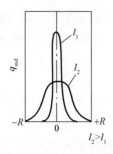

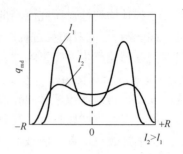

图6-5　直流式喷嘴流密分布　　　图6-6　离心式喷嘴流密分布

如果说流强在径向方向上的分布的不均匀性主要和喷雾的特点有关,则在圆周方向上流强分布的不均匀性主要和喷嘴的结构有关。从图6-7可以看出,离心式喷嘴的流强分布和其进口切向孔数以及开放程度 R_b/r_c 有关。

试验证明,对于单个直流式喷嘴,流强沿圆周的分布是均匀的。而对于直流撞击式喷嘴(见图5-42),其流强分布在圆周方向的分布为扁平形,或者说近似椭圆形,其长轴基本上落在撞击面下。

应当指出,上面所列流强分布图是对单独的喷嘴或撞击对而言的。对于整个喷注器,则由于很多喷嘴之间的相互作用,流强分布情况将有所改变。

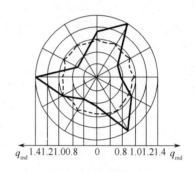

图6-7　当离心式喷嘴切向
孔数 $n=3$ 时流密沿圆周
方向上的分布
$(R_b/r_c=0.83;R_b/r_c=1.62)$

6.2.3　影响雾化的主要因素

1. 喷嘴类型及其工作参数

总的来说,与直流式喷嘴相比,离心式喷嘴雾化角大,射流连续段长度短,雾化较细,故雾化质量较高,直流式喷嘴的雾化质量较差。对同一类型喷嘴,流量越小,喷嘴出口直径越小,射流液膜厚度越薄,则雾化细,连续段长度短,雾化质量高。

喷嘴的主要工作参数 Δp 越大,射流出口速度以及裂碎成的大液滴速度越大,则湍流度和 w_e 数越大,有利于射流(液膜)和大液滴的裂碎,对提高雾化质量有利。但试验证明,当 $\Delta p > 10\mathrm{MPa}$ 时,Δp 再继续增加,对改善雾化质量并不显著。也就是说,液滴直径随 Δp 的增大而减小的幅度,开始较快,而以后越来越缓慢,如图6-4所示。

2. 推进剂的物理性质

对雾化质量有直接影响的推进剂物理性质,主要是密度、黏性、表面张力等。

密度大,射流和雾化后大液滴的惯性力就大,连续段长度相对就较长,大液滴的射程也较远。黏性大,表示推进剂的内聚力大,不易分离,同时当黏性较大的射流波动时,阻尼也大,吸收波动的能量多,射流和大液滴更难裂碎,因此黏性越大,液滴保持其原有球形的能力越强,不易裂碎,故雾化质量也差。当喷嘴压降相同时,黏性较大的液体雾化程度是较小的。

3. 燃烧室内介质的参数

燃烧室内介质的参数主要指燃烧室压力和温度。高温高压的介质对雾化质量的影响尚未研究得很清楚。有不少试验表明,液滴直径随介质压力的增加先是减小,当压力大于大约 1.3~1.5MPa 时,又随压力的增加而增加。对此现象有两种解释。其一认为,介质压力的增加,不仅使液滴的裂碎增加,还可使液滴与液滴之间的撞击和复合增加。当压力较低时,前一因素占优势,压力较高时,后一因素占优势。其二认为,当介质压力增加时,射流裂碎时的液膜厚度增加,因而当介质压力增加时,对雾化过程有两个相反的影响:一是由于液膜厚度增加而使液膜裂碎成的液滴尺寸增加,另一个是由于气动阻力增加而使液滴裂碎的能量增加。在低压时,后一个因素起的作用大;压力较高时,前一个因素起的作用大。大于 3.5MPa 时,介质压力对雾化的影响尚待继续研究。

介质温度的提高,也使射流和液滴的温度有所提高,从而使液体的黏性和表面张力下降,对雾化有利。

介质密度的提高,气动阻力的增加,均可使液滴直径减小。

6.3　推进剂组元间的混合

6.3.1　混合过程

通常氧化剂和燃料是分别喷入燃烧室的,直至进入燃烧室后才相遇,所以推进剂两个组元按一定混合比进行很好的混合是获得最佳燃烧效果的十分重要的条件,组元间的混合分为液相混合和气相混合两个过程。

对于以液液方案工作的喷注器,我们注重研究的是液相混合。当两个组元的喷雾锥相交时,在组元射流、液膜或单个液滴的相互碰撞、相互穿透过程中形成液相混合物。液体密度大,容积小,混合效果好,尤其对于能产生液相反应的双组元自燃推进剂,组织好液相混合是提高燃烧效率的关键。

在组元雾化很细很容易汽化的情况下,在双组元中,其中某个组元在压力高于临界压力下喷射,且组元温度较高,已达到临界温度时,以及从同轴式双组元气液喷嘴中喷出时,都可形成两个组元一气一液的情况。对于以液气方案工作的喷注器,在液体和气体的相互作用下,未汽化的那个组元的液滴群将在气体介质(组元蒸气,未完全燃烧的燃气)中移动和汽化,在液滴群移动和汽化的过程中进行组元间的混合。

推进剂组元的最终混合是在气相情况下进行的,主要是湍流扩散的气相过程保证了气相混合的进行。在气相混合的同时,以及对于自燃推进剂在液相混合的同时,都伴有化学反应发生。化学反应会对反应过程产生两方面的影响:其一是化学反应可能使组元射流被隔开,从而使混合过程变慢;其二正相反,化学反应加强了气流的扰动,从而促进混合过程。

6.3.2 混合的特点

在喷注器设计时,喷嘴排列及其参数选择时,都力求使两个组元达到最好的混合。而且在燃烧室的整个喷注器面上各点的混合比值 γ_{mi} 都能和一定 p_c^* 下特征速度 c^* 最高值对应的那个混合比值 $\gamma_{m.max}$ 相等或很接近,而实际上这一点很难做到,因为在整个燃烧室喷注器截面上,混合比也不是一个均匀的定值。为了使燃烧室内壁在高温下得到可靠的保护,有时仅靠外冷却和流量很少的壁面液膜内冷却还不够,还需要有一个低混合比的近壁边界区,它的混合比值 $\gamma_{m边}$ 值与最佳混合比相近的中心区的混合比 $\gamma_{m中}$ 有着较大的差异。而且,由于喷嘴的工作特点不同,在喷注器截面上每个小局部的混合比也可能是不均匀的,如图 6-8 所示。

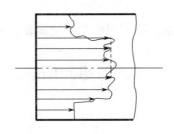

- - -理论值　——实际值

图 6-8　混合比在燃烧室截面上的分布

虽说组元混合比 γ_m 和流量强度 q_{md} 沿喷注器截面的均匀分布,对于在燃烧室最小容积内达到高燃烧效率具有十分重要的意义,但试验证明,在燃烧室的有限长度内,混合过程进行得很微弱。只有喷嘴间距范围内的邻近气层来得及进行混合,也就是说只能消除微小的局部混合比分布不均匀性,超过喷嘴之间的间距时,γ_m 沿喷注器界面的不均匀尺度,在沿着燃烧室的流动过程中很难再改变。中心区和边界区之间,实际上并不发生混合,尽管推进剂的状态在不断改变,但这种特大范围的混合比不均匀性,可从喷注器截面一直延续到燃烧室出口截面,甚至到了喷管扩散段,截面混合比分布的实际变化也不很大。

喷注器截面上流强和混合比的不均匀,将导致喷管出口截面的燃气成分、温度和速度相应的不均匀,最终导致比冲的降低。但这种混合过程的微弱性可使在喷注器面组织的低温的近壁层不被破坏,以保证在整个燃烧室和喷管长度上对内壁起保护作用。

6.3.3 混合对燃烧室参数的影响

流量综合参数 β 也是一个评估燃烧室工作过程的指标,有时与特征速度 c^* 不加区分。β 的定义是

$$\beta = \frac{p_0 \cdot A_t}{q_{mc}} \tag{6-7}$$

式中 p_0——喷注器面附近的燃气压力。

因此,β 是有效评估同类发动机燃烧室不同头部喷注器混气形成结构方案优劣的一个指标,β 与 c^* 有联系,又有一定的区别,其相互关系可写成

$$c^* = c_d \cdot \sigma_t \cdot \sigma_c \cdot \beta \tag{6-8}$$

式中 σ_c——燃烧室总压恢复系数;

σ_t——喷管总压损失修正系数,考虑了喷管收敛段的影响。

当 ε_c 很大时,可以认为 $c^* \approx \beta$。

通常我们计算燃烧室参数理论值时,所用的混合比值是平均混合比 $\gamma_{m.\,aver}$,认为整个燃烧室头部截面上的 γ_m 是一个和 $\gamma_{m.\,aver}$ 相等的均匀的定值。算出的 β 值是和 $\gamma_{m.\,aver}$ 对应的值。而实际上通过燃烧室截面的燃气流是不均匀的,每股燃气流都是按照各自的混合比燃烧后形成的,而且各有自己的相对流量,虽说在整个燃烧室中压力是一个恒定值,但每股气流的燃气成分却不一样,相互之间基本上也不发生混合。各单股气流的综合参数 β_i 可根据其给定的混合比值通过热力计算求出。燃烧室截面按不同的混合比分配,所计算的理论综合参数 $\beta_{混}$ 为

$$\beta_{混} = \sum_1^\alpha g_i \cdot \beta_i$$

如果一个喷注器上只有中心区和边界区两层不同的混合比分布,则上式可写成

$$\beta_{混} = g_\Phi \cdot \beta_\Phi + g_边 \cdot \beta_边 \tag{6-9}$$

式中 $g_\Phi = \dfrac{q_{m\Phi}}{q_{m\Sigma}}$、$g_边 = \dfrac{q_{mb}}{q_{m\Sigma}}$——分别代表中心区和边界区的流量百分数;

β_Φ、$\beta_边$——分别为中心区和边界区的理论综合参数,所对应的混合比值

为 $\gamma_{m\Phi}$、$\gamma_{m边}$。

因为 $g_\Phi = 1 - g_边$,所以又可写成

$$\beta_{混} = \beta_\Phi - g_边 (\beta_\Phi - \beta_边) \tag{6-10}$$

由于混合组织得不理想所带来的损失,通常用混合完善系数 $\eta_{c混}$ 来衡量。

$$\eta_{c混} = \beta_混 / \beta_{th} \qquad\qquad (6-11)$$

$\eta_{c混}$表示用平均的均匀的混合比计算得到的理论综合参数 β_{th} 和用实际的不均匀的混合比计算得到的理论综合参数 $\beta_混$ 之间存在着差异,这个差异是在燃烧未发生之前由于混合比的分布组织的不理想而造成的。它从理论上就存在着,而且是不可避免的。可以说它是由于设计水平、工艺水平、材料等有所限制以及内冷却措施和抑制高频不稳定措施需要,而不得不人为造成的一种损失。

6.4   推进剂组元的蒸发

在实际的燃烧室中,雾化后液滴的蒸发和燃烧并不是单个进行的,而是很多液滴组成的液滴流的蒸发和燃烧。由于液滴流的蒸发和燃烧过程很复杂,所以人们往往从单个液滴的蒸发和燃烧研究起,而后推论到整个燃烧室。液滴流的体积流量相对于燃气流的体积流量来说是很小的(小于1%),可近似认为液滴之间相互是独立的。把整个液滴流的蒸发速度看作单个液滴蒸发速度之和。当一个燃料(或氧化剂)液滴处于静止的较高温度的燃气和氧化剂组元(或燃料组元)气氛中,便会受到加热蒸发,液滴表面便被一薄层本液滴已蒸发了的蒸气包围着,此蒸气不断向外扩散,另一组元的蒸气不断向里扩散,在一定半径处就形成可燃混合气,并开始燃烧,此时可有一薄层发热发光的集中区域,这个区域通常叫做火焰峰。火焰峰之所以不在液滴表面,是因为液体推进剂组元的沸点一般要比化学反应的初始温度(着火温度)低得多(例如,在一个大气压下硝酸的沸点是 $86℃$,煤油的沸点是 $150℃ \sim 315℃$,而硝酸 + 煤油的着火温度一般为 $500℃$ 以上),它们在燃烧之前早已变成蒸气,并形成了混合气。燃烧室中的雾化、混合、燃烧几个过程所需时间都很短,只有蒸发需要的时间较长。和蒸发相比,燃烧所用的时间可忽略不计。所以在燃烧室长度选择时,主要考虑的是蒸发所需要的长度。

如果推进剂组元是在亚临界压力下喷入燃烧室,并在某一压力下蒸发,则将需消耗相当大一部分热量用来对液滴加热。在发动机点火启动时,这部分热量由专门的点火装置来提供(对自燃推进剂或使用专门的起动推进剂组元时,则不需要)。在稳定工作状态,这部分热量则要从燃烧区传过来,很少部分热量是通过辐射和传导,绝大部分热量则靠所谓"回流"作用传过来。"回流"的产生是由于引射作用的结果,组元在喷出时带走自己周围同路的气体,使喷注器面附近造成低压区,下游的气体便过来,从而形成"回流"(见图6-9)。回流气体可能由蒸气和燃气

图6-9 燃气回流加热

两部分组成。它对蒸发过程乃至整个燃烧过程的影响程度取决于喷嘴之间的间距、喷嘴的类型以及燃气的温度和成分。

一般说来,减小喷嘴的间距,可使喷注器面的大部分由喷雾锥覆盖,则形成回流的区域减小,使得对流换热的效果变坏;如果加大喷嘴间距,则不但混合变差,而且使得部分喷注器面暴露给高温燃气,不利于喷注器面的保护。

液滴的加热过程取决于燃气和液滴之间的对流换热。一般认为,在液滴的内部各处的温度是一样的,并且在液滴内部没有对流现象。当压力低于临界压力时,对于一切稳定流动液滴加热的微分方程可写成

$$\frac{\mathrm{d}T_{\mathrm{L}}}{\mathrm{d}x} = \frac{q - q_{\mathrm{mg}} \cdot \Delta q_{\mathrm{gh}}}{v_{\mathrm{L}} \cdot q_{\mathrm{mL}} \cdot C_{\mathrm{pL}}} \qquad (6-12)$$

式中

$$q = \lambda_{\mathrm{g}} \cdot Nu \cdot \pi \cdot d_i \left(\frac{z}{\mathrm{e}^z - 1}\right)(T - T_{\mathrm{L}})$$

$$z = \frac{q_{\mathrm{mg}} \cdot C_{\mathrm{pg}}}{\lambda_{\mathrm{g}} \cdot \pi \cdot d_i \cdot Nu}$$

Δq_{gh}——汽化热;

λ_{g}、C_{pg}——蒸气的平均导热系数和比热容;

Nu——努塞尔准则数;

q_{mL}、d_i——液滴的质量和直径;

C_{pL}、T_{L}、v_{L}——液滴的比热容、温度和速度;

T——周围介质的温度。

蒸气的形成速度 q_{mg}(单位时间内形成的蒸气质量),取决于液滴的温度。当 $T_{\mathrm{L}} < T_{\mathrm{b}}$(沸点)时,认为蒸发过程受到扩散过程的限制。此时应用斯切凡公式:

$$q_{\mathrm{mg}} = \rho \frac{D}{d_i} Nu_D \cdot \ln\left(\frac{p}{p - p_{\mathrm{s}}}\right) \qquad (6-13)$$

式中　Nu_D——努塞尔扩散准则;

D——液滴表面蒸发的扩散系数;

p_{s}——饱和蒸气压力(即液滴表面的局部压力);

ρ、p——周围介质的密度和压力。

此时,液滴被加热,温度达到沸点后便形成一个稳定平衡的蒸发过程。在这一过程中液滴从周围介质中得到的热量等于其消耗在蒸发上的热量。

当气流温度上升时,平衡蒸发的温度也升高,逐步和其沸点相接近,在燃烧室中,燃气的温度一般大大超过液体组元的沸点。因此,认为平衡蒸发的温度和其沸点相等。这时单位时间内形成的蒸气流质量可按弗朗克－卡明斯基公式计算:

$$q_{mg} = \frac{\lambda_g \cdot Nu}{C_{pL} \cdot d_i} \ln\left[1 + \frac{C_{pg}}{\Delta q_{gh}}(T - T_b)\right] \tag{6-14}$$

液滴质量的变化,也仅取决于蒸发速度 q_{mg}:

$$\frac{\mathrm{d}q_{mL}}{\mathrm{d}x} = -\frac{q_{mg}}{v_L} \tag{6-15}$$

从式(6-13)、式(6-14)可以看出,蒸发过程以及为完成此过程所需要的燃烧室长度,与传热条件(以努塞尔准则表示)、液体组元的物理性能、液滴运动速度以及其他一些因素都有密切的关系。

计算证明,在给定压力下,液滴很快就可以加热到沸点(见图6-10),液滴的半径在受热膨胀之后,便按下式迅速减小:

$$r_L^m = r_{L0}^m - R_\tau$$

式中　r_L——变化着的液滴半径;

　　　r_{L0}——初始液滴半径;

　　　τ——时间;

　　　R——常数,与物质的自燃特性及过程参数有关;

　　　m——指数,一般可取 $m \approx 2$。

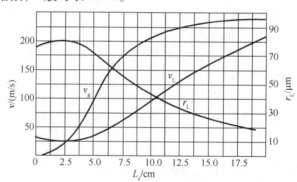

图6-10　气体速度、液滴速度、液滴直径随燃烧室长度的变化

液体已变成蒸气的质量百分数 g_g,一开始增长得比较慢,而后增加得比较快,再往后又减慢下来。这是因为传热和蒸发速度在很大程度上取决于液滴相对速度$(v_L - v_g)$的大小。因为燃气流的速度 v_g 和液体蒸发了的数量成正比,而且 v_g 的值是在不停增大着。液滴运动的速度一开始大于燃气速度 v_g,由于气动阻力,液滴的运动速度将减小,在受到滞止这一段中,从绝对值来看,相对速度 $v_L - v_g$ 不大,并逐步减小到零(即 $v_L = v_g$)。然后,速度增大了的燃气流带动自身周围的液滴向前运动,这些液滴由于惯性力作用而落后于气体,在这一段中相对速度改变着自己的符号,并在绝对值上开始增加,当液滴尺寸由于蒸发而逐渐减小时,惯性力的减弱比带动液滴的气动力的作用还要快,则相对速度逐

162

渐开始下降。对应着最大相对速度的区域也是曲线 $g_g = f(L_c)$ 斜度最大的地方（见图 6 – 12）。

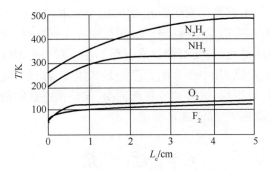

图 6 – 11 液滴温度随燃烧室长度的变化

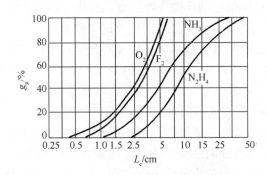

图 6 – 12 已蒸发液体百分数随燃烧室长度的变化

　　液体推进剂组元雾化后，得到的是各种不同的液滴直径。计算表明，小尺寸的液滴，例如 $r_{L0} = 25\,\mu m$，完全蒸发（$g_g = 99\%$）所需要的燃烧室长度 L_c 比大液滴（$r_{L0} = 250\,\mu m$）完全蒸发所需要的 L_c 要短 25 倍。全部液滴蒸发完所需要的长度 L_c 将取决于数量上不算很多但在质量上所占比例却很大的那部分大液滴。如果不考虑混合所需要的长度，那么燃烧室的长度不应该小于大液滴蒸发所需要的长度。

　　从图 6 – 11 和图 6 – 12 还可以看出推进剂组元的自燃特性对蒸发过程的影响。不同的推进剂组元，一样的液滴半径和初始速度（例如：$r_{L0} = 75\,\mu m$、$v_{L0} = 30m/s$），液滴温度的变化情况就不一样。在给定压力下，低沸点组元的液滴达到其沸点的速度要比高沸点组元的液滴快得多，完全蒸发所需要的长度也短得多。有些组元（如液 O_2、液 F_2）不但沸点低，汽化潜热也很小。

　　还应指出的是，一定直径液滴完全蒸发所需要的燃烧室长度，将随着燃烧室压力 p_c 的提高、初始液滴速度的减小、液滴初始温度的提高（如推进剂在冷却套内加热）和燃气速度的增加而缩短。燃烧室中燃气温度的较大幅度的变化，不会对蒸发速度 q_{mg} 产生太大的影响。

对于现代液体火箭发动机,燃烧室中压力常常高于两个(或其中一个)推进剂组元的临界压力。当液滴的温度被加热到临界温度时,液滴很快便会变成蒸气,这时转变成蒸气不需要相变热。q_{mg} 值的大小将取决于扩散的快慢。对于采用自燃推进剂的液体火箭发动机,由于液相反应存在,部分推进剂可由液相直接变成气体,它所释放的热量,又可使蒸发过程加快。对于采用液气方案的氢氧发动机和高压补燃发动机,其中一个组元已经是气体或者以炽热燃气状态存在,组元蒸发过程将进行得很快,试验和计算都证明,保证推进剂完全蒸发所需的长度都比较短,所选取的 L_c 都能满足要求。

6.5 燃 烧

前面已谈到,液体推进剂从喷入燃烧室到转化成燃烧产物,中间要经历燃烧准备过程(雾化、混合、蒸发)和燃烧过程。这一物理—化学转化过程中的各个分过程是前后进行又同时进行,相互交错又彼此相互紧密联系,在时间和空间上不存在明显的界限。在转化过程中,在燃烧室中存在的绝大部分是液气双相混合物。不同相之间的相互作用,燃烧产物向混合物的对流换热,发展极快的湍流度及扩散气流,都使准备过程和燃烧过程加剧进行。而且所有这些现象的综合作用都十分复杂,主要和推进剂的自燃特性及混气形成系统的结构因素有关。目前还不大可能对燃烧室内许多物理化学现象和流体动力学现象,以及从整体上和相互关系上对给定的工作过程,建立起一个足够精确全面的理论模型。

6.5.1 集中燃烧模型和分散燃烧模型

早期曾用集中燃烧的简化模型和分散燃烧的简化模型来描述燃烧过程。这些模型虽不能阐述燃烧过程的复杂现象,但对从宏观上理解燃烧过程却有一定的意义。

集中燃烧简化模型认为,可以把推进剂逐步转变成燃气所需要经历的许多复杂的中间过程简化为:推进剂经过某一段时间 τ_c(称为燃烧时滞),瞬间变成燃气。如果在比容(或已燃烧的推进剂的相对量)—时间坐标上示意地表示(见图 6-13)就是,推进剂的比容从 A 点开始增加,初始较慢,逐步加快,在 B 点着火,到 C 点完全转化为燃烧产物,这段时间间隔称为转化时间,用 $\tau_{转化}$ 表示。集中燃烧简化模型是把推进剂转化为燃烧产物表示为台阶型过程,即认为,在达到一定的温度的那一时刻(忽略在此时刻前后的比容变化),燃烧瞬时发生,比容的变化按折线 $ADBEC$。这对于混合极好的非自然推进剂可能具有一定的正确性。因为在 τ_c 这个时滞时间内,推进剂主要处于液态,比容变化很小,而其蒸气或其他气态的中间产物存在的时间很短,并且立刻变成燃烧产物。

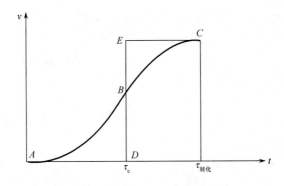

图 6 – 13　燃烧产物生成速度随时间变化

　　分散燃烧简化模型认为,总的燃烧过程时间与各个分过程所需时间之和有关,虽说各个分过程可能不是单独、孤立和依次进行的,而是互相联系和纵横交叉的,但通过分析和试验总可以找出某一过程的时间是起着主导作用的时间。它所需要的时间几乎和总的时间 τ_c 相等。分别用 τ_w、τ_h、τ_x、τ_r 代表雾化、混合、蒸发和燃烧时间,则有 $\tau_c = \tau_w + \tau_h + \tau_x + \tau_r$。一般认为,时间 τ_w 是忽略不计的。如认为 $\tau_c \approx \tau_h$,其他几个时间忽略不计,则相当于推进剂组元雾化极好,蒸发很快,化学活性很大,就是喷嘴间距较大,混合不好,而这种所谓的气相扩散混合模型与现代实际的燃烧室差距比较大,因为混合多半都是在离开喷注器很短的距离内就完成了。如认为 $\tau_c \approx \tau_r$,则相当于雾化,混合极好,就是推进剂化学活性差,或者是压力很低,混合比和理论混合比偏离太远,而现代液体火箭发动机的燃烧过程绝大多数是不受化学反应速度限制的,所以这种气相化学反应模型也不符合实际。最后是认为 $\tau_c \approx \tau_x$,即所谓的蒸发模型(这也是许多学者研究较多的),认为推进剂化学活性较好,混合也好,就是雾化质量较差,蒸发需要时间长。并通过计算和试验证明,这种模型较为符合实际情况。故把燃烧过程计算归结为蒸发计算。

6.5.2　均质燃烧与异质扩散燃烧

　　不少学者认为,用均质燃烧和异质扩散燃烧(或准异质扩散燃烧)两种燃烧类型来概括性地阐明液体火箭发动机中的燃烧情况,可能更为确切一些。
　　所谓均质燃烧是指燃料和氧化剂都处在气态情况下的燃烧。所谓异质扩散燃烧是指参与燃烧的两个组元,一个是以液滴形式处于液相状态,另一个处于气相状态,燃烧发生在液滴的蒸气与另一组元气体的混合过程中。一般认为,自燃推进剂的燃烧更符合均质燃烧的情况,自燃推进剂具有液相情况进行放热反应的特点,当两个组元的射流或液滴相接触时,放热化学反应即发生,反应的热效应促进了液滴的蒸发,在这些液滴中包括在液相状态尚未反应的液滴,以及与另一组元液滴没有碰撞的液滴。在燃料与氧化剂蒸气混合过程中,进行着气相的化学反应,形成最终的燃烧产物。异质燃烧类型是指发生在液相和气相界面上的燃烧。它适用于两个推进剂组元在喷注器面上,一个组元处于气相,另一个组元处于液相的情况。此时处于气相状态的物质向界面输送,多数情况下是处于液相的物质及其蒸气流从液滴表面向外输送,在气体与蒸气的混合中发生化学反应(完成燃烧),转变成燃烧产物。

如果燃烧室内的压力超过喷入燃烧室的液体组元的临界压力,那么当液滴加热到临界温度之后,其燃烧过程在定性和定量方面,都不同于在亚临界压力下的液滴的燃烧情况。在超临界参数条件下,液滴的表层是分子的"凝结层",而燃烧过程的速度取决于对这个表层的扩散冲蚀情况和对流传热情况。

根据目前的试验研究结果,可对稳定燃烧过程的特点作以下描述:燃烧基本上是均质燃烧,它具有本质上的化学不均匀性和湍流度,均质燃烧的特性完全取决于混气形成系统。液滴颗粒最大的这部分推进剂,则按照异质燃烧或准异质燃烧规律进行燃烧。在燃烧区常可以观察到幅度相当大的形状不同的冲蚀痕迹,这是由如下原因形成的:各个准备过程的相互重叠;大尺度的湍流度;火焰峰的局部间断和火舌伸出;等等。但是可以在离头部喷注面某个距离处(大约几十毫米),划出一个厚度不大的假想的火焰峰面,用它来表征在假想火焰峰面限定的范围内,热量主要部分已经释放出来。成分的浓度场、温度场和速度场的不均匀性,通常是燃烧过程的特征。这种不均匀性和喷嘴的排列情况和混合比及流量强度沿燃烧室横截面上设置的差异性有关。

6.6 燃烧室工作过程完善程度的评价

前面用式(1-45)和式(6-7)表示了特征速度和流量综合参数 β 两个相似的和燃烧室工作过程有关的参数。它们的不同点是:计算 c^* 时用的是燃烧室出口处(喷管入口处)的总压 p_c^*,计算 β 时用的是喷注器面附近燃气的压力 p_0(并认为此处气体速度 $v_g = 0$, $p_0 = p_0^*$)。在面积比 ε_c 较小时,将存在总压损失, $p_c^* < p_0$,需按式(6-8)进行修正。参照式(1-47),最终可用 η_c(燃烧效率)来评价燃烧室工作过程的完善程度。用式(6-11)写出了燃烧效率的组成部分之一,混合完善系数(或称混气形成效率) $\eta_{c混}$ 的表达式。

如果用 $\beta_{混烧}$ 表示推进剂按照真实的配置的不均匀的混合比和流量强度在理想条件下燃烧后得到的理论值,则有

$$\eta_{c烧} = c^* / \beta_{混烧} \qquad (6-16)$$

式(1-47)又可写成

$$\eta_c = \frac{\beta_{混}}{\beta_{th}} \cdot \frac{c^*}{\beta_{混烧}} = \eta_{c混} \cdot \eta_{c烧} \qquad (6-17)$$

$\eta_{c烧}$ 表示按照真实混合比和流量强度分配好的推进剂组元能否全部得到很

166

好的雾化、蒸发、混合和燃烧,转变成相应成分的燃烧产物,表示了物理—化学几个过程的完善性。

β_{th}是按照燃烧室的平均混合比用热力计算得到的值,其值和ε_c无关,即认为$\varepsilon_c \to \infty$,$p_c^* = p_0$,于是$c_{th}^* = \beta_{th}$。根据前面所讲的液体火箭发动机燃烧室中混合的特点,又可以认为$\beta_{混} = \beta_{混烧}$,即$\eta_c = c^* / c_{th}$。

η_c也可以利用(1 – 62)式计算得到,通过试验测量到的I_{SV}和计算得到的$I_{SV.th}$算得η_I,利用式(4 – 35)算得η_n,$\eta_c = \eta_I / \eta_n$。对现代液体火箭发动机,η_c值约为$0.96 \sim 0.99$。其大小除和推进剂的自然特性、进入燃烧室的状态有关外,主要和燃烧室混合气形成系统设计水平及燃烧室容积等因素有关。

第7章 推力室的不稳定工作过程

7.1 概　　述

7.1.1 不稳定工作的特点

　　燃烧室中的不稳定工作过程,是以燃烧室中参数(压力、温度、速度)的振荡,尤其是压力的振荡来定义的,所以燃烧室中的不稳定工作过程又称燃烧不稳定性。它是自液体火箭发动机被应用几十年来,在较大推力发动机研制过程中遇到的最大的较难解决的技术关键。在阐明燃烧不稳定性机理和抑制不稳定措施方面曾做过大量的研究。具有高能量的液体推进剂,在液体火箭发动机这样的系统中进行能量形式转换时,很容易激发起燃烧不稳定性。它是推进剂在燃烧室中的燃烧过程与发动机系统中的流态过程相耦合而引起的振荡燃烧现象。可将它看作是一个加入热量激励的声学运动,或可压缩气体的非稳态运动。

　　燃烧室中的稳态工作过程(或称正常的稳定燃烧过程)中出现的湍流扰动或燃烧噪声与燃烧不稳定性的差别有以下几个方面:

　　(1) 燃烧不稳定性通常要经历振荡过程发展阶段(时间很短,约 0.01 ~ 0.02s)和自激振荡形成阶段。在自激振荡形成阶段,燃烧室压力的振荡具有明显的有规律的周期性,在频谱中的一个或几个频率下,会出现大的集中振动能量,我们称这样的频率为突出频率,称和突出频率相对应的振动量值为峰值。而且此时燃烧室内不同位置的燃气振荡之间具有一定的联系。一般情况下,燃烧室内压力振荡的振幅和频率的变化范围相当宽。频率低的为几十到几百赫,高的达几千赫;振幅一般也都较高,为额定压力的 5% 以上,有时高达百分之几十或更高。振荡波形多数为正弦形,也有其他更为复杂的波形。在正常稳态燃烧时,尽管燃烧室内的压力也不可避免地存在不同程度的脉动和起伏,但往往是带有随机性的,显示的频谱上基本上是连续的,只有少量可辨认的峰值。扰动的幅值也较小,偶尔也有幅值超过额定压力 5% 的,称之为粗糙燃烧。此时,燃烧室中各位置的燃气振荡互不关联,在某个区间这种脉动的总效应趋于零。

　　(2) 不稳定燃烧具有强烈的破坏性,由它引起的强烈大振动,可使发动机系统中的某些构件遭受机械损伤(松动、裂纹、断开等),增大的热流又使推力室的内壁和喷注器面遭受热破坏(烧蚀、烧熔、燃穿等),并使推进剂流量和推力出现

168

不稳定。在稳态燃烧时,虽说燃烧室中脉动和起伏的振幅偶尔有可能大一些,但它是随机性的,对发动机的正常工作一般不会带来严重影响。

(3)在不稳定工作状态,充满发动机各组件(推力室,燃烧发生器,调节器,燃气导管和推进剂管路等)内的气态或液态物质也将随着振动,发动机系统和其中各组件均无法正常工作,严重降低了发动机的性能和工作可靠性。

7.1.2　不稳定工作过程的类别

不稳定工作过程(燃烧不稳定性)通常按燃烧室压力的振荡频率和激发激励不同分为低频、中频、高频三种类型。在频率范围的划分上并不十分严格。一般认为振荡频率在100Hz以下称为低频燃烧振荡,它是由燃烧室内的燃烧过程和推进剂供应系统内的流动过程相耦合而产生的;振荡频率介于 $100\sim1000Hz$ 的称为中频燃烧振荡,它也是燃烧过程和供应系统推进剂流动过程相互作用的结果;振荡频率高于1000Hz的称为高频燃烧振荡,它是由影响燃烧过程的因素激发的燃烧室内范围的声学型振荡。还有一种属于低频类型的,频率只有几赫到几十赫的称作"POGO"的振动,这种振动发生时,不但燃烧室发生振动,而且整个发动机系统连同火箭壳体一起都发生振动。

7.1.3　不稳定工作工程的研究

工作工程稳定是发动机设计,首先是推力室设计的先决条件。只有发动机工作过程稳定,可靠性高,才能保证火箭各种发射任务的成功。不仅要求发动机推力室内部没有影响正常工作的热损伤,而且还要求振荡量级尽可能的小,参数基本平稳,所产生的振动加速度量级小到发动机系统中各组件的结构在可遇到的极限参数情况下(如火箭飞行过程中的过载情况,发动机的启动、关机过程等),在规定工作时间内没有机械损伤。

由于燃烧不稳定性,尤其高频燃烧不稳定性,可能带来严重的损坏和灾难性的发动机故障,所以尽管需要延长研制周期和花费巨额研制经费,但必须要在发动机研制期间解决好这一问题。由于液体火箭发动机的工作过程十分复杂,到目前为止,还没有完全研究清楚,有关不稳定性的一些理论和资料都带有某种局限性,还处在定性的规律性指导的水平上,不能预先对发动机的工作稳定性作全面的定量的分析计算,尤其是对于克服高频不稳定燃烧。经验证明,没有哪一种较大推力的液体火箭发动机或推进剂组合是固有稳定的。对于每一个型号的发动机,都需要参照已有的经验,结合具体发动机的特点,边试验,边改进。往往需要在性能和稳定性之间反复权衡,对燃烧室和喷注器以及其组件进行多次试验和改进,最后还要通过严格的稳定性鉴定试验,证明它是动态稳定的,才算达到预期目标。

7.2　低频工作不稳定性

7.2.1　低频不稳定燃烧

1. 低频不稳定燃烧的特点

当燃烧室(或燃气发生器)在低频不稳定燃烧状态下工作时,所发出的声音为低沉的"哼声",且有间歇感,所以又称作"喘振"。燃烧室中参数(如 p_c)的振荡频率较低,一般不超过200Hz,通常在几赫到100Hz之间,且为纵向型振荡,波形呈正弦形。由于频率较低,压力振动一个周期时间大于波在燃烧室中传播的时间,压力波的波长 λ 大于燃烧室的长度 L_c,如图7-1所示。因此可以认为,在任一瞬间,燃烧室内各点的压力是相同的。

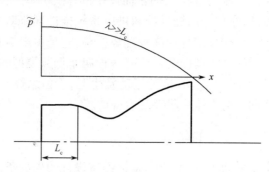

图7-1　低频振荡燃烧室压力沿推力室轴向分布

发动机在启动、关机和工作参数偏离额定值较大时(如发动机转级时,推力突然降低)、喷嘴压降较低和余氧系数 α_m 较低时,都容易产生低频不稳定燃烧。实验还证明,当推进剂中溶入较多的增压或挤压气体时,也容易产生低频燃烧不稳定性。发动机低频燃烧振荡,刚开始时压力振荡的振幅比较低,而后发展成高振幅。

2. 低频不稳定燃烧产生的机理

工作过程的低频不稳定性,概括地讲是燃烧过程、推进剂供应系统的流体动力学及推进剂流量之间相互作用的结果。它们之间的相互作用提供了振荡的能量补充和反馈通路。或者说是由于燃烧室内压力振荡引起推进剂供应系统流量的相同频率的振荡,在燃烧时滞 τ_c(或转化时间 $\tau_{转}$)的参与下相互作用的结果。时滞 τ_c 是产生不稳定燃烧的十分关键的参数。一般研究两种情况:一是认为,推进剂的燃烧过程与压力 p_c 的振荡无关,燃烧过程无变化,即 τ_c = 常数,反馈机能是靠燃烧室内压力振荡影响通过喷嘴流量的变化来实现;二是认为进入推力室的推进剂流量与燃烧室压力 p_c 的变化无关,而时滞则是和许多燃烧室内参数(主要是 p_c)的函数,随 p_c 的变化而变化,反馈机能借助于推进剂燃烧过程本身来实现。

（1）当 τ_c = 常数时，燃烧室内压力 p_c 因某种原因（例如：启动时推进剂某一组元在燃烧室中积累，引起爆燃、混合比过高或过低、喷嘴压降太低造成雾化质量太差、压力偏离额定值太大等）引起变化（用 $\tilde{p}_c$ 表示），如果此时喷嘴前压力还来不及变化，则喷嘴压降 Δp_h 会相应随之变化，由于系统的惯性和弹性，喷嘴流量的变化 $\tilde{q}_{mL}$ 将滞后一段时间 τ_1。由液体转变成燃气，中间要经过时滞 τ_c，因为燃烧室有一定的容积和弹性，燃气生成量的变化 $\tilde{q}_{mg}$，反过来再次影响到压力的变化 $\tilde{p}_c$ 时，也滞后一个时间 τ_2。由图 7－2 可看出，如果两个惯性滞后时间和时滞之和恰好等于振动的半个周期，则压力 p_c 在经过初始的扰动后，并不再回到原来的稳态值，将周期性地继续振动下去，成为所谓的自激振动。所以在低频振动时，输送系统中的流量波动和燃烧室内压力振动具有同样的频率，只是有一个恒定的相位差存在。

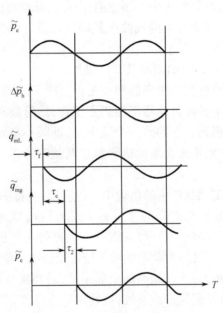

图 7－2　低频不稳定燃烧示意图

（2）$\tau_c = \tau_{c1}(x_i) + \tau_{c2}$。认为时滞 τ_c 由两部分组成。$\tau_{c1}(x_i)$ 称作敏感时滞，它是燃气参数 x_i（主要是 p_c）的函数，τ_{c2} 是不变时滞。主要参数 p_c 对 $\tau_{c2}(x_i)$ 影响，可用克洛克（Crocco. L）的经验公式求出。

$$\tau_{c2} = a/p_c^n$$

式中　a——与推进剂种类及混气形成系统有关的常数；

　　　n——压力与时滞相互作用的指数（一般 $n > 0$，可取 $n = 2$）。

单位时间内燃烧产物的生成量 q_{mg} 与一系列物理化学过程进行的速率有关，

因而也和压力 p_c 有关。当燃烧室内发生随机的压力振荡时,单位时间内生成的燃烧产物量也将发生变化,因而影响室压 p_c 的大小,从而削弱或增强室压的振荡。所以说,τ_c 取决于压力 p_c 的关系是维持和发展振荡的必要条件。即使输送系统流量和压力振荡无关,由于推进剂燃烧过程本身产生反馈作用,低频振荡也能维持下去。

推进剂供应系统中泵的汽蚀脉动,也可能是引起燃烧室或燃气发生器内工作过程低频不稳定性的原因。汽蚀脉动发生于泵内,由于泵流通部分个别区域的液体发生局部沸腾而形成汽蚀腔,而汽蚀腔与泵前水力通道相互作用的结果则产生汽蚀脉动。泵前诱导轮的流通部分是组元通道中压力最低的部位,因此在诱导轮的正常工作期间实际上总是存在着局部汽蚀腔(汽蚀空穴)。空穴的体积决定了诱导轮通过截面的阻塞程度,同时也决定了液流参数(速度、压力及阻力)的大小。泵的结构参数和工作状态参数不同,汽蚀脉动发生机理可能是不一样的。有人认为,当泵的压头和额定值相同时,脉动可能不是发生在明显汽蚀的工作段,而是发生在尚有某些汽蚀余量的工作段。诱导轮出口处压力脉动的幅值比进口处还要大。

3. 影响低频不稳定燃烧的因素及抑制措施

低频不稳定燃烧具有振动频率低和高振幅的特点,如果振动时间持续过长,则可导致发动机系统中各种自动器不能正常工作,给管路和其他与推力室相连接的零组件造成机械损伤。它的另一个危害是,低频不稳定燃烧可激发起高频不稳定燃烧。因此,在液体火箭发动机研制初期就需考虑好低频不稳定燃烧不可能发生的措施。

从以上低频不稳定燃烧产生的机理中可以看出,其影响因素可有三个方面:

(1)推进剂转化成燃烧产物的时间 $\tau_{转}$(或 τ_c):$\tau_{转}$ 减小,振动频率增大,振幅减小,可使稳定工作区域扩大。可采取一些提高转化过程中诸多小过程进行速度的措施,来缩短 $\tau_{转}$,以加大消除低频不稳定燃烧的可能性。这些措施有:选用活性较大的推进剂组元;选择较高的余氧系数;适当提高燃烧室内压力 p_c;选用较好喷嘴结构,设计好混气形成系统,提高喷嘴压降,以增加雾化细度,缩短汽化时间等。

(2)特征长度 L^* 和相对流量密度 q_m/p_c:L^* 和燃烧产物在燃烧室中的平均停留时间成正比。L^* 的减小和 q_m/p_c 的增加,有利于振动频率的增大,有利于消除低频燃烧不稳定性。所以燃烧室容积不要选得过大,在提高 p_c 的同时,适当增加流量密度 q_{md}。

(3)供应系统的参数:推进剂供应系统的参数,如管路的长度,推进剂流路中的弹性构件等,都可以影响发动机的低频不稳定性。提高喷嘴压降 Δp_h,增加燃烧过程与推进剂供应之间的阻抗。在推进剂管路内安装压降较大的节流圈等,都可扩大稳定工作的区域。

172

由于现代的液体火箭发动机 p_c 和 Δp_h 都比较高,已很少出现低频不稳定燃烧现象。只是在混合比较低,燃烧组织不太好的燃气发生器和小推力室中偶尔发生。而且往往是中断形式的,振荡会在启动或工作过程中突然出现,又会突然消失。

7.2.2 发动机—弹体的低频振动

由推力室低频工作不稳定性引起的整个发动机系统的低频振动,常使弹体发生低频的纵向弹性振动。在发动机—弹体弹性系统中之所以发生振动,除发动机因素(认为振动很可能是由于泵的汽蚀现象和某些自动器工作不稳定引起的)外,外界的其他干扰进入封闭的发动机—弹体动态系统也可使其发生振动。弹体的振动又激起储箱及管路内液体的振动,因此在箱底及泵进口处产生压力振荡。这种振荡导致发动机参数,包括推力在内的波动,而推力的波动又激励了弹性弹体的振动。如果供应系统内的液体振动频率与弹体的固有振动频率(该频率随推进剂的不断消耗而变化)相耦合,而且相位一致,就会发生自激振荡。泵进口处的压力振荡的幅值就急剧增大,从而大大加大了发动机推力的波动。弹体的纵向振动(也可能是由于过载而引起的)可导致储箱气垫的体积和压力发生波动。挤压式供应系统或增压系统的调节系统会对这种波动产生响应,有时也会导致发生自激振荡:箱压—发动机进口压力(推力)—弹体的自激振荡。振动会引起导管和弹体、发动机上的某些零部件产生局部破坏。

使弹性弹体—发动机系统稳定的主要措施是改变推进剂供应系统流路的动特性,在管路上安装阻尼装置、节流圈等。

7.3 高频不稳定燃烧

7.3.1 高频不稳定燃烧的基本特点和类别

高频不稳定燃烧通常又叫高频振荡燃烧。它是所有较大推力液体火箭发动机研制过程中遇到的破坏性最大,最难对付的一种不稳定工作过程。高频燃烧不稳定的压力振荡频率一般高于 1000Hz。压力振幅很高,可达稳定压力的50% ~100% ,甚至更高。当高频振荡燃烧发生时,常出现强烈的闪光,并伴随有"尖哨声",在极短的时间内喷注器面,甚至整个头部都将被局部烧蚀或烧穿,室内壁也将遭到严重破坏。在此影响下产生的机械振动频率也比较高,振动加速度达几十个 g,甚至数百个 g。高频燃烧不稳定下的参数振荡,往往只限于燃烧室内参数(例如压力 p_c)的振荡。由于频率较高,一般不与较为迟缓的供应系统的参数(例如流量)振动相耦合。高频振荡一个周期的时间和压力波在燃烧室内传播的时间差不多,也就是说,在燃烧室长度 L_c 内可以容下一个或两个波的长度。因此燃烧室内的压力分布明显不均匀。因燃烧室内腔是个三维空间,所以压力也将随时间和空间位置的不同而变化,也可以看作是在不同方向上有压力波的传播。

根据压力波在燃烧室内传播方向的不同,高频不稳定燃烧具有纵向、切向和径向三种振型。切向和径向又称横向振型(图 7-3)。

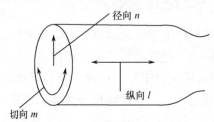

图 7-3 燃烧室内的振荡类型

燃烧室中高频不稳定燃烧的各种振型的频率和燃烧室中固有的声振频率相耦合时,振荡燃烧过程才能发生。试验证明,燃烧室中的固有声振频率和其尺寸相同的两端封闭的圆筒,其中充满相同压力、温度和成分的静止燃气的声振频率很相近,差别不超过 1%。所以,高频燃烧振荡又称声学振荡,或声学不稳定性。除固有声学不稳定性外,还有一种针对同轴式喷注单元而言的喷注耦合声学不稳定性。喷注耦合不稳定性的压力(速度)控制过程是供应系统中由于液力谐振引起的压力和流量振荡。同轴式喷嘴的中心管易产生风琴管式谐振。如果喷注单元的谐振频率和燃烧室的某一振型一致,就可能产生不稳定性。在这种情况下,燃烧过程是重要的。因为必然会发生耦合,但主导的速率控制过程是供应系统的振荡。试验证明喷注耦合引起的声学不稳定性的主振型多为一阶切向型。

7.3.2 燃烧室的声学特性

由于高频不稳定性通常表现为声学耦合振荡类型。我们就可以用研究较好的声学理论来计算燃烧室内可能出现的各种不同振型的压力(或速度)值的分布情况和相应的振荡频率范围。

假设燃烧室为长度 L_c、半径 R_c 的两端封闭的圆筒,其中充满静止的理想燃气。我们可以根据声学理论写出反映声波在介质中传播规律的波动方程,它表征了声传播过程中,介质中各点压强 p、速度 v 和密度 ρ 随时间、空间的变化情况。

如果在气体介质中的扰动为有限振幅的小扰动,以声波形式传播,并假设声波传播为等熵过程。为方便起见,我们将波动压力 $\tilde{p}$ 简单地用 p 表示,则可写出以下三维波动方程:

$$\frac{\partial^2 p}{\partial t^2} = a^2 \left[\frac{\partial^2 p}{\partial x^2} + \frac{\partial^2 p}{\partial y^2} + \frac{\partial^2 p}{\partial z^2} \right] \tag{7-1}$$

式中　a——为气体中的声速；

　　　t——时间；

　　　x、y、z——坐标；

　　　p——声压。

如以柱形坐标表示（x—轴向，r—径向，θ—圆周方向），则可得

$$\frac{\partial^2 p}{\partial t^2} = a^2 \left[\frac{\partial^2 p}{\partial x^2} + \frac{\partial^2 p}{\partial r^2} + \frac{1}{r}\frac{\partial p}{\partial r} + \frac{1}{r^2}\frac{\partial p}{\partial \theta^2} \right] \tag{7-2}$$

用分离变量法求解波动方程，其通解为

$$p = X(x)R(r)\Phi(\theta)T(t) \tag{7-3}$$

代入式（7-2），得

$$\frac{T''}{T} = a \left[\frac{X''}{X} + \frac{R''}{R} + \frac{1}{r}\frac{R'}{R} + \frac{1}{r^2}\frac{\Phi''}{\Phi} \right] \tag{7-4}$$

上式左端为时间 t 的函数，与坐标 x、r、θ 无关，而右端为坐标 x、r、θ 的函数，与时间 t 无关。要使上式成立，必须两端均为常数。设 $\dfrac{T''}{T} = \lambda$，令 $\lambda = -\omega^2$，代入得 $T'' + \omega^2 T = 0$，此方程的通解为

$$T(t) = C_1 \cos\omega t + C_2 \sin\omega t = B(\omega t - \delta) = C \cdot \mathrm{e}^{-\mathrm{i}\omega t} = A \cdot \mathrm{e}^{-\mathrm{i}(\omega t - \delta)} \tag{7-5}$$

式中　C_1、C_2、A、B、C、δ——任意常数。

同理，式（7-4）又可写成

$$-\omega^2 = a^2 \left[\frac{X''}{X} + \frac{R''}{R} + \frac{1}{r}\frac{R'}{R} + \frac{1}{r^2}\frac{\Phi''}{\Phi} \right]$$

移项后，得

$$-\frac{X''}{X} = \frac{R''}{R} + \frac{R'}{rR} + \frac{\Phi''}{\Phi r^2} + \left(\frac{\omega}{a}\right)^2 = \xi^2 \tag{7-6}$$

即

$$X'' + \xi^2 X = 0$$

此方程的通解可写成

$$X(x) = C_3 \cos\xi x + C_4 \sin\xi x = D \cdot \mathrm{e}^{-\mathrm{i}\xi x} \tag{7-7}$$

令 $\eta^2 = \left(\dfrac{\omega}{a}\right)^2 - \xi^2$，由式（7-6）可得

$$-\frac{\Phi''}{\Phi} = r^2\frac{R''}{R} + r\frac{R'}{R} + \eta^2 \cdot r^2 = m \tag{7-8}$$

$$\Phi'' + m^2\Phi = 0$$

通解为

$$\Phi(\theta) = C_5 \cos m\theta + C_6 \sin m\theta = E \cdot \mathrm{e}^{-\mathrm{i}m\theta} \tag{7-9}$$

175

由式(7-8)得

$$r^2 R'' + rR' + \eta^2 r^2 R - m^2 R = 0$$

$$R'' + \frac{1}{r}R' + \left(\eta^2 - \frac{m^2}{r^2}\right)R = 0$$

引入新的自变量 $\bar{r} = \eta r$，可得

$$\frac{\mathrm{d}^2 R}{\mathrm{d}\bar{r}^2} + \frac{1}{\bar{r}}\frac{\mathrm{d}R}{\mathrm{d}\bar{r}} + \left(1 - \frac{m^2}{\bar{r}}\right)R = 0 \qquad (7-10)$$

式(7-10)是 m 阶的贝赛尔方程，m 取整数(由处理边界条件时可得到证明)，式(7-10)特解为

$$R(r) = C_7 \cdot J_m(\eta r) + C_8 Y_m(\eta r) \qquad (7-11)$$

以上各式中，ω、ξ、m 等是参变数，C_3、C_4、C_5、C_6、C_7、C_8、D、E 是任意常数，可由边界条件和初始条件来确定。

我们研究的是和无隔板圆柱形燃烧室一样的两端封闭的圆筒，所以可以利用其边界条件确定某些常数的值。

（1）当 $r = 0$ 时，$Y_m(\eta r) = -\infty$，但实际上声压不可能达到 ∞，所以 $C_8 = 0$，则有

$$R(r) = C_7 \cdot J_m(\eta r) \qquad (7-11)'$$

（2）声压 p 是角坐标 θ 的单值函数，即

$$p(\theta) = p(2\pi + \theta) ; p(m\theta) = p[m(2\pi + \theta)]$$

为满足上述要求，m 必须取为整数，即 $m = 0, 1, 2, 3, \cdots$。

（3）$x = 0$ 处为封闭端，质点速度 $v = 0$，而 $v = -\frac{1}{\rho}\int \frac{\partial p}{\partial t}\,\mathrm{d}t$，

$\frac{\partial v}{\partial t} = -\frac{1}{\rho}\int \frac{\partial p}{\partial x}$，因此可以说压力梯度等于零，即此处是压力的腹点(声压幅值有最大值)。

因 $\left.\frac{\partial p}{\partial x}\right|_{x=0} = 0$，所以有 $\left.\frac{\mathrm{d}X}{\mathrm{d}x}\right|_{x=0} = 0$，由式(7-7)可得

$C_4 = 0$，则有

$$X(x) = C_3 \cos\xi x \qquad (7-7)'$$

（4）$x = L_c$ 处，也为封闭端，同理可得 $\left.\frac{\partial p}{\partial x}\right|_{x=L_c} = 0$，由式(7-7)'可得

$$\left.\frac{\mathrm{d}X}{\mathrm{d}x}\right|_{x=L_c} = -\xi \cdot C_3 \cdot \sin\xi L_c = 0$$

则 $\xi L_c = q\pi$，q 必须为整数，$q = 0, 1, 2, 3, \cdots$。

即

$$X(x) = C_3 \cdot \cos\frac{q\pi}{L_c}x \qquad (7-7)''$$

176

$\xi = \dfrac{q\pi}{L_c}$ 称为固有值或本征值。

若取 $2L_c = \lambda q = \dfrac{a}{f} \cdot q$，则 $f = \dfrac{a}{2L_c} \cdot q, \omega_x = 2\pi f = 2\pi \cdot a/2L_c \cdot q = \dfrac{q\pi}{L_c} \cdot a, \xi = \omega_x/a$。所以有

$$X(x) = C_3 \cdot \cos \frac{\omega_x}{a} x \qquad (7-7)'''$$

（5）$r = R_c$ 处，在圆柱筒的壁面，此时质点速度（或压力梯度）也应等于零，即 $\dfrac{\partial p}{\partial r}\bigg|_{r=R_c} = 0$，由式（7-11）'得

$$\frac{\partial R}{\partial r}\bigg|_{r=R_c} = C_7 \cdot \eta \cdot J'_m(\eta R_c) = C'_7 \cdot J'_m(\eta R_c) = 0 \qquad (7-11)''$$

令 $\eta \cdot R_c = \pi \alpha_{m \cdot n}$，即 $J'_m(\pi \cdot \alpha_{m \cdot n}) = 0, \eta = \dfrac{\pi \cdot \alpha_{m \cdot n}}{R_c}$。

$\alpha_{m \cdot n}$ 与切向波数 m 和径向波数 n 有关，它为方程 $J'_m(\pi \cdot \alpha_{m \cdot n})$ 的根，根据 m 和 n 的数值不同，利用贝赛尔函数的特性表可求得 $\alpha_{m \cdot n}$ 的值（见表 7-1）。

因 $\eta^2 = \dfrac{\omega^2}{a^2} - \xi^2, \omega^2 = a^2(\eta^2 + \xi^2), \eta = \dfrac{\pi \cdot \alpha_{m \cdot n}}{R_c}, \xi = \dfrac{q \cdot \pi}{L_c}, \omega = 2\pi f$ 则有

$$f = \frac{a}{2}\sqrt{\left(\frac{\alpha_{m \cdot n}}{R_c}\right)^2 + \left(\frac{q}{L_c}\right)^2} \qquad (7-12)$$

当 q、m、n 不同时，则将出现向各种不同振型的振荡。知道振型和其次数，即可根据表 7-1 按公式（7-12）算出其频率值。

表 7-1 m、n 对应表

m＼n	0	1	2	3	4
0	0.0000	1.2197	2.2331	3.2383	4.2411
1	0.5861	1.6970	2.7140	3.7261	4.7312
2	0.9722	2.1346	3.1734	4.1923	5.2036
3	1.3373	2.5513	3.6115	4.6428	5.6624
4	1.6926	2.9547	4.0368	5.0815	6.1105
5	2.0421	3.3486	4.4523	5.5108	6.5497

（6）如角位置选择适当，则 $\dfrac{\mathrm{d}\Phi}{\mathrm{d}\theta}\bigg|_{\theta=0} = 0$，由式（7-9）可得 $C_6 = 0$，则有

$$\Phi(\theta) = C_5 \cdot \cos m\theta \qquad (7-13)$$

将式（7-5）、式（7-7）"、式（7-11）'、式（7-13）代入式（7-3），得

$$p = A \cdot \cos \frac{q\pi}{L} \cdot x \cdot J_m\left(\frac{\pi \cdot \alpha_{m \cdot n} \cdot r}{R_c}\right) \cdot \cos m\theta \cdot e^{-i\omega t}$$

或$\qquad p = A \cdot \cos\dfrac{q\pi x}{L} \cdot J_{\mathrm{m}}\left(\dfrac{\pi \cdot \alpha_{m \cdot n} \cdot r}{R_{\mathrm{c}}}\right) \cdot \cos m\theta \cdot \cos(\omega t - \delta)$

式中　A 和 δ——任意常数,由初始条件确定。

在某一个初始条件下,企图使某一个 $p(x,r,\theta)$ 完全满足这一初始条件未必是可能的,只有 p 的线性组合才有可能,即

$$p = \sum_{m=0}^{\infty} \sum_{n=0}^{\infty} \sum_{q=0}^{\infty} A \cdot \cos\dfrac{q\pi x}{L} \cdot J_{\mathrm{m}}\left(\dfrac{\pi \cdot \alpha_{m \cdot n} \cdot r}{R_{\mathrm{c}}}\right) \cdot \cos m\theta \cdot \cos(\omega t - \delta)$$

$$(7-14)$$

如略去各常数项,则可求得压力 p 的波动方程的特解为

$$p = \cos m\theta \cdot \cos\dfrac{q\pi x}{L} \cdot J_{\mathrm{m}}\left(\dfrac{\pi \cdot \alpha_{m \cdot n} \cdot r}{R_{\mathrm{c}}}\right) \cdot \cos\omega t \qquad (7-15)$$

对于纵向振荡: $m=0, n=0, \alpha_{m \cdot n}=0, J_0(0)=1, \cos\theta = 0$。

波动压力

$$p = \cos\dfrac{q\pi x}{L} \cdot \cos\omega t = A_x \cdot \cos\omega \cdot x \qquad (7-16)$$

式中　$A_x = \cos\dfrac{q\pi x}{L}$——波动压力的振幅。

质点速度为

$$v = \dfrac{-1}{\rho}\int \dfrac{\partial p}{\partial x}\,\mathrm{d}t = \dfrac{1}{\rho}\dfrac{q\pi}{L\omega}\sin\dfrac{q\pi}{L}x\sin\omega t$$

$$= v_x\sin\omega t = v_x\cos\left(\omega t - \dfrac{\pi}{2}\right) \qquad (7-17)$$

式中　$v_x = \dfrac{1}{\rho} \cdot \dfrac{q\pi}{L\omega} \cdot \sin\dfrac{q\pi}{L}x$——质点速度的振幅。

其频率值为

$$f = a \cdot q/2L_{\mathrm{c}}$$

当 $q=1$ 时,为一次纵向高频振荡(又称基振、第一振型或一阶振型),当 $q=2$ 时为二次纵向高频振荡,其余依此类推。

图 7-4 示出了纵向高频振荡第一振型和第二振型时压力 p 和质点速度 v 波动的图形,从图上可以看出,压力波沿燃烧室轴向传播时,在喷注器面和收敛段两个硬截面间来回反射。因此,在这两个截面上压力都处于波腹位置(即此处 $v=0$),前进波和反射波相干涉也必然引起驻波。对于第一振型将有一个压力波的节点(位于 $L_{\mathrm{c}}/2$ 处),此处压力振幅为 0(v 处于波腹位置)。对于第二振

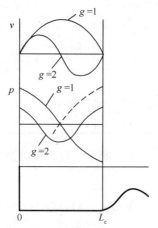

图 7-4　高频振荡一阶
二阶纵向振型

型,则在燃烧室长度上存在两个波节点。速度变化滞后于压力变化 $\pi/2$。

对于径向振荡: $n \neq 0$; $q = 0$; $\cos \dfrac{q\pi}{L} x = 1$; $m = 0$; $\cos m\theta = 1$。

当 $n \neq 0$; $q = m = 0$ 时,压力波只沿燃烧室的径向传播,称为径向高频振荡。压力波只与时间和径向位置有关,而与燃烧室长度和切向角度无关。同样道理,当 $n = 1$ 时为一次径向振型; $n = 2$ 时为二次径向振型。图 7-5 示出了此种振型的压力和速度的分布情况。

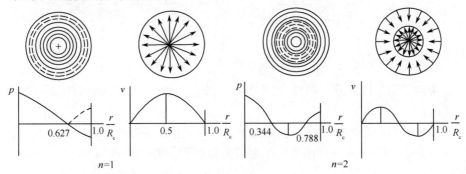

图 7-5　高频振荡一阶二阶径向振型

波动压力:
$$p = A_r \cdot J_m \left(\frac{\pi \alpha_{m \cdot n} \cdot r}{R_c} \right) \cos \omega t \tag{7-18}$$

频率: $f = \dfrac{a \cdot \alpha_{mn}}{2R_c}$;当 $n = 1$ 时, $\alpha_{01} = 1.2197$;当 $n = 2$ 时, $\alpha_{02} = 2.2331$

压力波腹位置在燃烧室中心处和壁面处。对于一次振型,有一个压力波节点,其位置在 $r = 0.627 R_c$ 处;对于二次振型,则有两个压力波节点,其位置分别在 $r_1 = 0.344R$ 和 $r_2 = 0.788R_c$ 处。

应当指出,在一次径向振动中,压力腹的位置 $(r = 0, r = R_c)$ 与速度节点的位置相符。但压力节点的位置 $(r/R_c = 0.627)$ 与速度腹点的位置 $(r/R_c = 0.5)$ 不完全符合。在二次径向振荡中,压力腹与速度节点相符,压力节点与速度腹也符合。

对于切向振荡: $q = 0$; $\cos \dfrac{q\pi}{L} x = 1$; $n = 0$; $m \neq 0$。

当 $m \neq 0$; $q = n = 0$ 时,压力波只沿圆周方向传播,称为纯切向型高频振荡。在一定半径处波动压力值只与时间和切向位置有关。同样,当 $m = 1$ 时,得到基振型(或称第一振型)切向高频振荡;当 $m = 2$ 时,则为切向高频振荡的第二振型,其余依此类推。图 7-6 示出了此种振型的压力和速度的分布情况。基振型沿圆周方向有两个波节,第二振型有四个波节。

波动压力:
$$p = \cos m\theta \cdot J_m \left(\frac{\pi \alpha_{m \cdot n} \cdot r}{R_c} \right) \cos \omega t \tag{7-19}$$

频率: $f = \dfrac{a \cdot \alpha_{mn}}{2R_c}$; 当 $m=1$ 时, $\alpha_{10}=0.5861$; 当 $m=2$ 时, $\alpha_{20}=0.9722$。

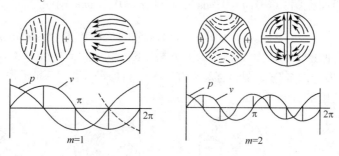

图7-6　高频振荡一阶二阶切向振型

切向型高频振荡分为两种:驻波型和行波型。图7-6示出的为驻波型切向高频振荡。

如果我们把燃烧室的燃气整体比作燃气柱,驻波型切向高频振荡是由于燃气柱的偏心(切向)激发而产生。当燃气的温度和成分比较均匀时,在整个静止燃气柱中声速是个常数,这时压力波就会对称于燃气柱直径传播,形成驻波,它由两个相反的旋转波合成。当 $\theta = \dfrac{2n+1}{2n}\pi (n=1,2,3,\cdots)$ 时,压力波等于零,为压力波的节点处,它在燃烧室中是个固定位置,不随时间而变化;当 $\theta = n\pi$, $n=0,1,2,3,\cdots$ 时,压力波的振幅为最大或最小,在一定的 θ 和 r 处压力波的振幅为定值。

旋转型切向高频振荡是由于燃气柱中的声速不一样造成的。这时,它不仅能组合成驻波,而且其合成波的运动总有一个切向分量,因此其波节直径不可能有固定的方向,而是随时间而旋转(图7-7)。

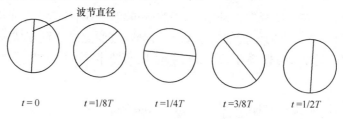

图7-7　旋转型切向高频振荡

在真实的液体火箭发动机燃烧室中,由于截面上燃气的成分和温度的分布总是不均匀的,所以其声速也不一样,因而通常形成的切向高频振荡大都为旋转型。同时由于燃烧室内的燃气有轴向流动,所以在燃烧室中常形成螺旋线的波形,在产生高频振荡破坏时,往往会发现燃烧室内有螺旋线形状的烧蚀痕迹。

切向高频振荡被认为是高频振荡中破坏性最大的一种。一旦被激发,喷注器面和燃烧室内壁可在若干毫秒内烧坏。在燃烧室中,径向振型发生的次数要比切向振型发生的次数少得多。因为同样次数的振型(如同为一次或二次),切向振型的频率要比径向振型小得多。

混合型横向高频振荡:在实践中最常见的是频率较高的混合型横向高频振荡。如 n 次径向、m 次切向的混合型高频振荡等。其压力和速度的分布图形如图 7-8 所示。这种振型的出现,常使对高频不稳定性的研究变得十分复杂。

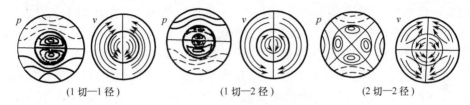

(1切—1径)   (1切—2径)   (2切—2径)

图 7-8　混合型横向高频振荡

由以上声学理论的公式分析,可以清楚地看出,不同振型下,压力振幅和频率的变化规律。在对具体设计方案和试验结果进行分析时,这些都可以作为十分有用的参考依据。

7.3.3　高频不稳定燃烧产生的机理

在发动机工作过程中,很多因素(例如:输送系统的流量振动;发动机的启动、关机、转级;喷嘴工作的不稳定性和不一致性;发动机的机械振动;等等)都会造成燃气参数(如压力、温度等)的扰动。在稳定工作时,这些参数的扰动是不规则的,且有互相抵消的性质,对燃烧室不会有什么危害。但如果参数扰动的频率和燃烧室固有声振频率相耦合,则所有燃气就都有规则地在燃烧室的固有声振频率下振荡起来。随着条件的不同,振荡可能处于:一是不断衰减,以至消失;二是保持初始扰动状态,形成自激等幅振荡;三是不断激发,形成增幅振荡。如能保持初始扰动或形成增幅振荡,就构成了高频不稳定燃烧。

为了使振荡得以维持和继续加强,必须有一个能源以补充振荡过程中能量的损失(如:气体分子间和气体中的湍流摩擦;能量在弹性室壁、液滴等上面的散逸等),在高频振荡下其能源就是燃烧过程本身。通过能量释放过程和工作参数(如压力 p_c)之间的相互作用关系来保证能源的及时补充。据不少文献介绍,这一相互作用关系大致可以作如下描述:当扰动源在燃烧室中某一个局部产生后,它便以压力波的形式沿某一方向传播,对燃烧室中某一固定的容积进行压缩。在这个单位容积内积存着一部分雾化、蒸发和混合得尚不十分完全的推进剂组元和部分中间产物。这部分推进剂组元在稳定情况下还不能立即燃烧变成燃气,但它对压力和速度的扰动很敏感,通常称为"敏感介质"。当这些敏感介质受到压力波的作用后,物理、化学过程的进行速度迅速增加,并立刻燃烧,释放出自己所具有的那部分能量。这部分在压力波过后立即释放的能量,如果比压力波在传播过程中所消耗的能量还要小,则压力波在传播过程中将逐渐衰减下来;如果这部分能量和所消耗的能量相等,则压力波的传播仅能维持下去;如果这部分能量大于压力波所消耗的能量,则压力波的传播及其能量将得到加强。由于迅速的燃烧和能量释放,在我们所研究的这一容积内,能量的储备则大为下降,从而引起压力场和速度场的极度不均匀,这种不均匀有利于使此容积内能源储备的恢复速度加快,如果压力波经过一个短暂时间返回到这个容积时,此容积内的敏感介质已经恢复且超过稳定值,则压力波可以再行压缩,能量再行释放,使压力波继续传播和发展的能量条件得到满足。

除上面所说的能量条件之外,还必须满足时间条件,即要使高频不稳定燃烧得以产生和发展,必须使能量的补充周期等于或小于压力波的扰动周期(振荡周期)。通常将补充维持波传播最小能量所需要的一定时间间隔,叫做"推进剂能量准备周期"。它和推进剂性能、喷注器设计、燃烧室的几何尺寸和工作参数等有密切关系。如果振荡周期小于能量准备周期,则扰动波将因能量来不及补充而衰减;若二者相等,且相位相同,则恰好维持压力波继续振荡,若振荡周期大于准备周期,且相位相同,则维持压力波传播的能量不断增加,则振荡将不断加强,可形成自激振荡或多阶振动(多次谐振)。

由此可以看出,高频振荡的产生、维持和发展,由三个条件所决定:

(1) 是否存在扰动源:能量条件和时间条件只能说明燃烧不稳定是否能继续维持和发展。要使高频不稳定燃烧形成,必须有一个足够强度的初始扰动源,在其扰动作用下释放的能量足以抵偿压力波传播时的能量损失,否则一开始就会衰减、消失,形不成高额振荡。

(2) 满足能量条件:存在有足够多的连续均匀的压力敏感介质,在压力波作用下释放出较多的能量,以补充波传播中的损失。

(3) 满足时间条件:即能量恢复周期小于扰动周期。

在设计中考虑采取某些防止或减弱高频燃烧不稳定的措施时,常从破坏这三个条件入手。也常用这三条来解释研制、试验过程中所遇到的一些实际问题。

7.3.4 影响高频不稳定燃烧的因素

燃烧室的工作参数(如 p_c)、几何参数(长径比 L_c/D_c、面积比 ε_c),喷注器的设计参数(如流量强度、轴向和横向能量释放的分配以及边界效应、Δp_h 等);喷注器的结构形式(如喷注元件的结构选择,混合单元的排列等);推进剂组元本身及其组合的物理化学特性(如是否为冷冻推进剂,可储与不可储推进剂,自燃与非自燃推进剂等);推进剂组元进入燃烧室时的状态(液态、气态)。这些都将对高频不稳定燃烧产生不同程度的影响。诸因素的影响过程是相当复杂的,而且它们之间在对不稳定性的影响上往往存在着十分密切的关系。

前面我们已经谈到,燃烧室的几何形状和尺寸决定了它的声学性质,燃烧过程就相当于激发器(它由推进剂、喷注器结构和工作状态所确定),声腔和激发器之间的关系很密切,只改变其中一个参数(如 p_c)而不改变其他参数是很难做到的。总的来看,燃烧室压力的升高可使能量准备时间(又叫特征燃烧时间)缩短,也就是在较高的压力下,趋向于产生更高次的振型。在分析中常常将其他一些因素和包括 p_c 在内的参数作为变量在坐标上划出稳定与非稳定的区域及其分界线(又称稳定边界)。

面积比 $\varepsilon_c(A_c/A_r)$ 和燃烧室中的马赫数 M_c 有关,当 $M_c \ll 1$ 时,燃烧室内的振荡和声振型的相似程度较高。ε_c 大时,收敛段横向投影面积大,有利于纵向振型的反射。在一般三维振荡的情况下,M_c 增加时,激发不稳定性所需要的燃烧响应也较大,预计可能产生不稳定工作的频率范围也会随之增加,则有利于发生混合振型。所以说,M_c 的增加(即 ε_c 的减小)有利于提高稳定性,但 ε_c 的减小有可能和 L_c/D_c 的增加有某种联系,所以一些文献又指出,当 L_c/D_c 增加时,将使纵向型稳定性降低。

推进剂组元本身的物理化学性质对稳定性的影响情况,研究得还不够多。但它们的组合与不同的喷注器形式连同一起工作时对不稳定性的影响,却进行过大量的研究。总的看来,对哪些具有液相反应和单组元放热分解性质的推进剂组元来说,由于液体推进剂之间的迅速反应导致混合不良,引起燃烧速率的脉动,影响燃烧过程对扰动的响应。所以不少自燃的可储存推进剂趋向于发生随机的自激压力扰动,易导致高频不稳定燃烧的产生。推进剂进入燃烧室时的温度有时也会对不稳定燃烧产生影响。例如:对氢 - 氧发动机,当氢的温度低于某一水平时,燃烧过程便会发生不稳定性。

对高频不稳定燃烧影响最显著,最直接的是混气形成系统的设计(喷注器设计参数和结构形式的选择),它将对敏感介质的形成过程和空间分布产生直接的影响。即使采用了有利于高频振荡产生的工作参数和推进剂组合,往往通过合理的喷注器设计,加上其他一些措施,便可将高频振荡燃烧抑制住。

7.3.5　防止高频不稳定燃烧的措施

当前能对高频不稳定燃烧进行设计计算的理论主要有两种:一是所谓敏感时滞理论,它是由用于分析低频不稳定燃烧的可变时滞理论推广而来。认为整个燃烧时滞可分为两部分,一部分是与压力 p_c 振荡无关的不变燃烧时滞,另一部分是与压力 p_c 振荡有关的敏感燃烧时滞。这种理论基本上采用了集中燃烧的假设,较为详细地分析了压力敏感的燃烧过程(燃气产生过程)和燃烧室压力振荡的响应关系;二是液滴蒸发理论(也叫做数值积分方法),认为燃烧过程的速度取决于液滴蒸发的速度。因而燃气压力和速度振荡时,液滴的蒸发速度,也就是燃烧过程速度(或者叫做能量释放速度)也跟着周期性的变化,然后看能量释放速度的变化量是否足以补充压力波传播时的各种损失,以判断形成高频不稳定燃烧的条件能否具备。这些理论,一般只能在某种程度上提供一些定性分析,很难定量地作具体的设计指导。在发动机研制当中,通常都是根据发动机采用的推进剂性能、几何尺寸、工作参数、喷注器结构等具体情况,以基本机理作指导,采取一系列工程措施,并通过试验鉴定,来保证燃烧室能足以抑制高频不稳定燃烧。

1. 用固体防震隔板或液体射流将喷注器分成若干区

1) 固体隔板分区

在喷注器上安装固体隔板,将它分割成若干个小区,是当前抑制横向高频不稳定燃烧的最有效的办法。在某种意义上就相当于将一个大燃烧室分成了若干个当量直径较小的燃烧室。首先,它能改变燃烧室的声学性质,由于直径减小,在其中压力振荡的频率则相应提高,激发和维持振荡的能量则大大增加,很容易使能量条件得不到满足。其次是因压力波局限在小的固体隔板腔内传播,隔板所在处又总是压力波腹位置,其波形也将大大改变,波动周期很短,远离于能量的准备周期,这又使振荡的时间条件遭到破坏。第三是由于分区隔板的存在,将产生涡流,分离或摩擦效应而引起的对振荡的阻尼,使波在传播中能最的耗散增加。一般对于直径大于 300mm 的燃烧室来说,都必须安装固体防振隔板。

固体隔板分周向和径向两种。周向隔板(又叫毂形隔板)的作用是防止径向高频振荡,径向隔板(又叫隔板片)的作用是防止切向高频振荡。隔板放置的最佳位置为速度的波腹处(即压力波节处)。

所需隔板毂和隔板片的数目要由其防止的振型来确定。基本的准则是:抑制 n 次阶径向振型,需要 n 个毂,抑制 m 次(阶)切向振型需要 $(2m+1)$ 个隔板片。在实践中,由于设计的需要,多数情况下采用的隔板片数为偶数。隔板数越多,振荡衰减越快,但隔板越多又会带来其他问题(如隔板冷却困难,混合效率降低等)。一个喷注器可能产生的横向振型以及它采用的隔板块数,是由它所采用的推进剂类型、直径大小、工作参数、喷注元件的结构形式等多种因素所决定的。一般来说,对于直径在 500mm 左右的喷注器采用一块周向隔板和 5~6 块径向隔板片,即可达到满意的防振效果。图 7-9 示出了某些液体火箭发动机所采用的隔板形式。发动机和隔板的部分参数如表 7-2 所列。

隔板的高度应超出压力敏感区,否则扰动得不到隔板有效的阻尼。隔板高度在抑制住横向高频振荡燃烧的情况下,尽可能地短。一般可取隔板高度与 D_c 之比为 0.2~0.3。例如:当 $D_c = 400~600$mm 时,隔板高度可取 90~110mm。

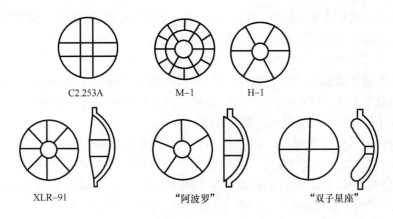

图 7 – 9　曾采用过的隔板分区形式

表 7 – 2　不同发动机所用隔板的形式和尺寸

序号	发动机名称	推进剂	推力/t	压力/(kg/cm²)	燃烧室直径/mm	隔板高度/mm	喷注形式
1	C2.253A	AK20＋煤油	8.3	24.7	446	109	单组元离心式喷嘴
2	H – 1	液氧＋煤油	85	46	537	70 ~ 80	三束和两束直流自击式喷嘴
3	"阿波罗"上升发动机	N₂O₄＋混肼	9	7	483	轮毂处为102外缘处为51	两股不同组元射流互击排列
4	"双子星"过渡级发动机	N₂O₄＋混肼	3.62	6.3	305	外缘处为81,轮毂处为63.5	四股射流(2股燃料、2股氧化剂互击在一点)互击
5	M – 1	液氧＋液氢	680	73	1020	89	同心管的喷嘴,同心圆式的排列
6	LR87 – AJ – 9	N₂O₄＋偏二甲肼	97.4	54	555	径向隔板半径为100,周向隔板处20,内缘处100	自击式喷嘴

2）液相分区

液相分区可起到和固体隔板相似的作用。由于液体介质的密度远大于气体介质的密度。一定厚度的液相介质也可以将压力波反射回去。不过其密度和均匀性与固体隔板相比相差甚远。所以它不能将压力波能量全部反射,一部分波能将穿过液相介质继续传播。试验证明,当燃烧室直径不太大,所使用的推进剂组元相对来说不甚活泼,固有稳定性不是很差时,分区液体的流态和基本喷注单元的流态相差较大时,采用这种分区形式,可以抑制高频振荡。一般情况下,这种分区只能作为固体隔板的补充,起辅助作用。

2. 能量释放的空间分布

采取设计措施,使能量释放在轴向和横向呈空间分布,是使发动机稳定工作的一个重要手段,实际的做法是将能量释放位置移到不同的振型的压力波节处,以减弱压力振荡和燃烧之间的耦合能力。

对纵向压力振荡来说,不管是几次振型,喷注器面附近总是其压力波腹位置,而通常燃烧过程又往往是在离喷注器面很小的距离内完成,如果燃烧(能量释放)沿整个燃烧室长度分布,则在有利的耦合位置上可用的敏感能量就少得多,因而有利于趋向稳定。横向共振燃烧也是在喷注器面附近具有非稳态的最大压力振荡振幅。而且这振幅值在向下游移动时便迅速衰减。所以说,轴向的能量释放形式对减弱横向压力振荡也是很重要的。

对于横向压力振荡来说,中心区是一次径向振型的压力波腹位置,在边缘区径向和切向振型都具有压力波腹。因切向振型远比径向振型容易产生,所以较好的办法是采取能量释放的锥形分布,如图 7 - 10 所示。这样可使在边缘区释放的,趋于维持切向振型的能量显著减少,但有可能产生径向振型的压力振荡。因为在具体设计中能量释放的横向分布是通过调整流强分布的方法来达到的,而能量释放的纵向分布又是通过调整喷注器元件的雾化、混合质量来实现的,所以为了作到在能量分布上既防止切向振型,又能使径向振型不致于发生,往往在锥形流强分布(对应着锥形能量分布)的中心区放置一些雾化、混合质量较差的喷注元件及其组合,使这部分推进剂和正常情况相比,燃烧滞后时间较长,以保证其在远离喷注器面的某一轴向位置上燃烧(能量释放的轴向分布)。

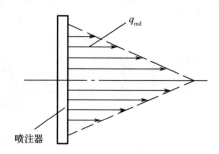

图 7 - 10   喷注器面流密分布

3. 声衬与声槽(腔)

声衬(又叫声谐振器)和声槽(又叫声腔或吸收器)是两个声学阻尼装置。

声衬是一个装在燃烧室内壁上的一个圆筒,筒上有孔眼,燃烧室与衬之间的空隙构成谐振腔,如图 7 - 11 所示。当燃烧室内产生了压力波后,入射波冲击声衬。其中一部分通过孔眼进入谐振腔,在里面遭到硬反射。返回燃烧区的反射

186

波能量,由于压力波进、出谐振腔消耗了一部分能量,将低于入射波的能量,且与入射波异向,避免了波与波的耦合,使燃烧趋于稳定。声衬的吸收系统随其不同结构的声阻的变化而变化,声阻的值取决于声衬的厚度、孔的数目和谐振腔的尺寸。这种类型的声阻尼装置由于冷却等方面带来的结构上的困难,在实际型号上很少应用。

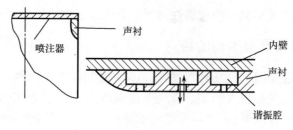

图 7 - 11　声衬

声槽(声腔)一般是装在喷注器和内壁相接之角落处的径向或轴向的环形槽,如图 7 - 12 所示。由于这种声吸收器是在沿喷注器周围的压力波腹位置上,所以效果较为明显。声槽的作用原理和声衬相似,主要是靠压力波的进进出出耗散振荡能量。由于它安装的位置较好,便于解决冷却问题和方便结构设计,所以在不少实际发动机上得到了应用。声腔的设计和隔板不同,尺寸不一定刻意取决于某一振型,但它可以调谐到某个特定频率。所要求的谐振频率和声速决定了它的结构尺寸,如其深度等于 1/4 波长。通常声腔调谐包含一个以上的频率,如果燃烧过程具有较宽的频率带宽,采用复合调谐声腔结构可以消除几种声学振型。声腔由于结构尺寸太大,一般和隔板联合使用,隔板消除较低次(阶)(如:一次或二次切向、一次径向)振型,而用声腔消除其余的高次振型(如:三次切向、三次径向等)。

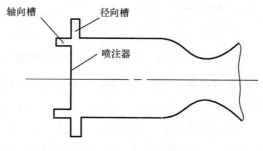

图 7 - 12　声槽示意图

另外,合理地选择燃烧室的几何参数;改善发动机启动特性,使燃烧室内压力尽快建立;在喷嘴选择和喷注器设计中采用防振措施;在推进剂组元中加入某些添加剂(如固体微粒);在燃烧室内壁上采用烧蚀涂层等,都不同程度地有助于抑制高频不稳定性。

7.4　中频流量型振动

完整的"中频流量型振动理论",是我国科研设计人员于20世纪70年代,在对大量冷试、热试数据分析研究的基础上创立的,并结合研制工作实践,很好的解决了大推力发动机的高可靠性问题。下面题示性地作一简介。

7.4.1　中频流量型振动的特点

对大量试验情况的现场观察发现,当中频流量型振动出现时,燃烧室和发动机的工作过程将受到很大影响。首先燃烧室压力 p_c 的振动和发动机的机械振动出现明显的正弦波形,振动频率趋向于单一,分频加速度值和综合加速度值比较接近,机械振动的分频加速度值达几十个 g,甚至上百个 g。这和燃烧室在稳态工作时出现的没有规律的杂乱波形有明显的差别。机械振动的典型频谱如图7-13所示。火焰中出现一束束向外抛出的红火团,整个火焰出现混蚀状闪光,激波束变得不清晰,时长时短,很不稳定;比推力值大幅度下降;声音偏向于"尖",有"蜂鸣"、"嗡嗡"声,当这些现象持续时间稍长,发动机结构的某些薄弱环节将产生局部疲劳断裂,造成直接漏火或推进剂泄漏起火,发动机失去工作能力。

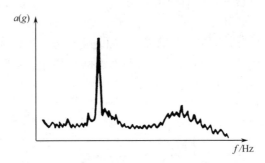

图7-13　推力室工作时典型的机械振动频谱

机械振动数据的分析结果表明,对疲劳破坏起主导作用的是在频谱中对应着最大加速度的那一个频率,通常称之为突出频率。突出频率值又和燃烧室中按声学理论计算出来的一次纵向振荡频率相符合。因此,可以认为,作为发动机主要振源的燃烧室来说,它的一次纵向振荡频率,就是发动机机械振动的主导频率。由于这一主导频率的强烈表现,使得其他各组合件本身的自振频率不能明显地表现出来。

这种类型的振动,几乎在所有较大推力的现代液体火箭发动机研制过程中都遇到过。而且都要花很大气力,采取有效措施去克服它,以保障发动机可靠地工作。

7.4.2　中频流量型振动产生的机理

　　国外的许多文献和我国的大量试验结果都证明,中频流量型振动是由于燃烧过程的动态变化,引起了输送系统中液体的动态变化,在一定条件下,两个动态过程相耦合,导致进入燃烧室的流量产生大的振动的结果。为突出流量振动对产生中频振动的作用,又因为其频率值为高频振荡中频率值最低的一次纵向振荡频率(通常为 600~1200Hz),所以称它为中频流量型振动。

　　对所有较大推力的液体火箭发动机来说,往往最担心的是产生破坏性较大的横向高频振型。所以在一开始设计时,就想尽一切办法防止横向振型的产生(如加防振固体隔板等),迫使它产生低阶的纵向振型。燃烧室内压力的扰动,什么时候都是不可避免的,当这一扰动以压力波的形式向横向传播被抑制以后,总是要存在一个或强或弱的纵向压力振荡,由于阻尼的存在,它会逐渐衰减下去,不可能引起越来越大的机械振动,或者是它所引起的机械振动强度不大,可以为发动机结构所承受,能够工作较长的时间,就认为这时发动机的工作是正常的。如果它和输送系统的压力振动相耦合,得到了较大的能量补充,振动就会维持和进一步发展。一般认为"液压谐振"和"机械振动反馈"是产生中频流量型振动的两条主要迴路。

　　1. 液压谐振

　　当在燃烧室的喷注器面附近出现压力 p_c 的波动时,通常流量连续的喷嘴就会将压力波传给输送管路中的液体,当压力波传到泵一端,便被金属叶片硬反射回来(图 7-14)。入射波和反射波的叠加,就可以在一定长度的管路中形成驻波,其波动频率为从燃烧室端来的扰动频率。一般液体火箭发动机都有两个推进剂组元的输送系统,若两个系统同时考虑,将会使问题复杂化。实践证明,只考虑对燃烧过程起控制作用的那一个组元(例如:在 p_c 较高的情况下,对于 N_2O_4 + 偏二甲肼这组推进剂来说,控制组元就是 N_2O_4)就可以了。如果输送管路较长,就可能在液体管路中形成若干个不变的压力波动的波节和波腹的位置。在一定的频率下,如果管路长度合适,就有可能在喷注器面附近形成压力波动的节点也就是速度(或流量)波动的波腹处。这样以来,从燃烧室这个角度看,它是燃气压力的波腹位置,从输送管路角度看,它又恰巧成了流量振动的波腹位置。这样,压力振动的能量条件就会得到很好的满足。

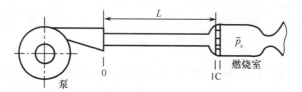

图 7-14　泵压式主液路系统示意图

通过复杂的数学推导又可以证明,在这样的耦合作用情况下,流量振动将出现极大值。其相对振幅(即振幅值与额定值之比)将为压力 $p_。$ 相对振幅的 $1\sim3$ 倍。大流量的进入导致燃烧极不完全,呈红火团,比推力大幅度下降。这种情况我们称之为"液压谐振"。

假如某发动机控制组元的泵后输送管路长度为 1.30m,当温度为 $20℃$ 时,液体组元中的声速为 967m/s。燃烧室一次纵向振动的频率为 930Hz。波长 $\lambda = \alpha/f = 967/930 = 1.04\text{m}$,管路中存在的波的个数为 $n = L/\lambda = 1.30/1.04 = 1.25$。根据此计算结果,将压力振幅 $\tilde{p}$ 和流量振幅 $\tilde{q}_\text{m}$(即速度振幅)的变化情况示意性地画在图 7 - 15 上。

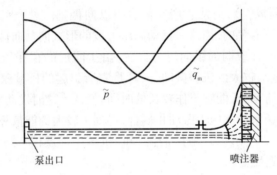

图 7 - 15 液压谐振时管路中液体参数的波形

由图 7 - 15 可以看出,这一发动机存在着产生中频流量型振动的极大可能性。

2. 机械振动反馈

试验还证明,机械振动能量的反馈是另一个不可忽视的回路。从维持和加强中频振动的能量上讲,这一回路可以起到重要的辅助作用。在某些特定条件下,有可能起着和上一个回路一样的,甚至比上一个回路更大的作用。其简单机理是:燃烧室中压力的脉动可引起结构的机械振动,系统中的各组合件和输送管路的机械振动,又将导致其中流动液体的压力脉动(这里存在着机械振动能和液体振动能之间的转换问题),推进剂流体的压力脉动又反过来影响燃烧室中压力的脉动。以上机理,通过管路机械振动方程和管路中液体扰动方程联解,以及不同条件下导管的水力振动试验,均得到了很好的证实。无论是液体由于管路振动而作受迫振动情况,还是管路中的液体已经在一定频率下具有一定的压力振幅,管路的机械振动都将对液体的振动参数产生较大的影响,尤其是机械振动加速度对液体振动振幅的影响。其影响程度和液体在管路中的流动速度以及管路的边界条件(两端是固支还是绞支)有关。

7.4.3 中频流量型振动和低频振动与高频振荡燃烧的主要区别

中频流量型振动的数学特征和低频振型相似。所不同的是,我们在研究中频振动时,把输送系统中的液体推进剂的可压缩性和管路的弹性考虑进去了。因为管路的弹性是有限的,在一定几何尺寸的充满了液体的管路中,压力波的传播总是以疏密波的形式存在着。有了流体的可压缩性,才有波的传播,以及驻波的存在和有可能产生液压谐振,因而在谐振频率上产生增益。输送系统和燃烧振荡相互作用的结果,如在这些谐振频率上产生了合适的相移,就可以在封闭回路中维持这种振动。

燃烧室中的一次纵向振动,当然也是一个频率最低的高频振型,但我们在中频振动中应用时完全摆脱了只限于燃烧室内的约束。而且一般来说,它的压力振幅没有它处在高频振荡位置时高,大约为额定压力的 10% ~ 30%。

7.4.4 影响中频流量型振动的主要因素

从以上对振动机理的分析可以看出,对这种类型的振动来说,凡是影响燃烧过程和输送系统工作的因素都将不同程度地影响振动的量值。由于机械振动反馈作用的引入,则整个发动机的结构状态,零、组件的材料选择,刚性和连接形式等也都对振动产生影响。所以以上各种因素所引起的作用是综合的、复杂的。往往在某些情况下,各种因素的影响使产生中频振动的能量和相位条件基本满足或接近满足时,其中某一因素的微小改变,就有可能使中频大振动激发起来。到目前为止,国外资料和国内的试验结果,尚不能给出某一因素单独对中频大振动影响的量的关系和十分明确的规律性,只能做些定性的或有限数量统计性的分析。

1. 影响推进剂和燃烧过程的因素

当一组推进剂的混合比为定值时,燃烧室压力的大小,可以使 $(R_c \cdot T_c)$ 值有程度不大的提高,从而影响燃气的声速,和由声速计算得来的主导频率值(一次纵向振动的频率)。当主导频率值在一定范围内变化时,在条件巧合的情况下可能使液压谐振条件得以满足。试验证明, p_c 对振动的影响程度和混合比比较起来规律性不明显。

混合比 r_m 值是影响振动最大的一个因素,而且规律性也较强。r_m 值在一定的范围内变化时,分频加速度值随 r_m 值的增加而加大。因为燃烧室温度随 r_m 值变化有较大幅度的变化,所以也在较大范围内改变频率值和相位条件,增加产生大振动的可能性。除此之外还有一些化学动力学方面的原因使 r_m 对振动发生影响。

推进剂使用时的温度对振动的影响,不但是可以通过 r_m 值和燃烧的物理过程产生影响,主要是影响推进剂管路中的声速变化,从而直接影响相位关系。推进剂温度升高,可获得较低的声速,在有限长度的管路中形成的波的个数增多,有利于使产生大振动的相位条件得到满足。

喷嘴压降和两个组元间的压降比值的变化也可以通过 r_m 值(当喷孔面积不

变时)和对燃烧的物理过程的影响等对振动产生影响。

试验又证明,发动机的过载工作过程对中频振动的影响很大。过载使喷嘴前压力提高,从而影响压降 Δp_h 和 r_m 值。此外,过载的动态过程是对燃烧室工作一个很大的干扰。所以往往过载一开始,振动量值就开始加大。

启动加速性对振动的影响也十分明显。启动过程中,由于参数的急骤变化引起的干扰,常激发起高频不稳定燃烧。往往是启动越猛,横向高频振动先激发起来,接着转成纵向振型,而后逐步形成中频大振动。

2. 影响输送系统和结构状态的因素

节流圈是管路中流体的阻尼装置。当管路中有压力和流量脉动时,它可以使压力和流量脉动的振幅下降,使产生中频振动的能量受到削弱。除此之外,节流圈对压力波还能起到一定的反射作用。

在管路中安装汽蚀管也可以起到一定的减振作用。但一般液体火箭发动机上使用的汽蚀管不允许扩散段做得太长,出口处汽蚀后的气体恢复得不好,增大了流体的弹性。随着汽蚀裕度的不同,往往存在有较大的压力脉动,形成一个较强的干扰源,所以往往在汽蚀管后,需再安装一个节流圈,以消除这一压力的脉动,否则将起不到应有的减振作用。

管路的刚性可以通过机械振动这一回路来影响振动。管路结构需保持一定的柔性,试验证明,刚性越大,机械自振频率越高,容易和发动机的中频振动的主导频率相接近,而引起共振。

泵叶片有限数目造成的流量脉动,一般幅值很小。也可能在频率相近的情况下对管路中已有的脉动起到一点增强作用,但试验证明,这一作用是微不足道的。

另外,如副系统从主管路上引出推进剂的位置、系统工作参数、系统中推进剂泄漏事故等也都对振动产生一定的影响。

7.4.5 减小中频流量型振动的措施

因为上述影响燃烧过程和输送系统及结构状态的各种因素中有些是在一定范围内随机变化的,在相互变化的过程中达到某种巧合,就会造成频率、相位条件的满足,使产生中频大振动的可能性增加。所以很难十分准确、固定地对某一影响因素采取定量的针对性措施。研制过程中,只能从理论和实践的结合上加以分析,并采取能够控制某种趋势的措施,以达到减振的目的。国内外的试验证明,下列措施是有效的。

(1) 改进喷注器设计:使能量释放尽可能做到沿纵向空间分布,能量释放位置相错开,有利于破坏相位条件,而且能量释放的轴向分布,也可以在喷管收敛段处造成压力波的非等强度反射。从而可使纵向振型的强度减弱,以减弱液压谐振的强度。

（2）输送管路中加固定节流圈：管路中的压力脉动振幅也将随阻尼的加大而减小。节流圈作为流体管路中的一个阻尼器，它所消耗的振动能量大小和它所在位置的速度振动情况有关。理论分析和试验均证明，当节流圈放在压力波节点（即速度波腹）位置时，效果最佳，而且节流压降越大，效果越明显。因为管路本身也是有流阻损失的，由燃烧室这个振源引起的管路中的流体强迫振荡也不是等幅的，幅值随离开燃烧室距离的增加而衰减，所以说节流圈安放在离燃烧室最近的那个速度波腹（或称流量波腹）位置时，减振效果最好。

（3）在输入管路中加液容器：液容器的结构示意图见图7-16。前面我们已谈到，中频振荡是压力 p_c 的脉动通过管路中液体的压力脉动进行相互增强而形成的。液容器的作用是通过弹性膜的浮动。随着压力脉动的大小，随机性改变自身的体积，从而使以疏密波形式存在的压力振幅消失，形不成液压谐振和中频振动。它安放在压力波腹位置最理想，若安装在压力波节处，则起不到减振作用。

（4）共振器和并联管：国外资料报道，也可采用共振器（图7-17）和并联管（见图7-18）来减小管路中流体的振动，以达到减振的目的。

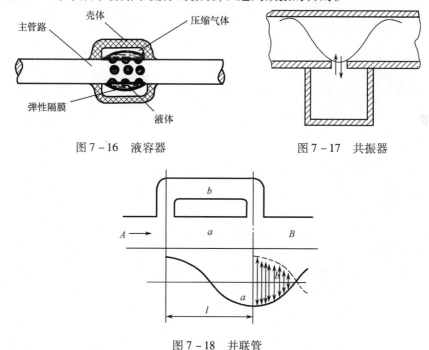

图7-16　液容器　　　　　　　　　图7-17　共振器

图7-18　并联管

共振器是安装在主要管路上压力波腹位置上的一个小容器，当管路中流体产生压力脉动时，流体就以很大的速度流进，流出小容器，引起能量的耗散，使峰值变小，从而削弱液压谐振的能量。

并联管就是在主管路上并联一个直径大致相同、长度为 $\left(L+\dfrac{\lambda}{2}\right)$ 的导管 b，将并联管 b 的入口安放在主管路压力波腹位置,当主导管中的液体由 A 向 B 流动时,压力波形由正转向负,并联管中的压力波形因路程长 $\lambda/2$,所以要多走半个周期,两股液体在出口处汇合时,相位相差 $180°$,波能便相互抵消。

上述在输送管路中所采用的几种措施,在实际应用中遇到的困难是,波腹的确切位置不好确定。尽管主管路的几何尺寸不变,但主导频率和液体声速常常是在一定范围内随机变化的。

还应指出,在研制过程中,对于最常遇到的中频振动来说,除采用一些减振措施外,保证发动机有一定结构强度,也是发动机可靠工作的另一个重要方面。例如,在发动机结构中尽可能避免法兰盘、球头喇叭口等较为落后的连接方式,采用位置熔焊或钎焊等,以免大小导管振断或接头振松,造成推进剂泄漏、起火。

第8章 喷注器与头部设计

8.1 概 述

喷注器是头部最重要的组成部分。喷注器的作用是将设计时所确定的推进剂流量以选定的组元比 γ_m 喷入燃烧室,并对燃烧室的工作过程进行有效的控制。推力室工作的好坏,很大程度上取决于喷注器的设计。喷注器的设计任务是选择好喷嘴类型和由喷嘴组成的混合单元,并将混合单元在喷注器面上按一定的顺序排列成不同的喷注器方案(或称喷注器形式),然后再进行喷注器和头部的结构设计。

喷注器设计是混气形成系统的设计,是燃烧组织的设计。在喷注器设计时,要考虑多方面的因素和要求。首先要考虑的是所使用推进剂的特点及进入燃烧室时的状态、发动机的尺寸以及它的使用特点(一次使用还是多次使用,推力大小等等)。同时还要满足以下几方面的要求:

(1)喷注器是对发动机性能影响最大的部件,首先要在喷注器设计时,保证有尽可能高的燃烧效率,以获得高的比冲。

(2)工作过程稳定性是喷注器设计重点考虑的问题,即使是牺牲部分性能指标,也要采取多项措施消除产生高频振荡燃烧和中频振动的可能性,保证在各种工况下有较高的稳定性裕度。

(3)喷注器结构在工作期间安全可靠,没有损伤。有足够的强度和刚性,能承载加给它的各种负荷的最大值。两个组元之间密封性好。有效的热防护措施,避免喷注器面、身部内壁和防振隔板表面被高温燃气烧蚀。

(4)结构简单,质量轻,工艺上容易实现,成本低。

(5)喷嘴压降和喷注器内部流阻损失在保证正常工作的前提下,尽可能小。

喷注器总的结构形式有曲面、碟形和平面三种(见图 8-1)。一般认为曲面和碟形喷注器面刚性和强度较好,并具有较强的抗高频不稳定燃烧的能力。因为在这种喷注器面上即使采用等流强分布,压力敏感介质的分布也基本上是空间曲面的,从而削弱了产生高频不稳定燃烧的能量条件。但这两种类型喷注器相对来说结构较复杂,制造困难。只有少数小推力燃烧室的喷注器采用了这种形式。近代的液体火箭发动机均采用平面喷注器,它便于混合单元的排列,工艺性好。下面谈的有关喷注器设计问题均指平面喷注器而言。

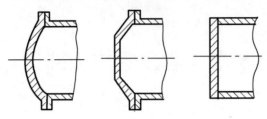

图 8-1　喷注器结构形式

　　喷注器设计历来是推力室设计中最重视的工作。一般在设计前就需要对将要采用的喷注器形式、混合单元、喷注器局部结构等进行预先的试验研究,通过一定数量的各种冷试和热试,以检验其工作特性和为满足各种设计要求所采取措施的有效性。喷注器在发动机整个研制过程中也是权衡各种要求,反复改进设计最多的一个部件。

8.2　混合单元的选择

　　混合单元是使氧化剂和燃料以给定的混合比进行混合的最小喷嘴(或喷孔)组合。对于单组元离心式喷嘴需要若干个喷嘴才能组成一个混合单元。对非互击式直流式喷嘴也需要若干个喷孔(或撞击对)组成一个混合单元。对于双组元离心式喷嘴、同轴式喷嘴和互击式直流式喷嘴,一个喷嘴或一个撞击组合就是一个混合单元。喷注器的工作情况取决于各基本混合单元的工作情况和它们的排列形式。

8.2.1　离心式喷嘴混合单元

　　1. 单组元离心式喷嘴混合单元
　　这种混合单元早期曾在中、小推力液体火箭发动机上采用过。因为单个离心式喷嘴的流量有一定的工作范围,不能过大,否则保证不了雾化质量,而喷嘴的结构尺寸又不可能做得太小,所以在喷注器面上喷嘴的排列密度(单位面积上排列的喷嘴个数)小,喷注器的流密 q_{md} 较低,再加上喷嘴之间距离较大,混合相对较差,燃烧效率低。这类混合单元在近代液体火箭发动机推力室上已很少采用,只用在燃气发生器上。
　　单组元离心式喷嘴的混合单元有棋盘式、蜂窝式、方窝式和同心圆式几种排列方案,见图 8-2。
　　如果取喷嘴间距为 1.0cm,则不同方案的排列密度见表 8-1。

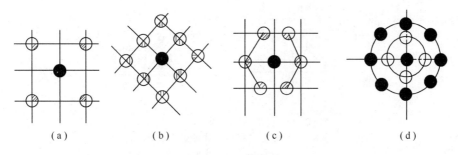

图 8 - 2　单组元离心式喷嘴混合单元
（a）棋盘式；（b）方窝式；（c）蜂窝式；（d）同心圆式。
○—氧化剂喷嘴　●—燃料喷嘴

表 8 - 1　不同方案的排列密度

排列方案	单元面积/cm²	喷嘴个数			排列密度/（个/cm）
		燃料 n_f	氧化剂 n_o	Σ	
棋盘式	4	1	$n_o = 4 \times \dfrac{1}{4} = 1$	2	1/2
方窝式	4	1	$n_o = 4 \times \dfrac{1}{4} + 4 \times \dfrac{1}{2} = 3$	4	1
蜂窝式	2.6	1	$n_o = 6 \times \dfrac{1}{3} = 2$	3	1.15

2. 双组元离心式喷嘴混合单元

双组元离心式喷嘴是液体火箭发动机常用的一种混合单元,它有较好的雾化混合质量,燃烧效率较高。它所形成的锥形喷雾,有利于喷注器面的保护。一般它组成喷注器时,均采用同心圆式排列。

8.2.2　直流式喷嘴混合单元

1. 非撞击式

推进剂组元的液体(或气体)的轴向或接近轴向的非撞击式射流,通常称作雨淋式(或莲蓬头式)混合单元(见图 8 - 3(a))。因其雾化和二组元之间混合质量很差,很少用作推力室喷注器的主要喷注单元。常以单组元小孔形式排列在喷注器边缘以形成身部内壁冷却液膜。

用圆环缝隙式喷嘴构成的混合单元曾被采用(图 5 - 8),而二维缝隙式(长方形)混合单元很少被采用,这种使液带变成的大而不规则的流团,常常是不稳定的。

射流之间不撞击,而与固体表面撞击后雾化而形成的混合单元(图 8 - 3b)称作溅板式混合单元。在其他条件相同的情况下,混合较好,燃烧效率也比较高。但结构复杂,工艺上不易实现,且工作稳定性差,喷注器面烧蚀严重,很少采用。

2. 撞击式

常用的直流撞击式喷嘴混合单元有两种:异组元互击式和同组元自击式。

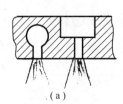 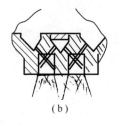

(a)   (b)

图 8-3 雨淋式和溅板式喷嘴混合单元

(a)雨淋式；(b)溅板式。

互击式喷嘴混合单元随组成混合单元的喷孔(射流)数目不同,有二击式、三击式、四击式和五击式。一般互击射流结构不超过五击式。

1)异组元互击式混合单元

二股互击式:二股射流撞击后形成二组元混合物合成射流。合成射流在与包含二射流中心线平面相垂直的平面上(撞击面)形成一个二维的扇形喷雾(图8-4)。这种混合单元可以保证两个推进剂组元在初始状态有较大的接触面积,理论上讲应该是混合情况最好,但实际上二组元间的混合并不像预计的那样完善,应用中往往存在不少具体问题,使它的应用受到了很大的限制。

(1)当两股射流为非自燃推进剂时,往往产生射流穿透现象,造成氧化剂喷孔一侧富燃,燃料喷孔一侧富氧。对于自燃推进剂,在两股射流撞击区,由于液相反应十分强烈,可能瞬时形成大量气体,使两股射流无法接触而产生分离,因而使混合很差。如果参数调整适当,产生的液相反应的量很小,其热量只足以使射流接触面上的液体蒸发。形成一薄层混合气,则对湍流混合有利。试验证明,对硝基和肼类自燃推进剂,当喷孔直径和喷射速度之比 $d/v =$

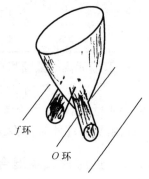

图 8-4 异组元互击
混合单元

$(0.3 \sim 1.0) \times 10^{-4}$ 时,一般不出现分离现象;当 $d/v \geqslant 3.3 \times 10^{-4}$ 时,则产生分离现象。

(2)很难保证两股射流撞击后的合成射流和推力室轴线平行。因为射流的动量和喷嘴压降有关。喷嘴压降一般是根据设计要求(见式(5-39))按冷试结果调整好的,但在实际工作时,由于其他种种原因,喷嘴压降往往总是与设计值偏离。

(3)对这种混合单元,两个射流相交度要求很高,工艺上很难实现。

(4)由于混合好,易在撞击点附近形成剧烈的燃烧区,燃烧面距喷注器面近,高温燃气回流强,且喷注面附近压力敏感介质较为均匀,因而有利于喷注器面的烧蚀和高频振荡燃烧产生。

198

综上所述,在小推力或微型推力发动机上,因为喷注器可以整体加工,参数易控制,则可以采用这种混合单元。在大推力液体火箭发动机喷注器上很少采用。

三股互击式:为克服氧化剂和燃料间射流尺寸和动量不匹配,导致喷雾扇变形、混合不良的缺点,可采用对称三击式混合单元。三股互击时中心射流为一种组元,两对称外侧射流为另一种组元。可以是氧化剂—燃料—氧化剂,也可以是燃料—氧化剂—燃料。氧化剂—燃料—氧化剂组合通常被推力室的喷注器采用,而燃料—氧化剂—燃料组合在燃气发生器喷注器上采用,这样一来,射流的尺寸较匹配,混合较好。典型的三股撞击式混合单元喷雾扇比一个相当的二股撞击式混合单元喷雾扇流量更集中。由三股互击式混合单元组成的喷注器虽具有混合质量和总的燃烧效率高的特点,但它们往往对稳定性很敏感,现代实际应用的发动机上采用不多。

多股互击式:四击式、五击式组合(图8-5)虽可得到较高的混合效率,但它们的流密 q_{md} 分布较差,当需要一个组元的流量比另一个组元的流量大得多的情况下(例如高富燃的燃气发生器)可考虑采用这类混合单元。同样,它们对燃烧稳定性也是比较敏感的。

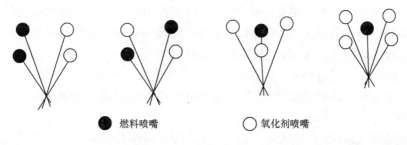

● 燃料喷嘴　　○ 氧化剂喷嘴

图8-5　多股射流互击混合单元

2)同组元自击式混合单元

同组元自击式喷嘴混合单元一般由两个相邻的不同组元的撞击对(即四个喷孔)组成。一般不要求四股射流相交于一点,只要求两个撞击对对应排列,或两个自击对的撞击尽可能靠近,以保障一个组元撞击后的椭圆形液膜与相邻的另一组元的液膜相互交叉,均匀混合(图8-6)。虽然这种混合单元的混合质量还不能令人满意,但这种混合单元形式适应性强,工艺上容易实现,能够较好地兼顾性能高和稳定性好两方面的要求。绝大多数大推力液体火箭发动机都是采用这种类型的自击式混合单元。大型发动机喷注器多采用单组元喷嘴环结构,在每个喷嘴环上打若干对自击孔,然后将燃料喷嘴环和氧化剂喷嘴环镶嵌到喷注器盘上。因为不是异组元互击,装配精度稍差也不影响

R环

Y环

图8-6　同组元自击式混合单元

其液膜间的混合。如果某对孔或某个环出现工艺质量不合格,可以更换,不致于影响整个喷注器。通常用的自击对有二击式和三击式。就雾化质量而言,二击式比三击式更好一些。三击式的优点在于其中间一股射流能够将另外两股射流撞击后产生的向上的一部分飞溅量压下来,不在喷注器面附近燃烧。对喷注器面的冷却有较高的要求时,可采用这种形式,但工艺上复杂一些。

自击式单元广泛应用于液 – 液推进剂系统,尽管这种单元所提供的初始混合比互击式差一些,但其燃烧稳定性好。如果在结构设计上多采取些措施,仍然能够保证有较高的燃烧效率。

8.2.3 同轴式喷嘴混合单元

同轴式喷嘴混合单元是推进剂进入燃烧室时,一个组元为液态、一个组元为气态情况下,最佳的混合单元。如能调整好二组元之间的喷射速度关系和选择好结构参数,该混合单元不但能保证二组元之间很好的混合和高的燃烧效率,而且有利于工作过程稳定和喷注器面的保护。

同轴式液气式(中心管进液)混合单元,广泛应用于氢 – 氧发动机。它们在工作时,在中心管中缓慢流动着液体氧,围绕着它的是气态氢的同心薄片流。液氧的压降用上游的节流嘴来控制,以保证液氧在中心管内能扩散到适当的低速度。氢则以高压降喷入,在环绕中心管的缝隙内转化成高的喷射速度。通常液氧的速度不超过 30m/s,而气态氢的速度往往高于 300m/s。液体的混合、雾化以及流密分布是通过高速气体燃料的剪切作用在液体表面上来达到的,燃料围绕氧化剂有助于防护燃烧过程,并在燃烧室内壁周围造成有利于其防止烧蚀的热环境。

同轴式气液(中心管进气)混合单元应用于高压补燃发动机。富氧的燃气的速度由中心管上游的节流嘴调节,围绕中心气流的液体燃料薄片流主要以渗混的形式与气流混合。为保证最佳的混合效果,选择好中心气流的和围绕它液膜的相匹配的流动速度比十分重要。

8.2.4 直流式喷注器与离心式喷注器的比较

总的看来,采用离心式喷嘴混合单元的喷注器(离心式喷注器)和采用直流式喷嘴混合单元的喷注器(直流式喷注器)相比较,各有优缺点。苏联多采用离心式喷注器,欧美各国均采用直流式喷注器。

(1)因离心式喷嘴结构尺寸大,流量系数低,同样流量下所组成的喷注器直径要比直流式喷注器大 20% ~25%,因此和直流式喷注器相比,离心式喷注器的流强较低,高频稳定性差。

(2)采用双组元喷嘴的离心式喷注器,一般混合较好,同样条件下,η_c 比直流式喷注器稍高些。

（3）直流式喷注器多采用整体结构，重量比离心式喷注器大，但强度、刚性及两个组元间的密封性要比离心式喷注器好，工作可靠性高。

（4）直流式喷注器，结构适应性较强，身部冷却剂无论采用燃料还是氧化剂，结构上都较容易实现。对双组元离心式喷注器来说，采用氧化剂组元作为冷却剂较为合适，因此时氧化剂由下腔进入外喷嘴。若采用燃烧剂作为冷却剂，则结构改变起来很困难，并使喷注器和头部结构变得较为复杂。

8.3　提高燃烧效率的措施

当推进剂组元和喷嘴压降、燃烧室直径等压力和几何参数选定之后，提高燃烧室的经济性能是喷注器设计首先需要考虑的问题。我们曾用燃烧效率 η_c 作为衡量燃烧室中工作过程完善程度的指标。由式（6－17）可知，它由两部分组成，如果抛开推进剂本身的特性、燃烧室容积、p_c 和 ε_c 等对 η_c 的影响，可以认为它主要和混合比与流强在喷注器上的分布、雾化细度、组元间的混合好坏等因素有关。

8.3.1　合适的混合比和流强分布

应使推进剂总流量的绝大部分（80% 以上）都具有（或接近）最佳的余氧系数 $\alpha_{m\cdot max}$，并通过中心区。例如，对于 N_2O_4 + 偏二甲肼，当 $p_c^* = 6 \sim 10MPa$ 时，$\alpha_{m\cdot max} = 0.8 \sim 0.85$。除了对稳定性和燃烧室内壁的热防护有特殊要求，$\alpha_m$ 可以偏离 $\alpha_{m\cdot max}$ 外，一般均应使混合比和流强的分布尽可能均匀。当采用直流式双股自击式喷嘴时，两种推进剂组元的撞击对数应大致相等。在组成较大的喷注器时，常采用氧化剂喷嘴环和燃料喷嘴环交替排列的形式。如每一喷嘴环上只放一排撞击对，则在较大的流强下不但喷孔直径较大，而且不可避免会造成局部 α_m 值偏高或偏低的不均匀现象。喷嘴环直径越小，这种高低 α_m 值的差别越大，最大偏离可超过其平均值的 15% ~20% 。为免除这种局部 α_m 值的不均匀现象并减小孔径，可在每个喷嘴环上排列两排撞击对，然后用调整孔径的办法，调整流量，使得局部的 α_m 值等于或接近与 $\alpha_{m\cdot max}$。

8.3.2　提高射流的雾化细度

从喷注器设计角度来看，影响雾化细度的主要因素是排列密度和撞击射流的夹角。

当喷注器面积和流强一定时，喷嘴排列密度和喷嘴孔径的大小成反比。不少资料用排列密度来表示雾化程度的好坏。试验证明，当排列密度不高时，适当加大排列密度，可使燃烧效率相应增加，如某一采用离心式喷嘴的推进剂为硝酸/煤油的发动机。当排列密度由 0.239 个/cm² 增加到 0.760 个/cm² 时，比推力增加了 4%～5%；某一采用直流式喷嘴的推进剂为液氧/酒精发动机，排列密度增加 1%～3% 时，η_c 也相应提高 1%，但当排列密度足够高时，再加大排列密度，对性能提高一般不会带来太多好处。因离心式喷嘴的结构尺寸较大，排列密度相对来说较低，对单组元喷嘴每平方厘米可排列 0.4～0.7 个，对双组元喷嘴每平方厘米只能排下 0.1～0.3 个。采用直流式喷注器的大推力发动机，流密可达 100～350g/cm²，当喷孔直径为 $\phi1.0～\phi4.0$mm 时，排列密度可达 0.7～2.2 个/cm²。

对直流撞击式喷嘴来说，撞击射流的夹角大小表示着射流原有动量在撞击时被直接利用的程度，撞击射流夹角的增加可使雾化细度得到改善，故在设计时应尽可能的加大撞击射流夹角。但夹角过大，在一定的排列密度下要保证一定的撞击点距喷注器面的距离，结构上是较难实现的，并且会引起向喷注器面的飞溅量过大，对喷注器面冷却不利。一般取夹角为 $2\alpha = 30°～60°$。

8.3.3 二组元之间有较好的混合

一般通过合适地选择混合单元，便可达到二组元最佳混合的目的。对离心式喷注器来说，可采用蜂窝式排列或双组元喷嘴；对直流式喷注器来说，可采用异组元互击式喷嘴或采用两个组元的自击对对应排列，并且撞击点尽可能靠近混合单元。

8.4 保证燃烧稳定性的措施

这里所说的燃烧稳定性主要是指和喷注器设计直接相关的高频燃烧稳定性。

8.4.1 采用合适的能量释放分布

喷注器流密分布在一定程度上意味着敏感介质的分布，它对高频稳定性的影响很大。正如第 7 章所讲到的，正确的喷注器流强分布与可能产生的高频不稳定燃烧振型的压力振幅分布规律反对应。也就是说，最小的流密应布置在最大的压力波动区(波腹附近)，最大的流密应布置在最小的压力波动区(波节附近)。据资料介绍，在"双子星座"上面级发动机的稳定性改进计划中，曾用推力为 3.62t，直径为 305mm 的过渡级发动机进行了不同流密分布的稳定性试验，试验结果见图 8-7。它对喷注器设计有一定的参考价值。

由图上可以看出，流密均匀分布时，稳定性最差。斜坡形分布时对切向高频稳定性有利。由于中心区流密突出，而此处正是径向振荡的压力波腹，所以易产生径向振荡。中等驼峰分布与均匀分布相近，稳定性也差。只有陡的驼峰分布可以统筹兼顾，既可以改进径向稳定性，又可以改进切向稳定性。

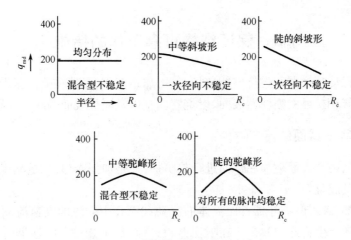

图 8-7　喷注器面流密的径向分布

8.4.2　采用液相分区

　　为了改善稳定性,在喷注器设计时,所能做到的是用分区喷嘴将喷注器分成若干区。分区喷嘴是一些和喷注器上的基本喷嘴类型不同、流强不同、混合比不同或者是撞击角不同的特殊喷嘴,以造成能量释放的不一致性。分区喷嘴的雾化混合质量较基本喷嘴差,故其敏感介质的分布以及敏感区的位置将沿燃烧室轴向后移动。在基本喷嘴敏感区的平面内,分区喷嘴所在位置的敏感介质大大减少,甚至有可能仍处于相当连续的液膜状态,这个液膜就可起到明显的分区作用。

　　对离心式喷注器,可用直流式或直流离心式喷嘴作为分区喷嘴,对于采用撞击式喷嘴的直流式喷注器,一般用单个直流孔或小角度自击式喷嘴作为分区喷嘴。

　　采用液相分区,造成了流强和混合比不均匀,则和比推力的提高发生矛盾。一般喷注器设计时首先考虑推力室稳定工作,而后尽可能使性能不下降太多。

8.4.3　合理选择压降

　　提高喷嘴压降,不但对低频和中频燃烧振动有影响,而且对高频振荡燃烧也有较大的影响。压降的提高,可使雾化、混合、蒸发过程加快,有利于能量补充,对稳定性不利。但压降的增加,可使液气速度差 $\Delta v = 0$ 的区域远离喷注器面,对高频稳定性有利。对于不同的发动机存在一个最佳的喷嘴压降,过高或过低都能使稳定性变差。经验表明,两种组元采用不同的喷嘴压降对改善稳定性有利。一般 Δp_{ho} 高于 $\Delta p_{hf} 0.2 \sim 0.3 \mathrm{MPa}$,例如可取 $\Delta p_{ho} = (0.9 \sim 1.5) \mathrm{MPa}$,$\Delta p_{hf} = (0.30 \sim 1.2) \mathrm{MPa}$。

8.5 保证结构可靠工作的措施

为了保证喷注器和燃烧室能够持久、可靠地工作,必须在喷注器设计时考虑与高温燃气相接触的喷注器表面、燃烧室内壁以及隔板表面的冷却问题。

8.5.1 喷注器面的冷却

一般从两个方面对喷注器面进行热防护:一是加强冷却;二是减少燃气回流量并控制其成分。

(1)加强冷却:喷注器背面液体的流动和喷孔中射流的高速流动都对喷注器面的冷却产生良好的效果。在喷注器设计时,尽可能做到喷注器背面的所有部位有液体流动,并且在流阻损失允许的情况下,尽量加大它的流动速度。为了加强流动液体的冷却效果,还可将喷注器面板适当减薄,其厚度一般不要超过5mm。试验证明,喷嘴中液体的高速流动有十分显著的冷却效果,往往整个喷注器面有严重烧蚀时,喷孔周围部分还完整地残存下来,其冷却区域的大小随射流在喷孔中的流速和流态的不同而变化,对直流式喷注器提高喷注器面冷却效果的最好办法是加大喷孔的排列密度。有时为了增强这一效果,还在两个撞击对之间增加一些直流孔(见图8-8),同时,这些小孔的存在对改善喷注器工作的稳定性也有一定的好处。

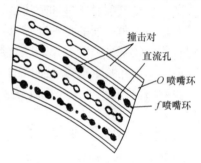

图 8 - 8 增加直流孔的排列

(2)减少燃气回流,并使接近喷注器面的燃气成分是富燃的:前面我们曾提到,燃气回流对发动机的稳定工作是必不可少的。但它同时又是喷注器烧蚀的主要热源。对离心式喷注器,液流由喷嘴喷出后立即形成一个比较薄的、角度很大的液膜锥,在间距不大的情况下,液膜锥一般都能相互交叉,形成一层连续液膜,使回流很难大量通过,所以对喷注器面有较好的保护作用。但对直流式喷注器,射流从喷嘴中喷出后,在撞击之前轴向速度很大,引射作用很强,由于撞击点之间的距离较大,虽说撞击后会形成一个椭圆形液膜,但由于射流比较集中,液膜不易相交,所以较难阻挡从燃烧区来的高温回流。因此在直流式喷注器设计时,往往采取以下防止喷注器面烧蚀的措施:

① 适当选择喷嘴压降比。当两个组元的喷孔直径和撞击角的比值一定时,喷嘴压降比决定于二组元射流的动量比。当氧化剂射流的动量大于燃料射流的动量时,可使喷注器面附近氧化剂量相对减少,形成低 α_m 区,既降低了回流燃

气的温度,又防止了氧化烧蚀。对液氧/煤油的发动机试验表明,当 $\Delta p_{\text{ho}}/\Delta p_{\text{hf}} >$ 1.5 时,喷注器面的烧蚀现象明显减轻。

② 使氧化剂射流的撞击点远于燃料射流的撞击点(一般相差 2~4mm 或更多),这样也可以使撞击点上游的燃气保持在一个低 α_{m} 的水平上。

③ 减少向喷注器面的飞溅量。这一点对氧化剂组元来说尤为重要,解决的办法是:减小撞击角度或采用三击式喷嘴。

8.5.2　燃烧室内壁的冷却

试验证明,单靠燃烧室夹层的再生冷却,内壁的工作是不可靠的,还必须有内冷却加以配合。内冷却流量一般由喷注器边区的喷嘴供给,或者是用专门的构件提供。要求内冷却的流量足够多(一般占总流量的 1%~10%),余氧系数足够低(一般 $\alpha_{\text{m边}} = 0.3~0.4$),并能形成均匀、密实的液膜,很好地贴附在燃烧室内壁上向下流动。

(1)对离心式喷注器,为保证内壁不被烧蚀,常采取以下措施。

靠近壁面的混合单元做成不完整的形式:这是单组元离心式喷注器常用的方法,如图 8-9 所示。它是将边区混合单元中的氧化剂喷嘴去掉,以便在边界形成低 α_{m} 区。这种方法的缺点是,靠近内壁处混合比分布不均匀,冷却液膜形成得不够密实,壁面局部仍有 α_{m} 偏高的可能。

在近壁的边区用一圈专门的燃料喷嘴,按同心圆式排列,构成保护层,并形成冷却液膜:单组元和双组元离心式喷注器都可以采取此方法,边区燃料喷嘴可以是小流量的单组元离心式喷嘴,也可以是直流式喷嘴(图 8-10(a)、(b))。当

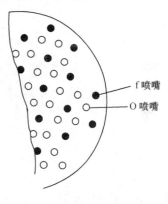

图 8-9　边区不完整排列

采用直流式喷嘴时,一般做成带直流喷射孔的内冷却环,环上的直流喷射孔通常还需向内壁面倾斜一个角度,以便在壁面上形成稳定的保护液膜。倾斜角一般以 15° 为宜,过大易反射飞溅,过小则使和壁面的交点距喷注器面太远。为使冷却液膜密实,直流喷射孔之间的间距应尽可能小,一般为 3~5mm。

有时也在边区冷却环上打两排直流孔(图 8-10(c)),均向壁面倾斜,以形成保护内壁的冷却液膜。外圈排列较密,为形成冷却液膜的主要冷却小孔。内圈只在两个离心式喷嘴之间打孔,因为此处两个离心式喷嘴的液膜相交,不能有效地射向内壁表面,减弱了内壁面液膜的密实程度,打此直流孔可起到辅助作用,有利于内壁的保护。

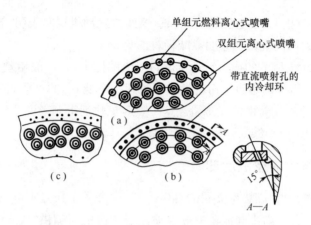

图 8 - 10　离心式喷注器边区冷却喷嘴排列

（2）对直流式喷注器，一般采用在最外一排燃料环上直接打向壁面倾斜的直流孔，以形成对内壁冷却的液膜，如图 8 - 11 所示。

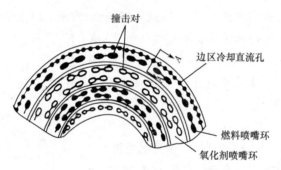

图 8 - 11　直流式喷注器边区喷嘴排列

8.5.3　隔板的保护

隔板工作在高温高压燃气之中，除受燃气冲刷外，且在振动载荷作用下具有一定的应力，工作条件十分恶劣。试验证明，仅靠隔板夹层中具有一定流速的冷却液的再生冷却是不够的，还必须在隔板两侧从喷注器设计上采取措施，加以辅助的保护。隔板的烧蚀部位多在端头（如与喷注器和室壁连接处，以及自由端头），这些地方往往由于结构和工艺上的原因（如壁较厚、存在焊漏等工艺缺陷），使其冷却条件较差，必须特别注意加强冷却。通常设计上采取的措施是：

（1）加大隔板两侧的流强，并将两侧的喷嘴整齐地排列在一条线上，使液膜足够密实；

（2）使隔板两侧两个推进剂组元的雾化混合条件变差，且人为地在隔板附近造成一个低 α_m 区，并将其燃烧面尽可能向后推迟，既能对隔板产生有效的保护，同时也起到了辅助的液相分区作用。

206

通常的做法是:对离心式喷注器在隔板两侧安放较大流量的隔板喷嘴(如直流离心式喷嘴),这种富燃的分区喷嘴,其射流状态和基本喷嘴相比有较大的差异,能使燃烧面向后推迟,以起到辅助的液相分区作用;对直流式喷注器,可将隔板两侧流强适当加大,并将靠近隔板的氧化剂撞击对采用小角度撞击,使撞击点距喷注器面更远一些,而燃料撞击对则采用不等角度相击,将撞击后形成的椭圆形液膜压向隔板表面,形成冷却液膜,且不与氧化剂直接混合,如图8-12所示。

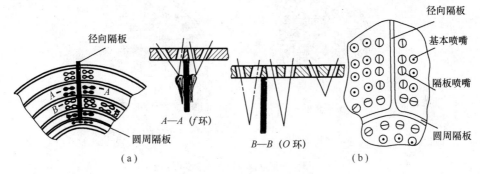

图 8-12 隔板两侧喷嘴排列

(a)直流式喷注器;(b)离心式喷注器。

应该指出的是,以上所谈的这些保证结构可靠工作的热防护措施,都不利于混合比和流强的均匀分布,而且两组元间的混合也不好,这显然和提高燃烧效率的措施是相矛盾的。但往往为了结构可靠工作,不得不牺牲一些比冲量。但应在保证可靠冷却的情况下,尽可能少损失一些。

8.6 典型的喷注器排列方案

8.6.1 离心式喷注器的排列方案

1. 单组元离心式喷注器

图8-13示出了四种单组元离心式喷注器排列方案。图8-13(a)为棋盘式排列,对于这种排列方案,在每个混合单元中,氧化剂喷嘴个数和燃料喷嘴个数相同,此方案中排列了61个喷嘴($n_0 = 24, n_f = 37$);而与它直径相同的采用蜂窝式混合单元的喷注器(图8-13(b)),却排列了73个喷嘴,多近20%。显然后者的混合程度和均匀性要好一些。这两种方案在边区都采用了不完整混合单元的排列形式,自然形成了由燃料喷嘴将氧化剂喷嘴掩护住的情况,使氧化剂向壁面的喷射量尽可能少。

图8-13(c)也为蜂窝式排列形式但边区用同心圆排列配置了边区喷嘴,以形成均匀的近壁层,除最外一圈燃料喷嘴外,小流量的氧化剂喷嘴和燃料喷嘴还

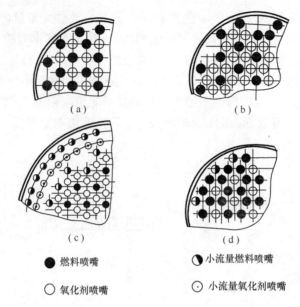

图 8 – 13   单组元离心式喷注器排列方案

(a)棋盘式排列、边区不完整排列；(b)蜂窝式、边区不完整排列；

(c)蜂窝式、边区同心圆排列；(d)反蜂窝式排列。

将在中心区和近壁区之间形成一个过渡区,这是既可保证边区形成均匀的低 α_m 冷却近壁层,又可使比推力尽量少损失的较好的方案。因为在一定压力下,α_m 在 0.2~0.7 之间是比推力随 α_m 变化最陡的区域。如果原方案是在中心区 $\alpha_{m中} = 0.85$,在边区 $\alpha_{m边} = 0.30$,配一个 $\alpha_m = 0.65~0.75$ 的过渡区之后,在达到同样的对内壁的冷却效果下,$\alpha_{m边}$ 可以提高到 0.4,边界冷却液膜流量也可适当减少。综合来看,整个喷注器的 $\eta_{c混}$ 有所提高。

图 8 – 13(d)为反蜂窝式排列方案,共有 85 个喷嘴($n_0 = 13$,$n_f = 72$),可明显看出,这是一个低 α_m 下工作的适用于燃气发生器采用的喷注器方案。整个喷注器的平均 $\alpha_{m平} = 0.05~0.08$,以便形成涡轮工作所允许的富燃的较低温度。为了形成可靠的点燃和稳定的燃烧所需要的 α_m 值,所有的氧化剂喷嘴集中于中心区,使 α_m 可达到 0.15~0.20。这样在中心区燃烧后先形成一个稳定的热源,中心高温气体在流动过程中与周围的燃料湍流换热,使其温度升高,逐步达到自行分解的温度(例如:对偏二甲肼,其分解温度为 394℃)。如将氧化剂分散、均匀分布,则形不成较强的热源,使燃烧和分解的延滞期大大延长,有可能出现低频不稳定燃烧,甚至熄火。

2. 双组元离心式喷注器

图 8 – 14 示出的为一典型的直径较大的双组元离心式喷注器的排列方案。为有效防止高频振荡燃烧,它首先被"一个周向和六块径向"的固体隔板

分成了 7 个区:一个中心区和六个扇形区。中心区为不同流量的喷嘴,以形成流密分布的差异。边区为一冷却环,上面打有向壁面倾斜的直流孔,以形成保护内壁的冷却液膜。

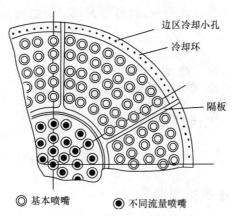

图 8-14 带隔板的双组元离心式喷注器排列方案

图 8-15 示出了典型的可储存推进剂小推力、小直径推力室的双组元离心式喷注器的排列方案。在三个同心圆上等间距排列着 36 个等流量的双组元离心式喷嘴,排列密度约为 0.3 个/cm², 单个喷嘴的 $\alpha_m \approx 0.75$, 整个头部喷注器的 $\alpha_{m平} = 0.73$。虽然喷嘴个数不多,但由于双组元离心式喷嘴有着良好的雾化、混合性能,仍能获得较高的 η_c。由于燃烧室直径较小,不易产生高频不稳定性,虽然采用了等流密和均匀的 α_m 分布,仍可以不采用防振隔板或液相分区等防振措施。对于小推力室,一般来说内冷却和性能矛盾较大。为此,本排列方案采用了外圈加专门冷却环的办法。冷却环上有 18 个冷却小孔(也可用单组元喷嘴),射流向内壁面倾斜20°角,以形成均匀的贴壁冷却液膜。内冷却流量在热车时用节流圈调整到最小值,以保证在可靠内冷却的情况下,尽可能提高比冲量。

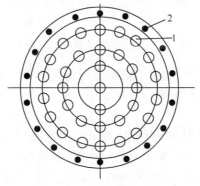

图 8-15 双组元离心式喷注器排列方案

1—双组元离心式喷嘴;2—冷却小孔(或单组元喷嘴)。

209

图 8-16 为一单、双组元离心式喷嘴混合排列的喷注器方案。从两个组元流量的比例上可以看出,这是一个燃气发生器的小喷注器,其排列原则与图 8-13(d)相似。整个喷注器采用了不完整的蜂窝式排列。中心一个蜂窝有 7 个大流量双组元离心式喷嘴,具有较高的 α_m,燃烧后可先形成一个稳定的热源。

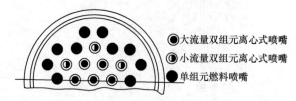

● 大流量双组元离心式喷嘴
◑ 小流量双组元离心式喷嘴
◎ 单组元燃料喷嘴

图 8-16　单组元和双组元离心式喷嘴混合排列的小喷注器方案

8.6.2　直流式喷注器排列方案

图 8-17 示出了美国早期开发的典型的大推力液氧煤油发动机的喷注器排列方案,体现了当时直流式喷注器的设计方案和结构特点。该发动机及其改进型曾用在美、英等国的中程导弹和运载火箭上。

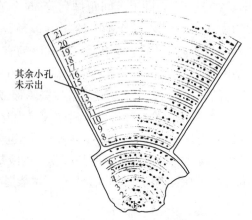

其余小孔
未示出

图 8-17　直流式喷注器排列方案之一

发动机推力约为 65~70t。燃烧室直径为 500~530mm。一般采用 19~23 个喷嘴环,燃料为单数环,氧化剂为双数环。采用同组元自击式喷嘴,每个喷嘴环上只排列一排喷嘴孔。

图 8-17 示出的是 21 个环(氧化剂 10 个,燃料 11 个)的喷注器排列方案。在喷注器上装有"一周六径"的固体防振隔板,将喷注器分为 7 个区。

在 10 个氧化剂环上,排列有 400 多个自击对,800 多个直流孔,直径为 2.8mm。在最外一圈氧化剂环(20 环)上,在每两个自击对之间又增加了一个轴向直流孔(直径为 2.5mm)。在 11 个燃料环上除最外环(21 环)外,共排列

210

有500多个自击对,1000多个直流孔(直径2.2mm)。并在每两个自击对中间增加一个轴向直流小孔(直径1.3mm)。这种氧化剂环和燃烧剂环交替排列的方法,可在半径方向形成锯齿形的敏感介质分布,有利于防止高频不稳定燃烧。

为有利于喷注器面防护,采用了氧化剂喷嘴压降大于燃料压降($\Delta p_{h0} \approx 1.0$MPa,$\Delta p_{hf} \approx 0.6$MPa),氧化剂自击式喷嘴的撞击角小于燃料喷嘴的撞击角($2\alpha_0 \approx 40°$,$2\alpha_f \approx 50°$),在喷嘴间距大致相等的情况,造成燃料喷嘴的撞击点高度($H_f \approx 14$mm)小于氧化剂喷嘴的撞击点高度($H_0 \approx 17$mm)。

为保护燃烧室内壁,在最外圈燃料环上除排列有自击对外,还在靠近室壁处,在每两个自击对中间,排列一个自流孔,其射流方向向壁面倾斜。因为此处是两个扇形液膜的交界处,增加内冷却小孔,可使燃烧室身部内壁面的初始冷却液膜更加连续密实。

图8-18所示的也是一个典型大推力发动机的喷注器排列方案。在喷注器上也装有"一周六径"的固体防振隔板,将喷注器分为7个区。喷注器上共装有15个喷嘴环,单数为燃烧环,双数为氧化剂环。在每个喷嘴环上排列有两排孔,并采用两个组元的撞击液膜相对应的排列方法,孔排列密度高,雾化混合质量好。在排列方案设计时采用了前面所讲的喷注器面、身部内壁和隔板表面的热防护措施,以及防止高频振荡燃烧的措施。有时为了降低喷注器面在工作期间的温度,还可以采用两个燃料撞击对之间增加一个轴向直流小孔的方法(图8-19)。

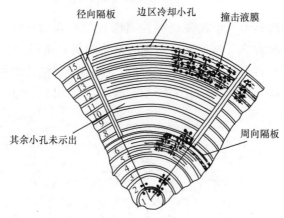

图8-18　直流式喷注器排列方案之二

图8-20示出了一个带有三块隔板的中、小推力发动机的喷注器排列方案,喷孔在11个喷嘴环上为单排排列,氧化剂采用三股射流自击。氧化剂和燃料的撞击液膜两两对应。边区不设专门的冷却小孔,靠最外环燃料撞击对的一半流量射向身部内壁面,形成液膜。

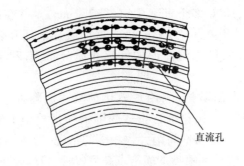

图 8 - 19 增加轴向直流孔

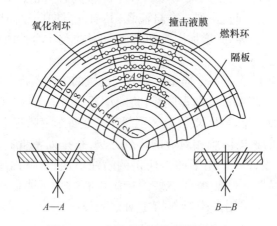

图 8 - 20 小推力室喷注器排列方案

图 8 - 21 示出的为一个在整块喷注器面板上钻孔的小喷注器排列方案,采用了异组元三股射流互击的混合单元。每个燃料自击对中有一个氧化剂自流孔。从氧化剂和燃料喷孔的数目来看 ($n_0 = 44$, $n_f = 88$,冷却孔 36 个),显然是一个燃气发生器的喷注器。图 8 - 22 示出了异组元三击式混合单元的剖面。

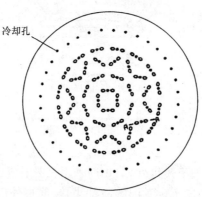

图 8 - 21 喷注器上直接打孔的排列方案

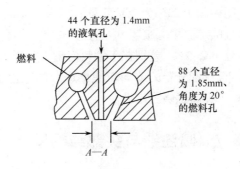

图 8 - 22　异组元三击式混合单元

8.6.3　同轴式混合单元喷注器的排列方案

同轴式混合单元无论是液气式或气液式,通常都采用同心圆排列形式。对于较大推力的发动机都安装有"一周六径"或其他形式的分区隔板。在边区都排列有低 α_{m} 的混合单元。

图 8 - 23 示出的是高压补燃液氧煤油发动机 RD - 120 的采用气液直流离心式混合单元的喷注器排列方案。该发动机喷注器采用了中心隔板长喷嘴和边区隔板长喷嘴伸进燃烧室内形成的"一周六径"隔板,将喷注器分为 7 个区。隔板喷嘴之间有大约 0.5mm 的间隙。因气液双组元同轴直流离心式混合单元的混合效率高,所以选择隔板高度时,可比离心式喷注器的隔板高度(60 ~ 80mm)和直流式喷注器的隔板高度(80 ~ 110mm)低一些。

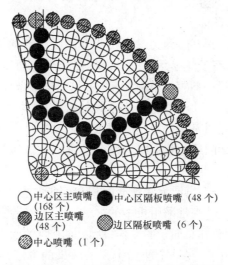

○ 中心区主喷嘴　● 中心区隔板喷嘴(48 个)
(168 个)
边区主喷嘴
(48 个)　边区隔板喷嘴(6 个)
中心喷嘴(1 个)

图 8 - 23　RD - 120 发动机喷注器排列方案

喷注器上按同心圆形式排列了 10 排喷嘴(喷注单元),共 271 个。每圈按

1、6、12、18、…递增。在第 5 圈开始加隔板喷嘴。第 5 圈之后隔板喷嘴在 6 个分区线上按径向排列。图中的 1、2、3 为流量不同的三类中心区主喷嘴,最外圈为边区主喷嘴和边区隔板喷嘴。中心喷嘴、中心区主喷嘴、边区主喷嘴的燃气流量相等。中心区主喷嘴分 1、2、3 类,差别在于燃料流量不一样,目的是在喷注器面上形成不同的流密分布,流密分布的不均匀使推进剂的能量不能集中在某一个窄的空间内释放,有利于提高燃烧稳定性。

8.7 喷注器与头部结构设计

8.7.1 概述

喷注器结构设计是用适当的结构形式使推进剂组元进入喷注器腔后更好地分配到各个排列好的喷注单元。头部结构设计是用结构形式把两个推进剂组元的总供应源与喷注器腔连接起来。进行头部结构设计时,除了考虑头部总体的强度和刚性外,还要考虑以下两个问题:一是克服推进剂组元从供应源整体进入时速度头的影响,均衡流体的总压,以免造成流密的局部过大;二是对推进剂进行过滤,避免异物进入喷注器腔造成喷孔阻塞。

对于现代液体火箭发动机,通常是将头部的设计和制造从推力室中分离出来,成为一个单独部件。从工艺角度看,可将头部的钎焊等热加工工艺规范与燃烧室身部的钎焊工艺规范区别开。从检验角度看,可保证在生产过程中将头部和身部连接起来之前,在液压装置上进行各腔道的气密性试验、流量特性的检验试验以及推进剂组元的雾化和混合质量检验试验。

为了使整个喷注器面上的流量密度和混合比能够按设计要求均匀分布,则需要喷嘴前液体的流动条件(压力、速度)不会因喷注器的结构设计因素而有所差别。这就要求为所有喷注单元提供一个尽量减小流动约束的、能够自由流动的大容积的集液腔(喷注器腔)。但这一点实践中很难做到:一是由于结构重量的要求,头部和喷注器尺寸不可能设计得太大;二是总体对发动机都有“后效冲量”尽可能小和不能超过某一规定值的要求。后效冲量是发动机关机指令发出后,残留在发动机主活门后各腔道中的残余推进剂在减压和低效情况下继续燃烧而产生的推力冲量。

由于为达到均匀分布需要大的流通面积和相应的容积,而“后效冲量”要求却与此相反,因此在设计中常采用折中的办法。一个经验方法是取集液腔的流通面积为由其供应的喷孔总面积的 4 倍,所以集液腔的面积应该是随着所供应孔面积的减少而减小的。另一个能产生大致效果的方法是“1%法则”,即速度头(总压的动态分量)不应超过当地系统压力的 1%。设计实践中也常采用控制流阻损失的方法,流体在集液腔中的总压力损失不大于 0.05 ~ 0.1MPa。

214

喷注器与头部的总的结构形式,因所使用的喷注单元结构形式不同分为两大类:一种是不靠头部传递推力的结构重量较轻的"三底两腔"式头部结构,头部由外、中、内三底组成,外—中底之间和中—内底之间各构成一个推进剂组元腔(喷注器腔),中、内底由离心式喷嘴连接组成喷注器;另一种为承力式头部结构,通常由喷注器组件(整体结构或盘环结构)和壳体两部分组成。

8.7.2　离心式喷注器与头部结构

用离心式喷嘴作为喷注元件的喷注器和头部结构,一般都是只承受内压,不承受外力的轻型结构,都有薄板材制成的外、中、内三底,并用这三个主要零件构成氧化剂腔和燃料腔。为了有较好的承受内压的能力,外底一般做成部分球形,上面焊有进口法兰盘或接管嘴,推进剂的某一组元通过它进入外—中两底构成的上腔,然后进入喷嘴。中—内底通过喷嘴扩边钎焊连接起来(图8-24),构成平面喷注器。外、中、内三底可直接焊在一起,然后通过塔接半环与身部组合,或者是通过工艺环焊在一起并与身部相连接。推进剂另一组元由身部流过来进入中—内底构成的下腔,然后进入喷嘴。为了防止推进剂组元中有较大的固体杂质堵塞喷嘴,在上、下腔的进口处都装有过滤网。对大直径头部,外、中底之间都焊有承力连接板或连接环。

图8-25为一个用单组元离心式喷嘴作为喷注元件的燃气发生器头部结构。燃料喷嘴直接与下底钎焊固定,氧化剂喷嘴带有一个长颈同时与中、下底钎焊固定,为了使中、内底之间的距离得以保持,在每一个氧化剂喷嘴长颈的外面加了一个衬套。其喷注器排列方案参照图8-13(d)。各组成部分的名称参照图8-26。

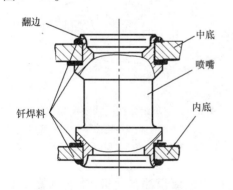

图8-24　喷嘴与中、内底连接

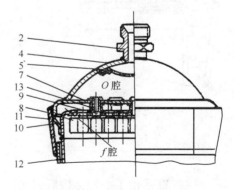

图8-25　单组元离心式头部

图8-26为采用单、双两种离心式喷嘴的燃气发生器头部。其喷注器排列方案可参照图8-16,边区为单组元离心式喷嘴,虽然结构与上一方案不同,但同样是通过翻边钎焊和下底相连。如果下腔为氧化剂腔,则边区燃料冷却喷嘴则需要做成长形结构,同时与中、内底固定在一起(图8-27)。

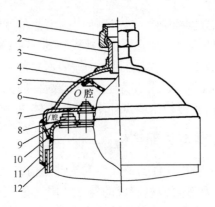

图 8-26　单、双组元离心式喷嘴头部之一

1—外套螺帽；2—接管嘴；3—加强片；4—外底；5—过滤网(O)；6—双组元喷嘴；

7—中底；8—f 单组元喷嘴；9—内底；10—过滤网(f)；11—与身部的搭接半环；

12—身部；13—O 单组元喷嘴(带衬套的长颈喷嘴)。

图 8-28 所示为一简化的头部结构。装上单组元喷嘴后,不用钎焊,而是在冲压制成的内底上用扩口的方法固定,中、内底均用板材制造,两块底板预先用点焊法在冲压坑处连接起来。安装喷嘴的孔径应小于点焊区的直径,以保证头腔之间的气密性。

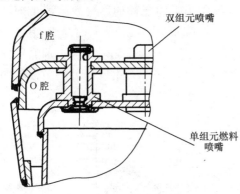

图 8-27　单、双组元离心式
喷嘴头部之二

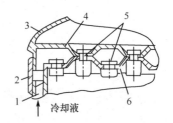

图 8-28　单组元离心式喷嘴简化头部

1—推力室身部；2—连接环；3—外底；

4—中底；5—喷嘴；6—内底。

图 8-29 示出了一种结构形式比较特殊的液氧煤油发动机(或液氧偏二甲肼发动机)采用双组元离心式喷嘴的头部结构方案。在此方案中头部壳体 3 与内底 8 制成一体,为对内底进行强化冷却,内底常用铜合金制造。在壳体中加工出交错的通道,使燃料从冷却通道出口进入燃料腔(f 腔),并使氧化剂通过特设的外腔(相当于集液器)进入内腔。在头部内腔装有导流板 9,以保证内底得到更好的冷却。

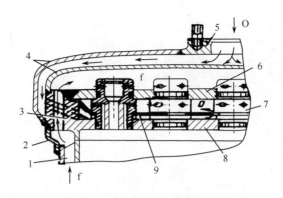

图 8-29　采用双组元喷嘴的头部

1—推力室身部；2—连接环；3—头部壳体；4—外底；

5—氧化剂入口法兰盘；6—中底；7—喷嘴；8—内底；9—导流板。

图 8-30 示出的是苏联研制的大推力液氧煤油发动机的典型的推力室头部。喷注器采用双组元离心式喷嘴同心圆形式排列,共 11 圈,最外圈为单组元离心式内冷却喷嘴。其结构特点是外底与中底通过一个加强环焊接在一起。在外底与中底之间设置有两个直径不同的带孔筒形环形状的承力连接件。对于头部直径较大的头部,通常都需要在外、中底之间设置承力连接件。常用的承力连接件除带孔筒形环外,还有平板(带孔或不带孔)加强肋形(图 8-31(b)),一般焊 3~6 个平板加强肋。承力连接件与外底的连接也有两种形式(图 8-31(c)、(d))。这些承力连接件除提高强度外,还能对推进剂组元在腔内的流动起控制作用,因而使组元在各个喷嘴入口处的流态比较一致。

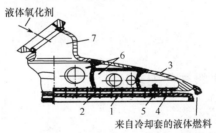

图 8-30　PD-107 发动机推力室的头部

1—内底；2—中底；3—外底；4—单组元喷嘴；5—双组无喷嘴；6—带孔的承力连接件；7—连接管。

图 8-32 为一典型的较大推力的离心式头部结构,其喷注器排列方案可参照图 8-14。从图上可以看出,这一头部结构主要有以下特点:为满足燃料腔强度和刚度要求,在外、中底之间焊有一个筒形环状承力连接件,环上有直径较大的 6 个圆孔,以保障燃料的流通;有一个主要承力的机械加工件——工艺环,外、中、内三底均焊在它上面,在工艺环上还加工有一排边区冷却小孔,以形成内壁

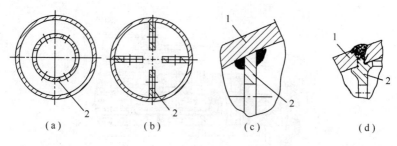

图 8 – 31　头部外腔的承力连接

1—外底；2—承力连接件。

冷却液膜；此环上还钻有数目较多的轴向孔，使由身部再生冷却后来的氧化剂组元通过它进入头部下腔；装有与燃料腔相通的限流管，用以控制边区冷却液膜流量。

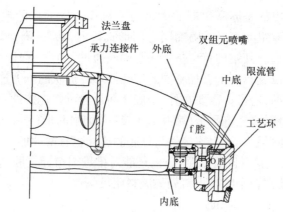

图 8 – 32　双组元离心式喷嘴头部

8.7.3　直流式喷注器与头部结构

带有直流式喷注器的头部结构，一般整体性强，刚性好，主要零件多采用铸件、锻件或厚板材制造。这种类型的头部结构，不但可以承受内压，而且往往还作为传递推力的部件。根据喷注器结构形式的不同，大致可分为两种：一种是带有整体喷注器面板的小推力室头部；另一种为带盘环结构喷注器的大推力室头部。

图 8 – 33 所示为一直流式燃气发生器的头部，它由两个铸件(壳体和喷注器体)钎焊在一起组成。喷注器体中心为氧化剂腔，底部周围钻有若干个长短不一的径向孔，与壳体构成的燃料腔相通。直接在喷注器体上打孔，"O"喷孔与"O"腔相通，"f"喷孔与径向孔相通。其喷孔排列形式如图 8 – 21 所示。

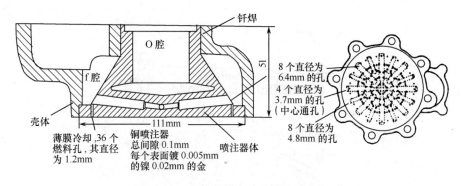

图 8-33 整体铸件直流式喷注器头部

图 8-34 所示为一小推力或中等推力的推力室头部,它基本上由两部分组成,即由法兰盘、锥壳和滤网组成的顶盖组件和由喷注器盘、盖板等组成的喷注器组件。在喷注器盘的背面用间隔板隔成了 6 个区,并与上盖板焊在一起,然后和环槽上的半环形盖板相互配合,构成"O"腔和"f"腔。氧化剂由法兰盘导入流进双数环槽("O"环槽),燃料由身部过来经喷注盘上的轴向孔流入单数环槽("f"环槽),最后经喷注器面板上的直流式喷嘴喷入燃烧室。此种头部结构简单,但是为了满足两个组元间的密封性要求,对焊接质量要求较高。

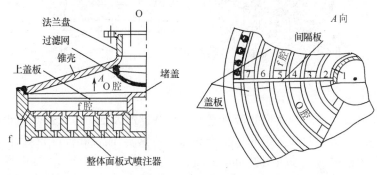

图 8-34 整体面板式直流式喷注器头部

图 8-35 示出了美国早期使用的大推力液氧煤油发动机的直流式喷注器和头部的结构形式(其喷注器排列方案如图 8-17 所示)。头部为可拆卸式,由液氧腔顶盖和喷注器组件构成,通过 38 个销钉与身部连接。喷注器组件由喷注器盘和喷嘴环组成。首先在喷注器盘表面车出氧化剂和燃料流动的环形凹槽,将钻好喷嘴孔的 21 个喷嘴环嵌入这些凹槽,通过钎焊(或焊接方法)与盘组合为一体(图 8-36)。燃料从身部冷却套出来,先进入喷注器盘周围的 18 个径向孔(长孔 3 个,中等长度孔 6 个,短孔 9 个),而后进入与径向孔相通的单数燃料凹槽。氧化剂由液氧腔顶盖上的法兰盘进入,通过盘背面的铣槽(或轴向孔),而后进入与其相通的双数氧化剂环凹槽。

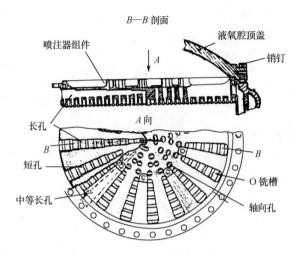

图 8-35　盘环式直流式喷注器头部

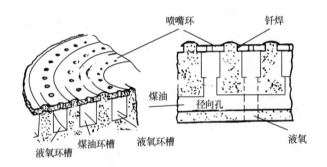

图 8-36　盘环结构形式

图 8-37 也是一个典型的带有直流式喷注器的大推力室头部。它也由喷注器组件和顶盖组件两部分组成。整个头部结构紧凑,刚性和强度较好,能同时承受内压和传递推力。顶盖组件由承力座、O 法兰盘、过滤网、锥壳、加强肋 5 个零件组成。承力座为厚壁圆筒形,其上端呈长方形,上有四孔与机架上的常平座相连,以固定发动机和传递推力。为使锥壳不致在推力作用下遭到破坏,在其内侧焊有呈辐射状的若干个加强肋,同时起到加强与导流作用。

喷注器组件(图 8-38)由盘、环和搭板组成。其总的结构形式和图 8-35所示的喷注器组件结构形式基本相似,都是盘环结构。喷嘴环通过钎焊固定在喷注器盘上。喷注器盘的背面铣有大小不一的弧形槽,与 O 环槽(双数环槽)相通,侧面钻有长短不一的径向孔与 f 环槽(单数环槽)相通。发动机工作时,氧化剂由 O 法兰盘进入。经承力座内圆孔和带滤网的缓冲器进入 O 腔,并经弧形槽进入 O 环槽,由喷嘴环上的喷孔喷出;燃料由身部来,经轴向孔进入 f 腔,然后分别经由各径向孔进入 f 环槽,由喷嘴环上的喷孔喷出。喷注器盘为整块锻件机加工而成,刚性、强度和密封性均比较好,但结构较复杂,加工工作量大。喷嘴环

220

为单独加工,经检验合格才与盘组合。

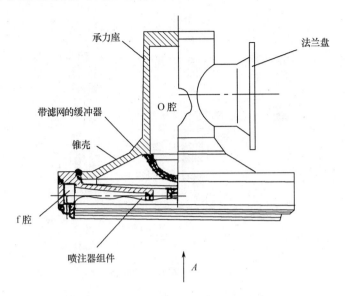

图 8 - 37　带锥壳的直流式喷注器头部

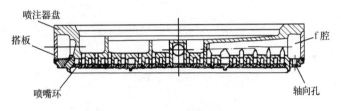

图 8 - 38　喷注器组件

8.7.4　气 - 液和液 - 气喷嘴的喷注器和头部结构

图 8 - 39 所示为氢 - 氧发动机 J - 2 的喷注器头部结构。头部为一整体铸件和整体喷注器面板相连的结构形式。氧化剂由法兰盘进入 O 腔,燃料由身部冷却套出来进入径向孔形成的 f 腔。采用液气同轴式喷注单元,同心圆式排列。喷注器面板为一发汗冷却的多孔不锈钢板,通过机械扩张端头的办法与同轴式喷嘴连接在一起,靠着这些喷注单元的连接承受着集液腔的压力。

为了消除氢气喷注温度较低对工作稳定性不利的影响,选择了较高的氢气和液氧的速度比($v_{H_2}/v_{O_2} > 6.5$)。边区采取氢气膜层冷却,冷却气膜流量为氢气流量的3%。为保护喷注器面不被烧坏,用大约5%的氢气通过多孔面板。

图 8 - 40 示出液氧 - 液氢补燃发动机另一种头部结构的一部分。此发动机利用液氧冷却一段身部。此方案的特点是采用了双组元气液直流 - 离心式喷嘴(见图 5 - 56),而且“敞开”的离心式喷嘴悬置在直流式喷嘴通道内部。

221

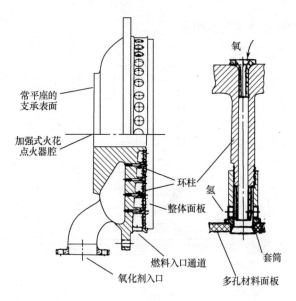

图8-39　整体面板喷注器头部结构

给涡轮做功后的富燃料燃气通过喷嘴的直流式通道进入燃烧室。温度较低（与涡轮排气相比）的气氧从身部冷却通道流出后,先进入特设的头部前腔以冷却用铜合金制造的内底3,然后进入主氧腔（O腔）,再沿喷嘴上的氧通道进入离心式喷嘴。

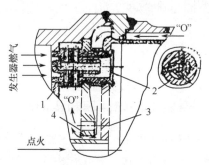

图8-40　液氧－液氢发动机的另一种头部结构方案
1—中底；2—气液喷嘴；3—内底；4—导流板；"O"—冷却液（液氧）。

图8-41示出了苏联研制的可储存推进剂PD-253发动机推力室头部结构方案及其喷嘴。推进剂为四氧化二氮—偏二甲肼。这是一种富氧的补燃发动机,主喷嘴均匀地排列在7个同心圆的圆周上（共169个）。为了保护内底,在主喷嘴之间配置了一些小流量的燃料喷嘴。此头部的结构方案比较简单:冷却液（燃料）自冷却通道直接进入头部内腔;给涡轮做功后的富氧燃气则沿燃气导管进入头部外腔。在燃气导管中装有整流栅用以沿横截面均衡总压。

图8-42示出了苏联研制的N-1登月火箭用液氧煤油高压补燃发动机

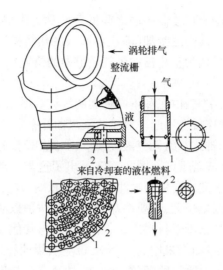

图 8-41　PD-253 发动机的推力室头部
1—气液双组元直流-直流式喷嘴；2—液体单组元离心式喷嘴。

NK-33 的推力室头部。它由燃气导管、导流栅（整流栅）、喷注器三部分组成。

　　燃气导管：燃气导管为变截面弯管结构（即内外侧的母线为非圆弧）。如图 8-42 所示，弯管由两个半管焊接而成，以避开强度薄弱环节，保证焊缝不在应力最大区域。结构设计要点是兼顾强度和结构质量。为减小质量，燃气导管可设计成变截面、变厚度和等强度结构，这种结构还可减小燃气导管的热应力。

　　整流栅：对于直径大（>300mm）的燃气导管，整流栅设计为球壳型多孔结构；当直径较小时，可选平板多孔板结构（图 8-43）。孔一般按照同心圆排列，孔数可取为 1、6、12、18……依次递增。气路设置整流栅的目的是均衡总压，这是由于富氧燃气经过燃气导管后，气流流线为曲线，在离心力的作用下，气流形成二次流，并产生旋涡，气流到达气喷嘴入口处的压力分布不均匀，如果不采用整流栅结构，难以保证气喷嘴的压降达到设计值的要求。分析和数值计算表明：气流经过燃气导管的弯管后还会局部出现气流分离，在最小曲率半径处的分离最

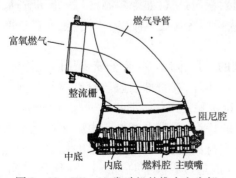

图 8-42　NK-33 发动机的推力室头部

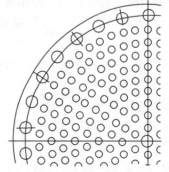

图 8-43　平板多孔板结构的整流栅

为严重。通常将整流栅至喷注器中底之间的容腔称为阻尼腔。值得注意的是，整流栅结构还涉及喷注器内底冷却（喷注器面板的热防护）、燃烧稳定性和推力室性能等方面。有资料认为整流栅在燃气通道中的位置也是一个与燃烧稳定性相关的重要参数。

　　喷注器：喷注器由中底、内底和不同种类的气液双组元喷嘴三部分组成。喷嘴与中、内底通过钎焊连接在一起。对于液氧煤油补燃发动机的推力室，一般不考虑点火喷嘴，均为同轴式双组元气液喷嘴。对于直径较大的头部一般还装有分区喷嘴，将喷注器分成若干区。图8-23示出了这类发动机的喷注器排列方案。图8-44示出了这类发动机的喷注器结构示意图。通常壳体与中底做成一体。隔板喷嘴处在高温燃烧区，需要可靠地进行热防护以防止局部烧毁。首先该喷嘴选用导热性好的铬青铜材料制造，并且采用与其他气液双组元同轴式喷嘴不同的结构形式，其液喷嘴采用的是铣槽式结构，煤油经过矩形槽后直接进入燃烧室。一方面加强了对隔板喷嘴的冷却，同时又造成与周围燃气介质之间的差异，有利于高频工作稳定性。

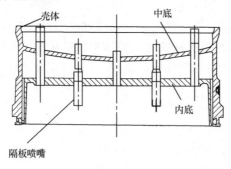

图8-44　喷注器结构示意图

　　图8-45示出SSME（航天飞机主发动机）液氧-液氢发动机推力室头部的部分结构。在喷注器上装有600个双组元同轴管式喷嘴。这种喷嘴由两个直管套在一起组成。喷嘴的内管与头部的外腔（O）相通，为氧化剂内喷嘴；喷嘴的外管（大多数喷嘴的外管与气腔相通）是喷射涡轮排气（富燃料燃气）的外喷嘴；最外边的一圈燃料喷嘴与H2腔相通，故从身部冷却通道流出的"纯"氢通过这圈喷嘴（75个）喷入燃烧室。

　　在喷注器上，各喷嘴沿13个同心圆的圆周排列。一部分喷嘴从内底伸出，组成一个环形的和5个径向的防振隔板。此外，在身部前段还设有声腔。整个防振设计方案能保证推力室在所有的工况下稳定工作。

　　这个头部结构方案有一个值得注意的特点，就是内底1与中底2都是用多孔材料制成的。多孔材料是将网制毛坯进行压制、烧结而成。温度相对比较低（约300K）的"纯"氢在压差作用下，自H2腔通过底板中的一些小孔（气孔）向下进入燃烧室，向上进入充有热燃气的g腔。选种方法保证了内底与中底充分可

224

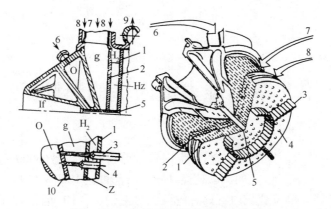

图 8 – 45　SSME 发动机的推力室头部

1—内底；2—中底；3—组成防振隔板的喷嘴；4—主喷嘴；5—点火器的燃气通道；
6—氧化剂入口；7—涡轮排气入口；8—冷却燃气导管的气氢；9—身部冷却通道冷却液出口；
10—外底。内腔标注：O—氧化剂腔；g—富氢燃气腔；H_2—氢腔；lf—安装电点火器的腔道。

靠的冷却。喷嘴与各底间的连接采用了摩擦焊。

在头部中间设有一个通道,在其外端安装电点火器。发动机起动时,从此装置的点火室向燃烧室喷出起动火炬。

第9章　推力室内壁的热防护

在现代液体火箭发动机中,沿身部内壁流动着的是高温(3000~4000K)、高压(大于8MPa)的燃气,它的流动速度在喷管喉部可达1000~1500m/s。燃气在流动中,当燃烧室单位容积内所具有的巨大热量(10^6~10^7W/m^3K)向内壁传递时,热流密度可达10~160W/m^2。高温燃气流中还可能含有不完全燃烧的固体粒子,对内壁进行强烈的冲刷。室内壁在这种十分恶劣的工作条件下,可造成局部壁温过高,在短时间内烧毁。为防止室壁的过热、氧化腐蚀、冲刷侵蚀,确保发动机在规定时间内可靠工作,必须采取有效措施,对室壁进行热防护。在发动机设计中,推力室内壁的热防护是需要重点考虑的问题。

热防护通常从受热壁的内外两方面着手组织外冷却和内冷却,以及采取其他的防护方法。任何一种防护方法或其组合都应在规定的工作时间内保证室内壁处于容许的热状态,这种热状态必须满足室壁材料的热性质和强度要求。

9.1　推力室内壁的热防护方法

9.1.1　外冷却

外冷却是将受热室壁的热量用对流的方法传递给冷却剂或导入周围空间。外冷却有对流独立外冷却和对流再生冷却两种形式,它是由流经冷却通道的冷却剂将热量带走。

(1) 对流独立外冷却是一种排放冷却形式,它将导出的热量传给专门的冷却剂。这种方案在地面试验发动机上采用时,冷却剂一般不是正在工作的推进剂组元。在发动机型号上使用时,吸热后的冷却剂不回到燃烧室头部参与燃烧,而是引入专门的喷管排出,以产生推力。显然,只有采用摩尔质量小的组元(如H_2)作冷却剂时才是比较合理的。图9-1示出了液氢-液氧发动机将冷却剂的一部分用作排放冷却的情况。

(2) 对流再生冷却是在较大推力液体火箭发动机上采用的最基本的冷却方法,它利用推进剂的一个组元或两个组元作为冷却剂,在它们喷入燃烧室之前,以一定的流速经过推力室内外壁之间的通道,将燃气传给室壁的热量带走,以达到冷却的目的。这些热量又几乎全部回到燃烧室内,所以称为"再生冷却"。

一般冷却剂都是采用推进剂的一个组元,从喷管末端将冷却剂引入,沿冷却

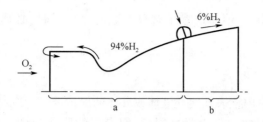

图 9 - 1　液氧 - 液氢发动机推力室对流外冷却示意图

a—氢再生冷却段;b—氢排放冷却段。

通道朝头部方向流动。当两个推进剂组元都用作冷却剂时,则将两个组元分别冷却不同的部位。例如,用燃料冷却尾喷管,用氧化剂冷却燃烧室,如图 9 - 2 所示。

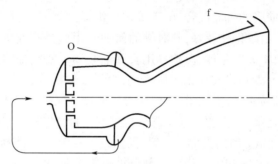

图 9 - 2　双冷却剂外冷却示意图

对于液氧 - 液氢发动机,一般采用液氢作为冷却剂,它只是在冷却通道的初始阶段处于液体状态,而推力室的大部分由气态氢来冷却。

（3）辐射冷却是将热量向周围空间辐射,以实现外冷却,它是不使用冷却剂的外冷却。燃气将热传递给一定厚度的室壁后,因其质量较大而具有一定的热容,当壁温升到一定值时,便靠辐射交换将热量由壁面传到周围空间或真空中。这种方法通常用于膨胀比较大的推力室喷管扩散段。因此由于喷管中燃烧产物压力、密度和温度的迅速降低,燃气传给壁面的热量显著减少。这种冷却方法也用于热流不高的微小型推力室。其主要特点是结构简单,重量轻。

辐射冷却过程是不稳定的传热过程。随着工作时间的增加,燃气对壁不断加热,使壁温度逐渐升高。壁向外辐射的能量和壁温的高低成正比。为了使辐射出去的热流达到需要值,往往需要壁温达到很高的值。壁温的升高将持续到稳定状态。这时燃气传给壁的热量与壁向外辐射的热量相等,壁温也就达到了稳定值 T_{wg}。如果发动机的工作时间很短,稳定状态便来不及建立。稳定值 T_{wg} 一般都是比较高的,约 1400℃,当 T_{wg} 值不超过室壁材料失稳的允许值时,喷管扩散段便可只靠辐射冷却工作。所以只有在 1200℃～1700℃ 的高温下仍能在一定的时间内保持必要强度的耐热合金（如铌、钨、钼、钛）喷管,才有可能成功应用辐射冷却。当 T_{wg} 值超过室壁材料失稳的允许值时,必须附加其他的冷却形式。

9.1.2　内冷却

内冷却是在室内壁表面建立液体或气体的保护层,以减少传给室壁的热量。常使用的有在头部建立低温近壁层、组织专门的膜冷却和采用发汗冷却三种形式。

1. 低温近壁层

在喷注器设计时,通过外围喷嘴的排列,在室内壁表面形成顺壁流动的燃料液膜,并在近壁的边缘区域形成一个低 α_{mst} ($\alpha_{mst} < \alpha_{m中}$) 近壁层,以降低温度,减少热流。近壁层中的介质为具有还原性的低温燃气,在燃烧产物流动的过程中,中心气流会与近壁层的气流混合,由于推进剂组元之间径向混合过程进行得相当慢,如果近壁层组织得比较好,其对壁的保护作用可一直保持到喷管喉部,喉部之后,随着轴向距离的延伸,保护作用会逐渐减弱。实践证明,边区按同心圆式排列数量较多的离心式或直流式喷嘴,组织低温保护区,冷却效果较佳,方案简单,结构上也最易实现,应用最广;但所形成的边区保护层尚不够均匀、密实。

为建立低温近壁层,需要消耗一部分推进剂流量,这部分流量的多少取决于所选近壁层混合比 α_{mst} 值的大小。一般可选 $\alpha_{mst} = 0.3 \sim 0.5$,则低温近壁层流量 q_{mst} 约为总流量的8% ~14%。因为这部分推进剂流量的混合比不是最佳,因而要造成一定的比冲损失,而且是三种内冷却方案中比冲下降最多的一个。

2. 膜冷却

在室内壁表面建立贴壁流动的液体保护层或气体保护层,这些保护层都是低温的隔热薄膜,用它们来实现内冷却。

膜冷却保护方法是力求沿内壁周边建立起均匀、稳定的液膜或气膜,冷却剂可直接取之于冷却通道,也可经专门的冷却环带注入,每个冷却环带都位于推力室某个横截面上,沿推力室长度方向上可以有若干条冷却环带。为提高膜的稳定性、均匀性,使液膜紧贴壁面,要做成使冷却剂经冷却带上的缝隙或切向小孔旋转进入推力室内壁,如图9-3所示。

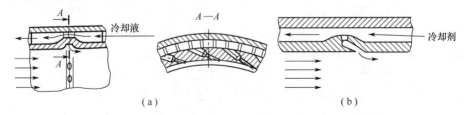

（a）　　　　　　　　　　　　（b）

图9-3　从身部冷却通道中取出液体的内冷却带

用亚临界压力的冷却剂作液膜冷却时,要消耗掉燃烧产物的部分热量,以把冷却剂的温度提高到超临界温度,并使其汽化。由于汽化,液膜逐渐减少,接着消失,在某一距离上保留着冷却剂的蒸气层。一般用推进剂组元(通常为燃料)或具有合适性能的专门液体作冷却剂。液膜的保护作用,一是由于减少了边界层温差,而降低了对流热流密度;二是降低了辐射热流密度(液膜是热辐射的良好隔热体);三是在壁附近形成的还原性介质或中性介质——液膜和气膜,也可保护壁不受燃气流的腐蚀作用。液膜厚度很小时,液膜的保护效果已经很明显。液膜过分增大会使液膜表面形成波动,从而可能使液体颗粒分离(液滴自表面卷走)。结果是液体无效消耗并使表面积增大,从而增加传向液膜的总热流。液膜流量可为推进剂总流量的 1%~4%。在这样不大的流量下要保证保护膜沿周边均匀分布,且要稳定,又要有一定的长度是很难的。冷却膜所需的流量由计算确定,并由实验加以修正,同时修改喷注压力、冷却带上的小孔或缝隙的尺寸和位置等。液膜段上的热流密度可下降 50%~70%。热流密度开始稳定的某一个相对液膜流量是一个特征值。液膜冷却效率高,推力室比冲损失小。

　　向内壁面注入汽化了的推进剂组元(如氢),或者注入发生器燃气,就形成气膜。废气冷却(二次喷射冷却)是将涡轮排出的温度较低的废气,通过喷管壁上的小孔或漕沟引入喷管延伸段内壁表面,形成一层低温气体保护膜。当喷管面积比较大,而且喷管延伸段又没有采取其他冷却措施时,常用此冷却方案,如图 9-4 所示。

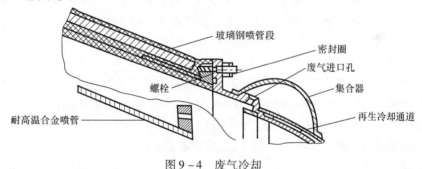

图 9-4　废气冷却

3. 发汗冷却

　　冷却剂通过多孔材料制造的内衬渗入到内壁面建立保护膜,以实现内冷却。多孔材料(孔径为数十微米),通常用金属粉末烧结而成,或用金属网压制而成。当冷却剂为液体时,其流量达到某个临界值时,可使气壁温 T_{wg} 等于液体在该压力下的沸腾温度 T_s,内壁面可由一层致密的薄液膜保护,当液体流量低于这个临界值时,液体吸热超过一定量的部分开始蒸发,冷却液膜便成了气膜,其保护作用与一般气膜相似。

　　最好是使冷却剂在内壁的外表面蒸发(如 H_2 和 NH_3),并将冷蒸气喷进边界层以保证表面冷却更为均匀,如图 9-5 所示。

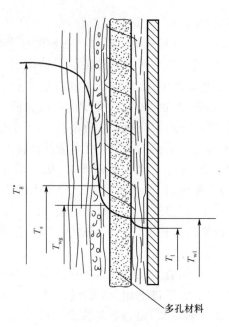

图 9 - 5　多孔材料发汗冷却

　　冷却剂流量与热流密度下降值之间的数量关系取决于冷却剂的性能、壁的材料和燃气流参数。一般情况下,发汗冷却的冷却剂流量比膜冷却的流量减少 2/3 ~ 4/5,这是因为冷却剂的渗入速度低和表面冷却均匀。温度($T_g^* - T_{wg}$)大时,发汗冷却的优越性更为显著,是冷却效果最好、比冲下降最少的一个内冷却方案。

　　使用发汗冷却会受到材料性能和工艺方面一些困难的制约。一旦这些困难被克服,即可以认为发汗冷却是一种有前途的冷却方法,而对于壁面热流密度极高的燃烧室来说,为了冷却室壁,发汗冷却几乎是唯一可行的冷气方法(如用高能推进剂的高压液体火箭发动机、气相核火箭发动机)。

9.1.3　其他热防护方法

　　1. 隔热防护

　　用高热阻和高表面容许温度的隔热涂层和绝热材料覆盖在推力室内壁表面,以减少传给室壁的热流,可大幅度降低室内壁表面的温度。常用的方案有高温涂层和覆盖较厚的耐高温绝热衬套。

　　工程上应用的高温涂层材料多为某些元素的氧化物,如氧化锆、氧化铌、氧化铝等。涂层厚度为 0. 1 ~ 0. 4mm,有时小于 0. 1mm。对涂层材料的基本要求是:高的表面容许温度,以抗高温;热导率低,保证有高的 T_{wg} ,降低热流密度;涂层对基体材料有良好的附着性,连接强度好,具有抗振动载荷、抗机械冲击和热冲击的能力。

在液体火箭发动机中,有时不用喷涂专门的隔热涂层,在工作过程中自己也能建立隔热保护层。如果使用煤油类型的烃类燃料,则在燃烧产物中会有碳薄薄地沉积在室壁上,会使传给室壁的热流减少。国外资料介绍,如在液体燃料中添加一些硅酮化合物,可使燃烧产物中出现二氧化硅(SiO_2),以厚度为 0.1~0.2mm 的薄膜沉积在室内壁上,可使热流密度下降40%。高温涂层可作为内、外冷却的有益补充(图9-6)。

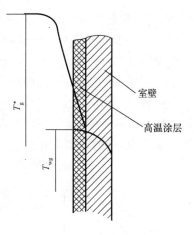

图9-6 高温涂层

工程上使用的耐高温绝热衬套通常用耐高温的难熔材料(如石墨、陶瓷等)制成。这种方法多用于不冷却的发动机上(如固体发动机),尤其是热流量大的临界截面附近。其效果取决于材料本身的物理性能(熔点、热膨胀性、导热性、抗腐蚀性、机械强度等)。存在的主要问题是绝热材料对燃气的化学作用和热"冲击"较敏感。当温度剧烈变化时常会引起裂纹和剥落。为克服上述缺点,目前已有不少新研制出的材料得到应用(图9-7)。

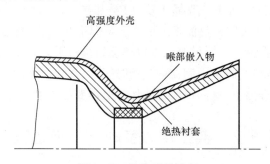

图9-7 绝热材料衬套

2. 烧蚀冷却

靠构件的材料烧蚀而吸热,以防止构件过热。烧蚀冷却(又称消融冷却),一般用于燃烧室压力较低的推力室喷管,大面积比的推力室喷管扩散段以及高空微型和小型姿态控制发动机上。采用烧蚀冷却的室壁的一部分(内侧包覆层)或整个一段用特殊的烧蚀材料制成。这些材料在工作过程中,被加热后可以分解、蒸发(或升华)、熔化,然后从壁面上脱落下来,被高速气流带走。传给壁的相当一部分热量,消耗在上述过程中,使保留下来的室壁所积蓄的热量减少,温度下降,保证了室壁的必要强度。

烧蚀包覆层或部分室壁的主要材料,应具有较高的溶化热或升华热,以及低的热传导系数。常用的材料有经酚醛树脂浸泡后,再进行特殊处理的玻璃纤维

231

带、石墨纤维带和石棉纤维带,在特制模具上卷制而成。包覆层或烧蚀壁的厚度取决于所要求的强度和工作时间的长短。一般烧蚀壁的厚度由烧蚀层、碳化层和保持强度与刚性的外层三部分组成。包覆层与烧蚀壁的承受强度的外壳可以用铝或不锈钢制成,也可以用玻璃丝或玻璃带用环氧树脂黏结固化在一起制成。

这种冷却方式,相对来说,结构简单,经济性好。对于工作时间较短,推力和压力较小的推力室,能较好满足需要。对于工作时间较长,推力和面积比较大的推力室来说,这种方案就显得比较笨重,见图9-8。

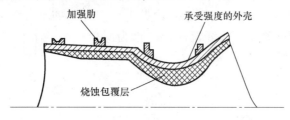

图9-8 烧蚀冷却

3. 容热式冷却

靠构件的材料吸热,但无烧蚀,以防止构件过热。这种冷却方式和烧蚀冷却一样,应用于工作时间比较短的固体火箭发动机上。发动机启动之后,由于热量的积累,使推力室的内壁(一般都比较厚)被加热。随着受热表面温度的上升,由温差($T_g - T_{wg}$)所决定的热流密度下降。壁温最初上升得较快,后来就缓慢下来,逐渐和燃气温度接近,沿壁厚温度也将逐渐被拉平。采用这种冷却方式的推力室,其安全工作时间将被限制在一定的时间内,在该时间内壁温将达到最大允许值。在这个允许值下,壁的深层还能保证所需要的强度。

9.2 典型推力室的热交换过程

现代液体火箭发动机的推力室,通常同时采用一种或几种热防护方法对室壁进行防护。最常用的是对流再生冷却辅助以内冷却的组合形式,可以仅采用头部低温近壁层或膜冷却一种内冷却方法,也可同时使用上述两种内冷却方法。对热强度不很严重的常规液体火箭发动机推力室,采用对流再生外冷却和头部低温近壁层内冷却组合即可满足要求。对热流强度比较严重的高压补燃发动机推力室,则需要再生冷却和多条膜冷却环带组合才能满足热防护要求。

液体火箭发动机推力室中的热交换是一个复杂的物理过程。如果我们研究的是一个典型的对流再生外冷却辅以头部近壁层内冷却的热防护方案,则包括三个热交换过程:燃气向室壁的对流和辐射传热;通过室壁的热传导;室壁向冷却剂的对流传热。

对流热交换与流体质点的传递(质量交换)密切相关,而流体质点的传递取决于流体的成分及其性质,以及流体沿壁面的流动情况。

我们建立的头部低温近壁层,边缘是由按同心圆排列的边区喷嘴(多数为直流式喷嘴)形成的内冷却液膜,它只在离喷注器面很短的距离内存在,在它顺室壁向下流动的过程中,不断受热蒸发,并和邻近的氧化剂混合燃烧,先是形成气液两相流,然后形成低混合比燃气幕,完成这一过程的距离约为燃烧室长度的1/4~1/3,并把这个燃烧产物反应基本得以完成的截面作为计算燃烧室近壁层的初始截面。因此,可以说绝大部分推力室内壁是在低温(低 α_{mst})燃气幕保护下工作,并认为近壁层的燃气流和中心区燃气流混合不显著,如图 9 – 9、图 9 – 10所示。所以在评估热流密度下降时,近似认为在整个推力室长度上近壁区内燃气的 $\alpha_m = \alpha_{mst}$,并采用双层流模型(中心气流—近壁层气流)来计算混合比 α_{mst}下的热力参数和热流密度。

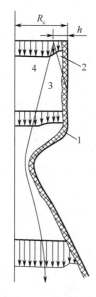

图 9 – 9　推力室中气流实际流动示意图

1—边界层;2—近壁层;3—混合层;4—气流中心;

h—近壁层厚度;R_c—燃烧室半径。

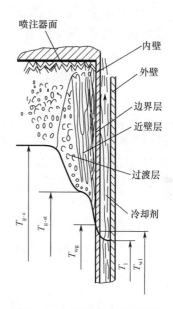

图 9 – 10　热交换过程示意图

根据传热原理,燃气传给室壁面的热流为

$$q = h_g(T_g^* - T_{wg}) \tag{9-1}$$

式中　　q——燃气传给室壁面的总热流密度,它由对流热流密度 q_c 和辐射热流密度 q_r 两部分组成(W/m^2);

　　　　h_g——燃气和室壁面之间的总换热系数,既考虑了对流换热(h_c——对流换热系数),又考虑了辐射传热,是一个假定量,$h_g = h_c + q_r/(T_g^* - T_{wg})$($W/m^2 K$);

233

T_g^*——燃气的绝热滞止温度,当组织头部低温近壁层时,T_g^*为近壁层中燃气的滞止温度T_{st}^*,在燃烧室中,因气流速度很低,$T_g^* = T_g$(燃气的热力学温度),在喷管中应用有效温度T_e来代替,$T_e = T_g^* - (1-r)\dfrac{v^2}{2c_p}$,$r$为由实验确定的温度系数,可取$r = 0.89 \sim 0.91$;

T_{wg}——燃气侧壁面温度。

根据热传导原理,通过室壁所传导的热流密度为

$$q = \frac{\lambda_w}{\delta_w}(T_{wg} - T_{wl}) \qquad (9-2)$$

式中　λ_w——室壁材料的导热系数,(W/mK)。

　　　　δ_w——室壁的厚度,m;

　　　　T_{wl}——液壁面温度,K。

以对流形式由液壁面传给液体的热流密度为

$$q = h_1(T_{wl} - T_1) \qquad (9-3)$$

式中　h_1——液壁面与液体之间的传热系数,(W/m^{2}K);

　　　　T_1——液体的温度,K。

发动机刚开始工作时,推力室的壁还是冷的,这时燃气传给壁的热流并未完全通过壁传给冷却剂,有一部分被用来加热室壁了,在此过程中,壁温及传给冷却剂的热流随着时间的增加而变化,称为不稳定传热过程。经过一定时间后,传给室壁的热流全部通过壁面而被冷却剂吸收并带走,当发动机工作状态一定时,壁温和通过室壁的热流都将固定不变,称为稳定传热过程。

在稳定情况下可以认为

$$q = h_g(T_g^* - T_{wg}) = \lambda_w/\delta_w(T_{wg}^* - T_{wl}) = h_1(T_{wl}^* - T_1)$$

联立解得

$$q = \frac{1}{\dfrac{1}{h_g} + \dfrac{\delta_w}{\lambda_w} + \dfrac{1}{h_1}}(T_g^* - T_1) \qquad (9-4)$$

式中　$\dfrac{1}{h_g} + \dfrac{\delta_w}{\lambda_w} + \dfrac{1}{h_1}$——总热阻。

可以看出,它是由三种热阻组成。室壁提高热导率可减小壁的热阻,增大容许的q,即容许该q通过室壁而不使壁过热。

从图9-11可以看出,辐射热流q_r一开始很小,然后直线上升达到稳定值,在整个燃烧室长度上为定值,在喷管部分逐步下降。这是因为q_r值的大小取决于燃气压力、气体成分、温差和推力室截面的几何尺寸。推进剂从喷注器面开始燃烧到完全变成燃烧产物,燃气温度也逐步增加到稳定值,进入喷管后燃气的温度和压力因膨胀逐步下降,q_r也随之迅速下降。q_r的量在燃烧室部分占总热流

234

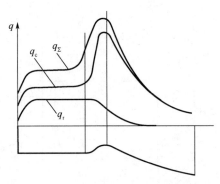

图 9 - 11　热流密度沿推力室轴向变化

的 20% ~ 40% ,在临界截面处,只有对流热流的 10% ,在喷管扩散段下降为对流热流的 2% ~ 4% 。对流热流 q_c 的大小取决于燃气的参数和几何尺寸。试验证明,当温差一定时,它大约和单位截面上的质量流量 $(\rho v)^{0.8}$ 、压力 $(p)^{0.8}$ 成正比,和当地直径 d 的 1.8 次方成反比。因而可得到如图 $9 - 11$ 所示的 q_c 的分布。它在燃烧室部分变化很小,约为 $(2 \sim 10) \times 10^6 (\mathrm{W/m^2})$,在临界截面附近达到最大值,约为 $(4 \sim 16) \times 10^7 (\mathrm{W/m^2})$,在喷管出口截面约为 $(0.5 \sim 3) \times 10^6 (\mathrm{W/m^2})$,所以说冷却最困难的部位是临界截面前后。

对液体火箭发动机来说,解决冷却问题的关键首先是确定热流密度值 q ,以此作为计算其他参数和考虑结构设计的依据,而求 q 的最大困难是确定系数 h_g 和 h_1 。它们是多种因素的函数,仅靠理论分析很难确定。一般都是在理论分析和大量试验的基础上,通过相似定律整理出准则方程,再进一步得到 h_g 和 h_1 的经验公式或半经验公式。知道了 h_g 和 h_1 及相应的温差,便可确定热流密度值。

9.3　燃气向热室壁的传热

9.3.1　对流换热

燃气高速流经推力室内表面,总要形成边界层。在边界层内速度沿横向方向剧烈地变化着,由边界层与中心气流边界上的最大值很快下降到壁面上的速度等于零。由于速度梯度的存在,便在边界层内形成很大的涡流,称为湍流边界层,热量的传递将因物质微团在横向方向上激烈的相对运动而加剧。理论和试验都证明,湍流运动时对流形式的热流量要比热传导形式的换热量大很多倍。但是靠近壁面燃气流动的湍流性并不扩展到全部边界层,在紧贴壁面处还存在一个不大的厚度(图 $9 - 12$),在该厚度内流动带有明显的层流性,称为湍流边界层的层流底层,热量传递只能靠热传导。很显然,燃气与室壁的对流换热实际上由两个过程组成:在边界层湍流部分,热流靠物质粒子对流传递;在层流底层,靠热传导传递,见图 $9 - 13$。

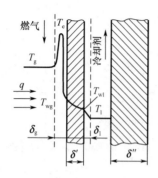

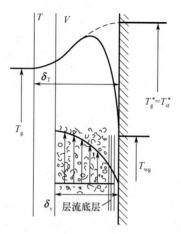

图 9 – 12　对流外冷却的温度曲线

δ_g—气体边界层厚度；δ_1—液体边界层厚度；

δ'—内壁厚度；δ''—外壁厚度。

图 9 – 13　边界层特征厚度

δ_v—动力边界层厚度；δ_T—温度边界层厚度。

还应指出的是,推力室中燃气的离解复合对这一传热过程影响很大。在边界层内,或者进一步说,在人为形成的近壁层内,存在着有利于进行复合过程的条件,从高温中心气流来的具有一定离解度的燃气,落入近壁层内时,将它带来的附加化学能在复合时以热的形式放出。同时,近壁层(边界层)内的气体以微团的形式落入相邻高温气流时,在离解过程中还将从周围分子中吸收一部分热量。对于液体火箭发动机,这种离解复合过程十分强烈,它加剧了燃气向室壁的对流换热。

对流换热涉及的因素很多,包括燃气流体的状态,流体的种类和热物理性质,化学反应及燃气的离解与复合等等。所以,计算出燃气传给室壁的热流密度在理论上就存在着一定的难度。

1. 对流换热系数 h_c 的半经验公式

通常的作法是用换热系数 h_c 来计算对流热流 q_c,然而数值计算 h_c 又难以考虑到各种因素,而液体火箭发动机的实际工作条件又难以在实验条件下进行模拟。在工程技术上解决的办法是:借助于相似准则来模拟不同条件下的换热现象。可以建立一个和工作条件相似的实验条件,使其相应的相似准则相等。这样工作条件和实验条件下的换热现象是相似的,我们就可以把试验数据运用到实际工作条件上来。常用到的相似准则是包含有换热系数的努赛尔系数 Nu,一般来说,它反映了对流换热过程的特征。根据对湍流边界层理论的分析,可得到的一些计算燃气侧传热系数的简单关系式,应用较多的是由 Colburn 得出的公式:

$$Nu = \alpha Re^{0.8} \cdot Pr^{0.34} \qquad (9-5)$$

式中　　Nu——努赛尔系数，$Nu = \dfrac{h_c \cdot l}{\lambda_g}$；

$\qquad \alpha$——由试验确定的系数；

$\qquad Re$——雷诺数，$Re = \dfrac{vl}{\mu}$；

$\qquad Pr$——普朗特数，$Pr = \dfrac{\mu c_p}{\lambda_g}$；

$\qquad l$——特征几何尺寸，可取 $l = 0.75dc$，dc 为燃烧室长度，认为火焰锋后，已存在一个完全发展的湍流边界层，m。

$\qquad \lambda_g$——燃气热导率，$(W/m \cdot K)$。

$\qquad \mu$——燃气的黏度，$(Pa \cdot s)$。

$\qquad c_p$——定压比热容，$(J/kg \cdot K)$。

式(9-5)基本上描述了对流换热强度与流体的物理性质和流动特性的关系，再考虑到边界层横向气流物性参数变化、推力室几何形状等上面所谈到的诸因素，可以导出计算 h_c 的半经验公式(Bartz 公式)：

$$h_c = \left[\frac{0.026}{d_t^{0.2}} \left(\frac{\mu^{0.2} \cdot c_p}{p_r^{0.6}} \right)_{ST} \left(\frac{p_c^* \cdot g}{c^*} \right)^{0.8} \cdot \left(\frac{d_t}{R} \right)^{0.1} \right] \cdot \left(\frac{A_t}{A} \right)^{0.9} \cdot \sigma \qquad (9-6)$$

式中　　R——喷管喉部处的曲率半径，m。

$\qquad A$——沿推力室轴线的截面积，m^2。

$\qquad \sigma$——边界层横向气体性质变化的修正系数。

σ 可根据燃气流的滞止温度 T_{st}^*（有近壁层时），计算截面处的气壁温度 T_{wg} 和马赫数 M 来确定：

$$\sigma = \frac{1}{\left[\dfrac{1}{2} \dfrac{T_{wg}}{T_{st}^*} \left(1 + \dfrac{k-1}{2}M^2 + \dfrac{1}{2} \right) \right]^{0.68} \left[1 + \dfrac{k-1}{2}M^2 \right]^{0.12}} \qquad (9-7)$$

σ 随 T_{wg}/T_{st}^* 和 K 的变化关系如图 9-14 所示。

对于特定的燃气混合物，如果没有可用的 p_r 和 μ 的数据，可用下式得到近似结果：

$$p_r = \frac{4k}{9k-5} \qquad (9-8)$$

$$\mu = 1.208 \times 10^{-7} \cdot m^{0.5} \cdot T_{st}^{*0.6} \qquad (9-9)$$

式中　　m——燃气的分子量，(kg/mol)。

对于几何尺寸一定的推力室，当根据 p_c^* 和燃烧室边区混合比 $\gamma_{m \cdot st}$ 计算得到 T_{st}^*、c^*、μ_Σ、c_p 和 K 等参数后，便可根据给定的 T_{wg} 值，按公式 $q_c = h_c(T_{st}^* - T_{wg})$，求得对流热流密度 q_c 的值。

一般情况下，按式(9-6)算得的 h_g 值和实际值是较符合的。如果燃气的主

237

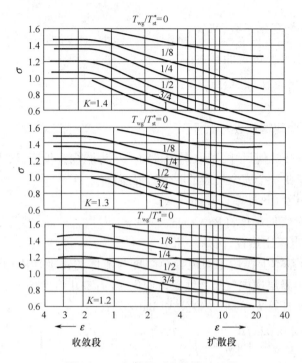

图 9 – 14　气体性质变化修正系数

要成分是强辐射体,近壁层处有强烈的离解、复合反应,或者出现了强烈的高频振荡,则计算值会低于实际值;如果燃烧室中燃烧得很不完全,或者在室内壁上有较厚的积炭层,增加了阻抗(对于液氧/煤油发动机当压力低于 10MPa 时,在室壁上常有固体炭粒沉积),则此时计算值又可能高于实际值。存在积炭时换热系数可用

$$h_{\mathrm{g \cdot c}} = \frac{1}{\dfrac{1}{h_{\mathrm{c}}} + R_{\mathrm{c}}} \qquad (9-10)$$

式中　R_{c}——固体积炭造成的热阻,$(\mathrm{m^2 k/W})$,如图 9 – 15 所示。

当 $p_{\mathrm{c}} > 14\mathrm{MPa}$ 时,积炭明显比低压时少。

2. 直接计算对流热流密度 q_{c} 的公式

苏联学者耶夫列夫推导出的计算 q_{c} 的公式,也属半经验公式,它在液体火箭发动机对流换热计算中得到了成功的应用。用分析法近似求解简化了的湍流边界层微分方程,得到动量积分方程和能量微分方程。计算时将边界层分为湍流层和层流底层(黏性底层),假设了它们的摩擦应力和热流分布关系,并由试验选定了有关系数,且考虑了燃气的离解和复合反应,最后得到了热流换热热流密度的工程应用计算式。

238

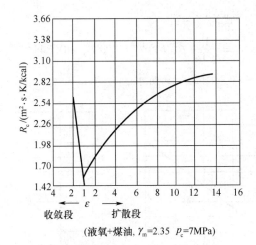

(液氧+煤油, γ_m=2.35 p_c=7MPa)

图 9 – 15　室壁上积炭层的热阻

$$q_c = \frac{450\beta^* \rho_c c_p (T_{st}^* - T_{wg})}{b_T^2 \Psi^2 \sqrt{R_{st} T_{st}^*}} \qquad (9-11)$$

式中　$R_{st} = f(r_{mst})$——近壁层气体常数,(J/kg·K);

　　　$T_{st}^* = f(r_{mst})$——近壁层气体滞止温度,K;

　　　T_{wg}——气壁温,K;

　　　$c_p = f(T_m)$——气体平均定压比热容,(J/kg·K);

　　　$T_m = (T_{st}^* + 1000)/2$——平均气温,K;

　　　$\beta^* = \beta(1 - \beta^2)^6 = f(d')$——气流中心折算速度,$\beta^2 = v^2/2c_p T_{st}^*$;

　　　b_T——系数,$b_T = 1 + 1.5(T_{wg}/T_{st}^*)^{0.728}$;

　　　Ψ——系数,$\Psi = 1.9212(0.43429\lg Z_T) - 1.9508$。

对于圆柱形燃烧室,燃气为一维流动,有

$$Z_T = \left(\frac{R_{e_{st}}}{a_T b_T^2 (d')^{1.2}}\right)\left(\frac{0.142 l'c}{(d_c')^{0.8}} + \int_0^{x'} \frac{\beta^* (d')^{1.2}}{\cos\theta} dx'\right) \qquad (9-12)$$

设 d_t 为推力室临界截面直径,则燃烧室圆柱段的相对长度和相对直径为:$l_c' = l_c/d_t$,$d_c' = d_c/d_t$。推力室任一截面的相对直径和相对坐标为:$d' = d/d_t$,$x' = x/d_t$。θ 为喷管型面对称轴的倾斜角。设 $x' = 0$ 处为喷管进口处(燃烧室出口处)的坐标。

气体雷诺数计算公式:

$$R_{e_{st}} = \frac{11070 d_t p_c}{\mu_{st} \sqrt{R_{st} T_{st}^*}} \qquad (9-13)$$

式中　p_c——燃烧室压力;

　　　$\mu_{st} = f(T_{st}^*)$——近壁层燃气动力黏度系数。

系数 a_T 的计算公式为

$$a_T = \frac{1}{4.14}(\beta^2/b_T)^{4.14}(T_{wg}/T_{st}^* + 0.04)^{2.616} \qquad (9-14)$$

各系数如图 9-16 ~ 图 9-19 所示。

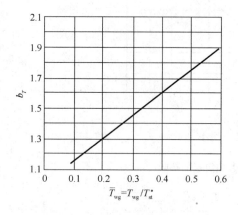

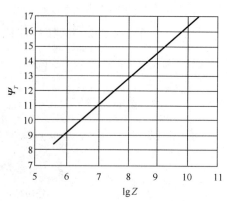

图 9-16 数值 b_T 与 $\overline{T}_{wg}$ 的关系   图 9-17 ψ_T 与 $\lg Z$ 的关系

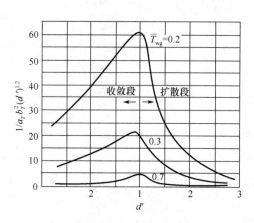

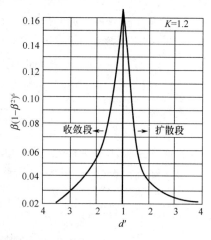

图 9-18 $1/a_T b_T^2 d'^{1.2}$ 与 d' 的关系   图 9-19 $\beta(1-\beta^2)^6$ 与 d' 的关系

按耶夫列夫公式计算对流热流 q_c 时,可以按以下顺序进行:

(1) 根据给定压力 p_c 和近壁层混合比 r_{mst},计算参数 T_{st}^*、R_{st}、μ_{st} 和 c_p 值;

(2) 设定气壁温度 T_{wg};

(3) 按式(9-13)计算雷诺数 $R_{e_{st}}$;

(4) 计算 Z_T 值;

(5) 由图 9-17 查得 ψ_T 值,由图 9-19 查得 β^*;

(6) 用式(9-11)计算 q_c。

240

3. 对流热流密度的换算公式

对 q_c 影响比较大的是燃烧室内压力 p_c，推力室的几何尺寸对 q_c 的影响较弱。如果有两台发动机的推力室几何相似，其中一台称为"原始发动机"或"准发动机"，它的参数(p_c、d_t、q_c 沿推力室轴向的分布，热物理综合参数 s)已知，并用注角"o"表示。则另一台新的发动机，对应相似截面，其对流热流密度 q_c 可用如下换算公式进行换算，误差为 10% ~ 15%，但省去了繁琐的计算。

$$\frac{q_c}{q_{co}} = \left(\frac{p_c}{p_{co}}\right)^{0.85}\left(\frac{dt_o}{dt}\right)^{0.15}\left(\frac{s}{s_o}\right) \quad (9-15)$$

式中

$$s = \frac{c_p(T_{st}^* - T_{wg})\mu_{st}^{0.15}}{T_{st}^{*0.175}T_{wg}^{0.26}R_{st}^{0.435}} \quad (9-16)$$

9.3.2 辐射热流

高温高压燃气是辐射热的能源，这些能源以辐射的形式将热流传给较冷的推力室内壁。在液体火箭发动机中，主要辐射气体是水蒸气(H_2O)和二氧化碳(CO_2)，其他的燃气成分的辐射与这两种气体比较起来小到可以忽略不计。

气体的辐射与吸收能力主要取决于气体的分压 p_i 和辐射线平均行程 l 的乘积，并认为与气体温度的四次方成正比。

一般认为燃烧室内的燃气成分是均匀的，燃烧室部分的辐射热流 q_{rc} 是一个定值。在喷注器面，认为 $q_r = 0.25q_{rc}$，距喷注器面 50 ~ 100mm 达到稳定值 q_{rc}。在喷管部分辐射热流可按以下规则计算：

在收敛段：在截面直径 $d = 1.2d_t$ 之前，认为辐射热流不变，与 q_{rc} 相等，即 $q_r = q_{rc}$。

在临界截面处：$q_r = 0.5q_{rc}$。

在扩散段：截面直径 $d = 2d_t$，$q_r = 0.12q_{rc}$；

截面直径 $d = 3d_t$，$q_r = 0.05q_{rc}$；

截面直径 $d = 4d_t$，$q_r = 0.03q_{rc}$。

求得 q_{rc} 后，按上述规则求得各截面的 q_r 值，连成一条光滑曲线，即为辐射热流沿推力室轴向分布，见图 9-11。

燃气传给燃烧室壁面的辐射热流由下式确定：

$$q_{rc} = \varepsilon_w C_o\left[\varepsilon_g\left(\frac{T_g}{100}\right)^4 - A_g\left(\frac{T_{wg}}{100}\right)^4\right] \quad (9-17)$$

式中　ε_w——室壁面的有效黑度，一般取 $\varepsilon_w = 0.8$；

C_o——绝对黑体的辐射系数，$C_o = 5.77W/m^2K^4$；

T_g——燃气温度(可以用按平均混合比计算出的温度)；

ε_g——温度为 T_g 时燃气的黑度；

$$\varepsilon_{\mathrm{g}} = \varepsilon_{\mathrm{H_2O}} + \varepsilon_{\mathrm{CO_2}} - \varepsilon_{\mathrm{H_2O}} \cdot \varepsilon_{\mathrm{CO_2}} \tag{9-18}$$

A_{g}——T_{wg} 温度下燃气的相对吸收系数。

因 T_{g} 和 T_{wg} 温差较大,所以式(9-17)中与壁面辐射有关的第二项的数值很小,仅为第一项的 1.5%~2% ,可以忽略不计,则式(9-17)可写成

$$q_{\mathrm{rc}} = 5.77 \varepsilon_{\mathrm{w}} \varepsilon_{\mathrm{g}} \left(\frac{T_{\mathrm{g}}}{100} \right)^4 \tag{9-19}$$

由上式可以看出,计算 q_{rc} 的工作主要在于确定 ε_{g} 值。

研究表明,ε_{g} 不仅和燃气成分及辐射气体的形状(即分压 p_i 和气体辐射线的平均行程 l 的乘积)有关,而且与燃气压力的绝对值及温度有关。

在实际应用时,认为不同气体的"辐射容积"的几何形状和某个当量半球体相当,球体平底中心的辐射热流等于真实容积在该点所产生的实际辐射热流。这样当量球体的半径就决定了辐射线的平均行程 l(图9-20)。根据列·夫·弗罗洛夫的建议,对直径为 d_{c} 的圆柱形燃烧室,l 可采用下列值:

当 $l_{\mathrm{c}} = d_{\mathrm{c}}$ 时,$l = 0.6 d_{\mathrm{c}}$;

$l_{\mathrm{c}} = 1.5 d_{\mathrm{c}}$ 时,$l = 0.75 d_{\mathrm{c}}$;

$l_{\mathrm{c}} = (2-3) d_{\mathrm{c}}$ 时,$l = 0.85 d_{\mathrm{c}}$;

$l_{\mathrm{c}} \geqslant 4 d_{\mathrm{c}}$ 时,$l = 0.9 d_{\mathrm{c}}$。

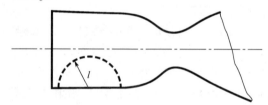

图 9-20 辐射行程示意图

图9-21 给出了 $\varepsilon_{\mathrm{CO_2}} = f(p_{\mathrm{CO_2}} l, T_{\mathrm{g}})$ 的曲线。

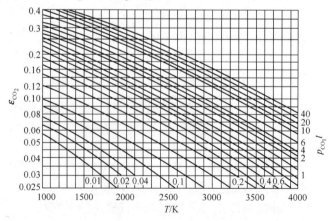

图 9-21 二氧化碳气体的黑度

在高温下 CO_2 的辐射率远比水蒸气的辐射率小,且在液体火箭发动机中,燃气中的水蒸气的量要比 CO_2 大得多,所以 CO_2 辐射的热量据计算不超过全部辐射热量的 10%,因此在近似计算时,可以忽略 CO_2 的辐射,只计水蒸气的辐射。

水蒸气的黑度 ε_{H_2O},在给定分压下按下式计算:

$$\varepsilon_{H_2O} = 1 - (1 - \varepsilon_{0H_2O})^n \qquad (9-20)$$

ε_{0H_2O} 相应于分压 p_{H_2O} 为零时的黑度,称为零黑度。ε_{0H_2O} 与 T_g 及乘积 $(p_{H_2O} \cdot l)$ 的关系曲线见图 9-22。

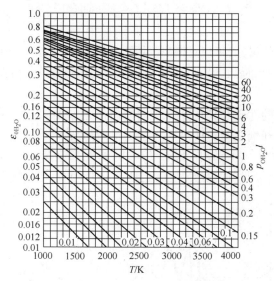

图 9-22　$\varepsilon_{0H_2O} = f(T, p_{H_2O}l)$ 的关系曲线

$K_{p_{H_2O}}$ 为压力修正系数,$n = 1 + K_{p_{H_2O}} \cdot p_{H_2O}$,$n$ 与 p_{H_2O} 及 $(p_{H_2O} \cdot l)$ 的关系见图 9-23。图 9-22、图 9-23 中 p_{H_2O} 的单位为 $10^5 Pa$。

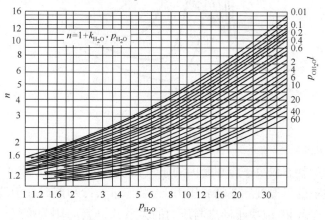

图 9-23　$n = f(p_{H_2O}, p_{H_2O}l)$ 的关系曲线

最后应该指出的是：

式(9-17)适用于燃气成分均匀的情况,而实际的燃烧室中,燃气成分沿横截面而是不均匀,在做精确计算时,应将中心区和近壁层分别计算,即

$$q_{rc} = \sum_{i=1}^{n} q_{ri} \qquad (9-21)$$

式中　q_{ri}——由燃烧室中心到室壁间,不同燃气层的辐射热流值。

9.4　冷室壁向冷却剂的传热

用作冷却剂的组元,可以是燃料,也可以是氧化剂,多数情况下采用没有腐蚀性的燃料作为冷却剂。但因为燃料流量总是比氧化剂少得多,往往不能满足冷却要求。

由于冷却剂的性质及其在冷却套内的使用条件不同,因而传热状态也各不一样。室壁与冷却剂之间的换热形式取决于冷却剂本身压力的大小和冷室壁温度 T_{wl} 的高低。图 9-24 示出了当冷却液的温度和流速一定时,不同压力比下(冷却液当地压力 p 与其临界压力 p_{cr} 之比),热流随 T_{wl} 变化的关系。

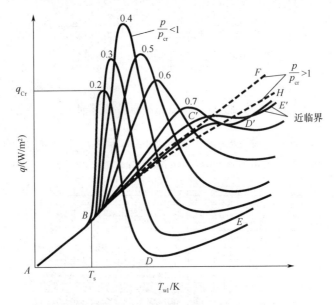

图 9-24　室壁向冷却液传热示意图

冷却剂的状态取决于冷却套内的压力和温度,冷却剂的状态不同,散热情况也不同。在亚临界温度和亚临界压力下(状态 A),冷却剂或处于液相或处于气相。是否处于气相,取决于沸点与压力的关系,$T_s = f(p)$ 则为液气相的分界。在超临界压力和亚临界温度下(状态 B),冷却剂为单相滴状液体。在超临界压力

和超临界温度下(状态 C)以及状态 D 条件下($p < p_{cr}$, $T > T_{cr}$),冷却剂处于气相状态。表 9 - 1 为几种推进剂组元最经典的散热状态。

表 9 - 1　几种推进剂组元的典型散热状态

组元	煤油	氢	氨	肼	偏二甲肼	四氧化二氮	过氧化氢(90%~98%)	氧
典型散热状态	A,B	B,C	A,B,C	A,B	A,B	A,B	A,B	B,C

1. 亚临界传热

在 $p/p_{cr} < 1$ 的情况下,当 $T_{wl} < T_s$(冷却剂相应压力下的沸点)时,为一般的单相对流换热(图中 AB 段);当 T_{wl} 高于 T_s 某一值时(一般为 $5 \sim 25$℃),尽管主液流未沸腾,而壁面附近的液体则会沸腾。液体流速较大时,所产生的气泡可以脱离壁面进入主液流,重新凝结。这时加热面上既有相变时吸收潜热的过程,又有由于湍流运动引起的扰动以及气泡的横向运动和凝结,加剧流体湍流度而使导热系数增加的过程。这一过程称为"泡沸腾"(或核沸腾)换热过程(图中 BC 段),其特点是,在壁温增加不大的情况下,热流则可增加几百倍。当壁面 T_{wl} 不断升高,比沸点 T_s 高出很多时,在壁面形成的气泡很多,它不再脱离壁面,而逐渐形成一个不稳定的蒸气膜,因蒸气膜的传热性能差,导致换热系数急剧下降,称为"膜沸腾"换热过程。由泡沸腾转为膜沸腾时,出现的最大热流为泡沸腾热流的上限,称为该压力下的临界热流,用 q_{cr} 表示,这时将因热流的下降,壁温的急剧升高而使壁烧毁(图 9 - 24)。

在泡沸腾段,$T_{wl} = T_s + (5 - 25)$K,T_s 随压力的增加而增加。因此温差($T_{wl} - T_l$)也随压力的增加而增加。当 $p/p_{cr} < (0.3 \sim 0.4)$ 时,泡沸腾的换热系数 h_1 随压力的增加变化很小,因为它不但有增加的趋势,还会因压力的增加,引起汽化潜热和表面张力的下降。这时 q_{cr} 随 p/p_{cr} 的增加而增加,是由于 T_s 随 p 增加而造成的。当 $p/p_{cr} > 0.4$ 时,因汽化潜热和表面张力随压力增加而急剧下降(当 $p/p_{cr} = 1$ 时,汽化潜热和表面张力为零),泡沸腾的最大换热系数 h_1 也将随压力的增加而下降,h_1 的下降速度比(T_{wl})增加的速度还快,所以此时 q_{cr} 随压力的增加而减小。

试验还证明,在压力较高的近临界区(即压力和临界压力较接近时),在试件液壁上形成膜沸腾后,并不马上烧毁。由于气泡密度的增加,它使泡沸腾转入不稳定的膜沸腾,这时换热系数下降不显著,膜沸腾下也还具有足够高的 h_1,因此在材料性能允许的情况下,热流达到较高的值,壁才烧毁(图中 C' 跳过 D' 达到 E'),此时的热流称为烧毁热流,用 q'_{cr} 表示,它与冷却液工作状态及材料性能有关。在压力较低时($p/p_{cr} < (0.3 \sim 0.4)$),$C$ 点的临界热流和烧毁热流比较一致,认为 $q_{cr} = q'_{cr}$。在高压下 $p/p_{cr} > 0.4$,则 $q_{cr} < q'_{cr}$。对一般冷却剂,q_{cr} 的对应的 T_{wl} 是较低的,因此可以适当提高 T_{wl} 来得到较大的 q'_{cr},只要产品的热流低于 q'_{cr},

产品又可在相应壁温下可靠工作,膜沸腾状态下的传热是有可能采用的。

2. 趋临界换热

当 $p/p_{cr} > 1$ 时,冷却剂处于超临界压力下,如果壁面温度低于冷却剂的临界温度,则没有沸腾发生,其传热情况和一般的单相对流热换热情况十分相似,换热系数基本上为定值。当壁面温度接近于冷却剂的临界温度时,有可能出现类似沸腾的所谓"伪沸腾"现象。此时壁温变化很小,换热系数和热流却能剧烈增加。因不少推力室的冷却液都是在超临界状态下工作的,这一特点便具有十分重要的意义。总的来看,超临界情况下换热过程的机理尚未弄清。

3. 换热系数和热流密度的计算公式

（1）当 $p/p_{cr} < 1, T_{wl} < T_s$ 时,此时热流较低,温差较小,冷却液在边界层中的物理性质（C_{pl}、λ_1、μ_1 等）和主流一样,h_1 可通过下列准则方程计算:

$$Nu = 0.023 Re_1^{0.8} \cdot Pr_1^{0.4}$$

上式展开整理后,可得

$$h_1 = 0.023 \frac{(\rho v)_1^{0.8}}{d_p^{0.2}} \cdot k_1 \qquad (9-22)$$

式中　d_p——冷却套槽的当量直径,m（$d_p = A/\Pi$,Π 为冷却通道横截面浸润周长）;

　　　k_1——液体与温度有关的热物理性质综合数,有

$$k_1 = \lambda_1^{0.6} \cdot \left(\frac{c_{pl}}{\mu_1} \right)^{0.4}$$

图 9-25 列出了一些火箭推进剂组元的热物理性质综合数与温度的关系曲线。

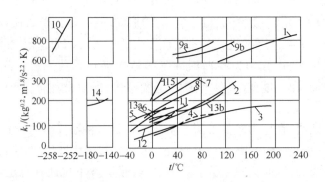

图 9-25　一些推进剂的热物理性质综合参数 k_1 与温度的关系曲线
1—水;2—酒精(100%);3—煤油;4—混胺-250;5—偏二甲肼;6—甲基肼;7—肼;8—混肼;
9—氨(a—在饱和线上,b—压力为20MPa时);10—液氢;11—硝酸(99%);
12—18% HNO₃ + 20% N₂O₄;13—四氧化二氮(a—在饱和线上,b—压力为10MPa时);
14—液氧;15—过氧化氢(100%)。

（2）当 $p/p_{cr}<1$，$T_{wl}>T_s$ 时，一般只要计算 q_{cr} 或 q'_{cr} 是可以了。检验一下,实际推力室的最大热流是否超过 q_{cr}（或 q'_{cr}），如不超过则发动机便能在泡沸腾冷却状态下可靠工作。这时常常近似认为 T_{wl} 为一定值,即 $T_{wl}\approx T_s$。对每一冷却剂 q_{cr} 都需试验求出,q_{cr} 主要和 v_1 有关。

例如对于硝酸-27 和 N_2O_4，计算 q_{cr} 的经验公式可写成

$$q_{cr}=0.802\times10^6\cdot v_1^{0.88}\cdot(T_s-T_1)^{0.45}\cdot p^{-0.5} \qquad (9-23)$$

（3）在超临界情况下,尚没有较好的计算公式可以利用。通常利用真实的试验数据进行换算,换算公式可根据描述强迫对流换热参数间关系的相似准则导出,参照式(9-3)和式(9-5),可写出

$$\frac{q\cdot d}{(T_{wl}-T_1)\cdot\lambda_1}=a\cdot\left(\frac{p_1\cdot v_1\cdot d}{\mu_1}\right)^m\cdot\left(\frac{\mu_1\cdot c_{pl}}{\lambda}\right)^n$$

或者写成

$$E=\frac{q\cdot d^{(1-m)}}{(p_1\cdot v_1)^m}=a\cdot(T_{wl}-T_1)\left(\frac{\lambda_1^{(1-n)}\cdot c_{pl}^n}{\mu_1^{(m-n)}}\right)$$

可以看出,E 为冷却液物理性质和温度的函数,在一定的压力下,流体的物理性质与温度有关,所以可认为 E 基本上是温度的函数,即

$$E=f\cdot(T_{wl},T_1)$$

对于同一流体,当液体的压力和温度 (T_{wl},T_1) 不变时,E 为一常数,即

$$\frac{q\cdot d^{(1-m)}}{(p_1\cdot v_1)^m}=\frac{q_0\cdot d_0^{(1-m)}}{(p_{10}\cdot v_{10})^m}$$

通过理论分析和实验验证,一般取 $m=0.8$，则上式可写成

$$q_1=q_0\left(\frac{p_{11}v_{11}}{p_{10}v_{10}}\right)^{0.8}\left(\frac{d_0}{d_1}\right)^{0.2} \qquad (9-24)$$

式中,注角"0"表示实验时所取得参数,注角"1"表示计算条件所具有的参数。当 T_1 变化不大,且使 T_{10} 和 T_{11} 大致相等($\rho_{11}=\rho_{10}$)时,实验曲线常作成图 9-26 的形式。

一般说来,采用式(9-24)对热流进行换算是一个对所有液壁面传热状态都适用的好方法。

（4）冷却剂在气体状态下的传热仍具有重要的意义,尤其是对于氢氧发动机和其他使用低温组元作冷却剂的发动机。氢冷却是十分有效的,因为氢的比热容较高,且可以对其尽量加热。

对于大温度梯度($T_x/T_{cr}\geqslant2$)下充分发展的湍流运动,可采用准则方程：

$$Nu_x=0.023R_{ex}^{0.8}Pr^{0.4}(T_x/T_{wx})^{0.55} \qquad (9-25)$$

带注角"x"的值应按冷却气体的平均温度来确定。采用气体作冷却剂时,大部分较为可靠的数据只能靠实验获得。

（5）在作精确计算时,还需要考虑冷却表面肋条的散热效应。推力室的冷

却通道是由许多槽组成,这些槽由内外壁和肋条连接而成,有的是管状结构(图 9 – 27)。肋条除保证必要的强度外,还可以加大冷却剂的散热,这是因为冷却剂流经的表面增大了,还因为与导热肋条相连部分外壁也参与了散热过程。

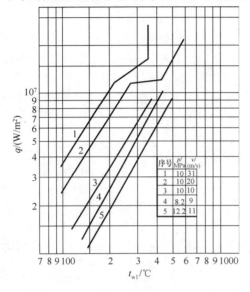

图 9 – 26　热流的试验曲线

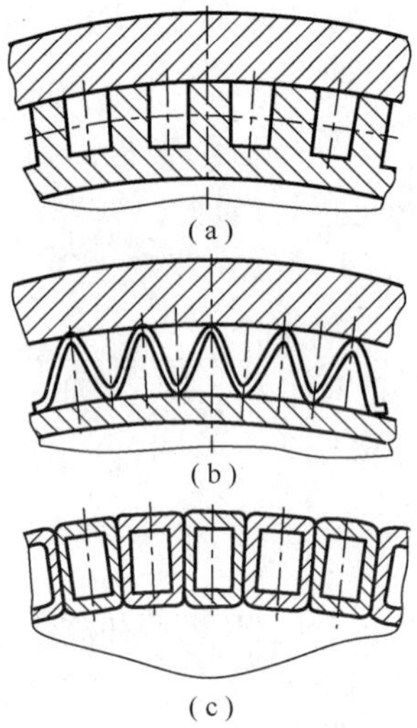

图 9 – 27　冷却通道的一些形状

肋条增大向冷却剂的散热效应,可用肋条效应系数 η_{ef} 来评估:

$$h_{xef} = h_x \eta_{ef} \qquad (9 - 26)$$

式中　h_{xef}——有肋条表面的有效散热系数;

　　　h_x——无肋条表面的有效散热系数;

引入系数 η_{ef} 后,带肋条冷却的所有计算,可按无肋条冷却的情况计算。

4. 冷却剂受热计算

冷却计算通常是将推力室沿轴向分成若干段进行。室壁某个微元段上冷却剂受热温升为

$$dT_x = \frac{q(x)}{q_{mx}c_{px}}dA_x$$

式中　c_{px}——冷却剂的比热容,J/kg·K;

　　　q_{mx}——冷却剂的流量,kg/s;

　　　dA_x——该微元段的旁侧表面积,$dA = \dfrac{\pi d}{\cos\alpha}dx$,$x$ 为沿推力室的轴向长度,

　　　α 为推力室喷管型面切线与轴线的夹角(图 9 – 28)。

上式可写成

$$dT_x = \frac{q(x)\pi d}{q_{mx}c_{px}\cos\alpha}dx \qquad (9 - 27)$$

248

推力室任一截面的冷却剂温度为

$$T_x = T_{x0} + \frac{\pi}{q_{mx}}\int_{x=0}^{x}\frac{q(x)d}{c_{px}\cos\alpha}dx \qquad (9-27)'$$

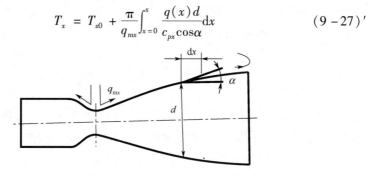

图 9 – 28   冷却剂受热计算示意图

求第 i 段冷却剂的温度 T_{xi},设 T_{x0} 为冷却剂在冷却进口处 $(x = x_0)$ 的温度。

$$T_{xi} = T_{x0} + \sum_{i=1}^{n}\frac{q(x)_i\pi d_i}{\cos\alpha}\Delta x/q_{mx}\cdot c_{pxi} \qquad (9-28)$$

式中 $q(x)_i$——计算段上的平均热流密度;

Δx——计算段沿轴向的长度;

d_i——计算段推力室平均直径,$d_i = \dfrac{d_{iin} + d_{iex}}{2}$;

c_{pxi}——计算段上冷却剂的平均比热容。

由于 Δx 段上温升不大,比热容的变化不大,故可取与该段入口处的冷却剂温度相对应的比热容值。

d_{iin} 为入口直径,d_{iex} 为出口直径。

通过上述计算,即可得到冷却剂沿通道的温度变化情况。

5. 冷却通道横截面积的确定

为了将热流密度 q 由冷壁面传给冷却剂,推力室的每一个截面都必须保证一定的传热系数,当考虑到冷却通道的肋条影响时,式(9 – 26)知

$$h_{xef} = q/(T_{wx} - T_x)\eta_{ef}$$

当 q 和 T_{wx}、T_x 已知时,在稳定传热过程中,对于液体冷却剂,h_{xef} 应和由冷却剂性质及冷却通道几何形状确定的传热系数相等,由式(9 – 22)知,必须满足 $h_{xef} = h_1$,即

$$0.023\frac{(\rho v)_1^{0.8}}{d_p^{0.2}}k_1 = \frac{q}{(T_{wl} - T_1)\eta_{ef}}$$

考虑到冷却通道中无肋条时内外表面积之差,以及肋条的影响,所需要的面积为

$$A_1 = q_{ml}\left[\frac{0.023k_1(T_{wl} - T_1)\eta_{ef}(1 + \delta_w)/d}{qd_p^{0.2}}\right]^{1.25} \qquad (9-29)$$

为了保证必需的散热量,冷却套的通道截面积必须小于按式(9-29)求出的面积。按所取得 A_1 计算冷却剂的流速:$v_1 = q_{ml}/A_1 \cdot \rho_1$,通常气体冷却剂的流速要比液体冷却剂的速度高得多。

9.5 膜冷却

一般来说,对于燃烧室压力 p_c 为 $15 \sim 35\text{MPa}$ 的推力室,热工作环境都十分恶劣,必须采用膜冷却,有时需要多条膜冷却环带相互配合使用才能满足热防护要求。这是现代液体火箭发动机推力室广泛采用的较为先进的内冷却技术。

液膜冷却就是在推力室内壁和气流之间,插入一个由喷注器边区喷嘴或冷却环带形成的薄层冷却液膜,这一在离心力作用下形成的连续薄层冷却液膜在本射流和主燃气流的带动下,紧贴着室壁面向喷管方向流动,以液膜和气膜形式对室壁起冷却保护作用。

冷却液膜在向喷管流动过程中,不断受到主燃气流的加热,沿途逐渐蒸发成气体。但该气体不会立即掺混到主燃气流当中去,而是以气幕的形式紧贴室壁继续存在于液膜下游一定距离内,对室壁进行保护。形成的气幕不仅与主气流有掺混,而且还与边界区气幕进一步反应,形成燃烧,充分利用了膜冷却剂的能量,使整个燃烧室效率有所提高。

从冷却剂注入直到它完全蒸发成气体为止的一段距离称为液膜长度,用 L_1 表示。从液膜终点到气膜终点的一段距离称为汽膜长度,用 L_g 表示。试验证明,不论主燃气流的温度多高,处于液膜保护下的室壁温度不高于该冷却剂的沸点 T_s,处于气膜保护下的室壁温度不高于该气膜的滞止温度,所以说处于液/气膜保护下的室壁温度是比较低的(图9-29)。

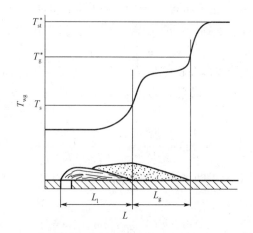

图9-29 液膜冷却保护室壁示意图

9.5.1　对液膜冷却效果的影响因素

1. 液滴飞溅的影响

液膜的冷却效果主要依赖于液膜沿壁面流动的稳定性,液膜稳定性的破坏是导致液滴飞溅的主要因素。大量液滴未经蒸发就离开液膜,使冷却剂的吸热能力降低。如果液滴离开液面后迅速汽化,由于蒸气比热容大于液体比热容,这将使边界层受到扰动和破坏,强化湍流在气液界面上的传热、传质和动量传递,液膜热防护能力降低。

液膜喷注量增加和主流流速加大是导致液膜不稳定的主要原因。对应于一定的被保护的室壁面积,液膜喷注量有一个对应的合适(恰当)值。当冷却液流量较小,主流流速较低时,液膜很薄,它的黏度能使液面湍流的扰动耗散,液面光滑平整。随着液膜喷注量的增加,由于冷却剂自身不稳定而产生的液膜表面扰动开始加剧,液面开始出现局部波动。若此时液膜很薄,它的黏度还能耗散一些小扰动,液面尚能保持相对平整。但随着流量再增加,超过某个临界值时,液膜厚度加大,冷却剂动力黏度 μ_l 对液膜表面结构的影响开始减弱,表面张力 σ_l 的影响开始占主导地位。若表面张力较大,液面波动能疏散,液膜还可稳定。当气流流速增大,达到一定值时,使诱发液膜表面产生扰动,使液膜表面的波动随气流流速的增加而加剧,最后失去稳定。

液膜喷注量大是液膜出现大波动的基本原因,当流量超过某一临界值,液膜过厚,即出现液面沿流向的大波动。气流流速大是诱发原因,而且主流气体的速度与冷却剂的运动速度相差越大,诱发作用越明显。液膜不稳定,表面出现波动,导致液滴飞溅是冷却剂流量和主流流速相互作用的结果。当二者超过某个临界值时,即发生不稳定和导致液滴飞溅。

2. 冷却剂参数的影响

冷却剂的喷射速度影响液膜在壁面上的附着性,进而影响液膜冷却效果。试验表明,当冷却剂从冷却环带喷射出来时的速度 v_l 小于某个值时,冷却液膜便均匀附着在壁面上,和室壁不分离地朝喷管方向流动,当喷射速度大于某一个值时,则冷却剂不再附着在室壁上,而是与室壁分离地向喷管方向流动,离开壁面的液/汽膜很容易被掺混到主气流当中去,使冷却效果显著降低。发生分离时的喷射速度称为临界喷射速度 $v_{l.cr}$。显然,$v_{l.cr}$ 越大,说明液膜附着性能越好。冷却剂的表面张力和黏度对液膜的附着性影响不大。冷却剂的密度越大,$v_{l.cr}$ 越小,附着性越差。

冷却剂所能吸收的热量 Q_l 越大,液膜冷却效果越好。Q_l 与冷却剂的比热容 c_{pl} 和汽化潜热有关。

3. 主气流参数的影响

主气流的燃气温度升高,将使燃气流传给液/汽膜和室壁的热流(尤其是辐射热流随温度和压力的升高而增大)增加,使冷却剂吸收的热量增加,室壁温的升高也会对液膜加热,使得液膜的长度缩短,导致液膜冷却效率降低。

燃烧室压力 p_c 对液膜长度影响不大,但 p_c 的升高可使冷却剂的蒸发焓升高,这可减小冷却剂的蒸发损失,有利于提高液膜的冷却效率。

试验还证明,$v_{1 \cdot cr}$ 随主气流的速度和密度的增加而增加,即液膜附着性得到改善,使液膜冷却效果得到提高。

4. 液膜射流方向的影响

试验证明,射流与主气流的流动方向平行,冷却剂液膜贴壁流动,主气流对射流的作用小,掺混程度低,冷却剂冷却效果好。射流与主流的流动方向不平行时,主气流将在射流上产生作用力,迫使其沿壁面流动,气流的掺混程度高,冷却剂冷却效果差。射流喷射角小,有利于液膜在壁面上的附着性,当 $\alpha < 75°$ 时(图9-30)液膜和壁面基本上不会产生分离现象。喷射角越大,冷却效果越差。

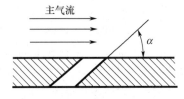

图9-30　液膜射流方向

5. 被冷却壁面形状及粗糙度的影响

壁面形状影响液膜的流态,进而影响冷却效果。在推力室圆柱段设置的冷却液膜,由于表面几何尺寸相同,冷却剂可均匀分布在室壁表面,形成均匀、稳定的液膜。在喷管部分,截面积变化,使边界层变化,再加上主气流速度、压力在流动方向上的变化、气流卷吸率变化,影响截面上液膜或气膜的冷却效果。试验表明,在凸面边界层内,雷诺应力及湍流动能比平板边界层明显小,而在凹面边界层内,结论相反。凸壁面气膜冷却效率比平板的衰减慢,而凹面上气膜的冷却效率比平板的衰减快。

被冷却室壁面的粗糙度低,有利于液膜的均匀性和附着性,冷却效果好。如果被冷却室壁面有积炭,则不利于液膜的均匀性和附着性,尤其是当积炭破裂,将直接破坏液膜的冷却作用。

9.5.2　液膜长度的计算

液膜在室壁上存在的长度比较短,而且在液膜保护下的室壁,工作是可靠的。进行液膜长度计算的目的,主要是为了确定气膜冷却的起点(即液膜存在的终点)。目前,尚未见到纯液膜存在段的传热计算方法,而且也没有必要进行这样的计算,如果想要估计这一段中的热流密度,可以认为 80% q_t 是通过液/气膜传给室壁的,而靠对流传给室壁的热流很少,q_c 差不多等于零。

液膜在流动过程中逐渐变成蒸气膜,主要靠液膜表面液滴的蒸发。在确定液膜长度 L_1 时,需要考虑两种可能存在的情况:一是形成液膜的冷却剂流量相对较小,流经液膜表面气体的温度和速度又比较高,液膜表面上飞溅的液滴都能很快蒸发,使得液滴在液膜表面来不及积存;二是形成液膜的冷却剂流量较大,流经液膜表面气体的温度和速度较低,飞溅液滴的蒸发速度较慢,液膜平均厚度和其长度成一定的比例,在液膜表面有可能形成液滴的积存。这两种情况,随液膜喷注量的大小和主气流气体参数的不同,在液体火箭发动机中都有可能存在。

如果不考虑复杂的液滴飞溅物理现象,只简单描述液膜沿壁面的蒸发过程,可从分析的角度出发,写出热平衡式,而后在此基础上推导出 L_1 的计算公式。

在液膜表面上,液体蒸发的全面积 A_{ev} 和以下参数成比例:当不考虑液膜表面有液滴积存时,和 $4\pi \cdot d \cdot L_1$ 成比例;当考虑到液膜表面存在液滴积存现象时,则和 $\dfrac{6\pi \cdot d \cdot L_1^2}{d_i}$ 成比例(d_i 为液滴直径)。

近似认为:①燃气向液滴传送的热量中,只有 q_c,忽略不计 q_r;②燃气和液体之间的参数和使液体蒸发的参数在长度 L_1 上是不变的常数,并按在 L_1 上的中间值进行计算。其热平衡方程可写成

$$A_{ev} \cdot q_c = q_{mcj} \cdot Q_s \tag{9-30}$$

式中 Q_s——冷却液膜蒸发成气体的蒸发焓值,有

$$Q_s = c_p(T_s - T_H) + \Delta h'$$

q_{mcj}——喷向壁面形成内冷却液膜的冷却剂流量,它可以是通过边区喷嘴形成的内冷却液膜流量,也可以是通过专门的冷却环带引进的内冷却液膜流量;

q_c——燃气向液滴的传热量,有

$$q_c = h_c \cdot (T_g^* - T_s)$$

c_p——液体的定压比热容,取值温度为 $T = \dfrac{1}{2}(T_H + T_s)$,$T_H$ 为液膜的初始温度;

$\Delta h'$——液体的汽化潜热。

基于上式,便可写出下面的液膜长度 L_1 的计算公式。

1. 分析式

$$L_1 = \eta \cdot \frac{q_{mcj}}{\pi \cdot d} \left[\frac{c_p(T_s - T_H)}{h_c(T_g^* - T_s)} + \frac{Q_s}{h_c(T_g^* - T_s)} \right] \tag{9-31}$$

式中 d——推力室内壁截面在 L_1 长度上的中间直径 $d = \dfrac{1}{2}(d_o + d_1)$,$d_o$ 为液膜开始形成位置身部截面内壁的直径,d_1 为液膜在壁面上存在的最终截面内壁直径;

η——液膜表面液滴飞溅系数,可取 $\eta = 0.3 \sim 0.7$。

该式适用于液面波动不大,液滴飞溅量较小,液膜变成蒸气以表面蒸发为主的情况。

2. 经验公式

经验公式主要建立在试验基础上,通过大量试验测量液膜存在长度 L_1,并在分析基础上找到一个和 L_1 有关的综合参数 B,使 $L_1 = f(B)$,并作成曲线。通过计算 B 值,在试验曲线上查得 L_1 值(图 9-31)。

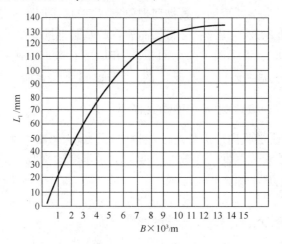

图 9-31　液膜长度随综合数 B 的变化

当不考虑液膜表面有液滴积存时:

$$B_1 = \frac{q_{m \cdot cj} \cdot Q_s \cdot \sigma_1^{0.5}}{(\pi \cdot d) \cdot c_{pg} \cdot \Delta T \cdot v_g^{1.5} \cdot \mu_g^{0.5} \cdot \rho_g} \qquad (9-32)$$

当考虑液膜表面有液滴积存时:

$$B_2 = \frac{q_{m \cdot cj}^{0.5} \cdot Q_s^{0.5} \cdot \sigma_1^{0.5}}{(\pi \cdot d)^{0.5} \cdot c_{pg}^{0.5} \cdot \Delta T^{0.5} \cdot v_g^{1.75} \cdot \mu_g^{0.25} \cdot \rho_g} \qquad (9-32)'$$

式中　$\Delta T = (T_g - T_s)$,T_g 为环绕液滴的气体温度在 L_1 长度上的平均值,$T_g = \frac{1}{2}$ $(T_{g \cdot o} + T_{g \cdot 1})$,$T_{g \cdot o}$ 为液膜开始形成时流经表面的气体温度。可近似认为和按平均混合比计算出的气体温度相等,即 $T_{g \cdot o} = T_{g \cdot over}$,$T_{g \cdot 1}$ 为液膜终结时气体的温度,它和过热蒸气的温度 $T_{g \cdot oh}$ 相等,即 $T_{g \cdot 1} = T_{g \cdot oh}$,并认为 $T_{g \cdot oh}$ 高于该液体的临界温度 $T_{1 \cdot cr}$,取 $T_{g \cdot oh} = T_{1 \cdot cr} + (30 \sim 50)$;

σ_1——液体的表面张力,取值温度为 $T_1 = \frac{1}{2}(T_H + T_s)$;

μ_g、$c_{p \cdot g}$、ρ_g——环绕液滴表面蒸汽与燃气混合物的黏度、定压比热容和密度

（用气体边界层中的中间温度 T_g' 来取值,$T_g' = \frac{1}{2}(T_g + T_s)$;

$\mu_g = \mu_{g \cdot o}(T_g'/T_{g \cdot o})^{0.7}$，$\mu_{g \cdot o}$ 为已知温度下的 μ 值）；

v_g——环绕液滴的气体速度,可近似认为它等于按推力室中平均混合比 $r_{m \cdot over}$ 算得的气体速度,v_g 为在 L_1 段上的两个截面的平均值,即 $v_g = (v_{g \cdot 0} + v_{g \cdot 1})/2$。

前面对 L_1 计算的方法只对应在推力室身部只设置一条液膜冷却带的情况。如果在推力室身部设置两条前后相随的冷却带,而且从第一个冷却带出来的冷却液,其蒸发需要的长度大于或等于前后两个冷却带之间的距离,仍可按只有一条冷却带的试验情况对待,认为所有冷却液都是从第一个冷却带喷出的。同样的冷却流量通过两个环带喷进推力室比通过一个环带时,蒸发得要慢一些,因为第一个冷却环带的存在,第二个冷却环带流出来的冷却剂要受到比主燃气流温度要低不少的低温气体的影响,所以在求 B 时,对 V_g 和 T_g 要做必要的修正。在做第一次近似计算时,可以这样认为

$$T_g = \frac{1}{2}\left[\left(T_{g \cdot over}\frac{q^*_{m \cdot cj \cdot 2}}{q_{m \cdot cj \cdot 1} + q^*_{m \cdot cj \cdot 2}} + T_{g \cdot oh}\frac{q_{m \cdot cj \cdot 1}}{q_{m \cdot cj \cdot 1} + q^*_{m \cdot cj \cdot 2}}\right) + T_{g \cdot oh}\right] \quad (9-33)$$

$$v_g = v_{g \cdot over \cdot 2}\frac{q^*_{m \cdot cj \cdot 2}}{q_{m \cdot cj \cdot 1} + q^*_{m \cdot cj \cdot 2}} + v_{g \cdot over \cdot 2}\frac{(1 - q_{m \cdot cj \cdot 2})q_{m \cdot cj \cdot 1}}{q_{m \cdot cj \cdot 1} + q^*_{m \cdot cj \cdot 2}} \quad (9-34)$$

式中 $q_{m \cdot cj \cdot 1}$——通过第一冷却环带喷出的冷却剂流量;

$q_{m \cdot cj \cdot 2}$——通过第二冷却环带喷出的冷却剂流量:

$$q^*_{m \cdot cj \cdot 2} = q_{m \cdot cj \cdot 2} + (q_{m \cdot cj \cdot 1} - q_{m \cdot cj \cdot 1 \cdot ev})$$

$(q_{m \cdot cj \cdot 1} - q_{m \cdot cj \cdot 1 \cdot ev})$——由第一冷却环带喷出的冷却剂蒸发后剩下的液体;

$q_{m \cdot cj \cdot 1 \cdot ev}$——从第一冷却环带喷出的冷却剂在流向第二环带过程中,未来得及蒸发的一部分液体;

$v_{g \cdot over \cdot 2}$——按一、二环带之间距离的中间值(此段有液膜复盖)来确定的气体流动速度。

一般情况下,液膜长度 L_1 为 $40 \sim 80$mm。

9.5.3　近壁燃气混合比的计算

1. 概述

冷却液膜只有蒸气状态下,才能和相邻的中心主燃气流进行掺混,在边流动边掺混过程中形成的近壁燃气流,在推力室长度上逐渐改变着自己的混合比值,进行对室壁起保护作用的近壁燃气流混合比的计算,是膜冷却计算的关键。只有知道了推力室内各截面上的近壁燃气混合比,才能估算出近壁燃气各热力参数,进而精确计算出燃气与室壁之间换热热流密度。图 9-32 示出了一推力室在头部引入内冷却液膜后,近壁燃气混合比沿推力室轴向变化的情况。

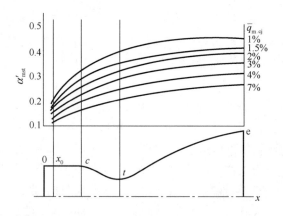

图 9 - 32　近壁区余氧系数沿推力室长度的变化

膜冷却计算和传统的近壁层冷却计算是不一样的。近壁层冷却计算是将由边区喷嘴形成的低 r_{mst} 近壁区（r_{mst} = 最边缘区参与燃烧的氧化剂流量/边缘区喷嘴燃料流量 + 燃料液膜流量）看成一个整体，虽然也有边区冷却液膜，但在计算时，不去单独考虑它的良好冷却效果。并且在计算热流 q_c 时，在整个推力室长度上，不考虑近壁气幕和中心气流的混合，认为 r_{mst} 是个常数。因为采用近壁层冷却方法时形成的边界气幕一般比较厚，和中心气流混合也不显著，所以作上述假设是可以的。而液膜冷却流量少，形成的液/气膜都很薄，和边界层的厚度大致相同，这时气幕的混合仅仅是在气幕流和不受干扰的主流气流之间进行的假设有一定的局限性，必须考虑到由于壁面摩擦而产生的边界层的湍流，它将使膜的冲刷加剧，传质传热过程加快。这个气膜和临近气流的掺混也进行得很快，不断有主气流中高混合比的燃气加入到气膜中来，所以在推力室长度上，r'_{mst} 的变化也很显著，因此必须按各截面真实的和 r'_{mst} 相对应的气流热力参数来计算 q_c。

2. 单条冷却液膜环带 r'_{mst} 的计算

1）计算公式

近壁燃气混合比 r'_{mst} 的计算方法在不少文献中都有介绍。本文介绍的是折合长度法。它首先确定液膜结束时（气幕开始计算时）冷却剂在气幕中的初始浓度 C_{sto}，在考虑到边界层中湍流性和整个气流系统中气幕流动的湍流性基础上，经过复杂的公式推导、简化，引进一个和推进剂浓度 C_{st} 变化密切相关的参数——推力室身部折合长度，用 $\bar{x}$ 表示。首先计算 C_{st}（或 $\overline{C_{st}} = C_{st}/C_{sto}$）随 $\bar{x}$ 的变化 $C_{st} = f(\bar{x})$，然后根据不同长度上的 C_{st}，计算相应截面的 r'_{mst}。首先根据气幕流量，推导出 C_{st} 和 r'_{mst} 的关系，当所使用的内冷却剂为燃料时，有：$q_{msto} = c_{st} + \dfrac{1 - C_{st}}{\gamma_m + 1}$

γ_m；$q_{mstf} = (1 - C_{st}) - \dfrac{1 - C_{st}}{1 + \gamma_m}\gamma_m$。$\dfrac{1 - C_{st}}{1 + \gamma_m} \cdot \gamma_m$ 为 $(1 - C_{st})$ 质量中，中心燃气氧化剂

所占的量,则有

$$r'_{mst} = \frac{r_m}{1 + \dfrac{C_{st}}{1 - C_{st}}(1 + r_m)} \quad \text{或} \quad \alpha'_{mst} = \frac{\alpha_m}{1 + \dfrac{C_{st}}{1 - C_{st}}(1 + r_m)} \qquad (9-35)$$

式中 r_m——中心区气流的混合比。

折合长度的表达式:

$$\bar{x} = \frac{C_{sto}n_o(1 + n_o)}{100 \cdot \bar{q}_{m \cdot cj}(1 + 2n_o)} \int_{x_o}^{x} \left[\left| \frac{\Delta v}{v_g} \right| + 0.75\left(\frac{\delta^*}{\delta}\right)^{1.35} \right] \frac{dx}{Dd\alpha} \qquad (9-36)$$

式中 C_{sto}——气幕开始截面(0 截面,液膜结束截面)冷却剂的浓度。认为主流气流传给液膜的热量,用在将部分液体蒸发,并将该蒸气进一步过热了,设 Δh_g 为主气流燃气的焓差,Δh_{oh} 为蒸气的过热焓值,则有

$$\Delta h_g = C_{sto}\Delta h_g + \Delta h_{oh}C_{sto}$$

$$C_{st \cdot o} = \frac{1}{1 + \Delta h_{oh}/\Delta h_g} \qquad (9-37)$$

其中 $\Delta h_g = c_p(T_g - T_{g \cdot oh})$,取 $T_g = T_{g \cdot over}$,$T_{g \cdot oh} = T_{1 \cdot cr} + 40$,$c_p$ 取值温度为 $\frac{1}{2}(T_g + T_{g \cdot oh})$,$\Delta h_{oh} = Q_s = c_p(T_s - T_H) + \Delta h'$,$\Delta h' = 30\dfrac{\text{kcal}}{\text{kg}} = 125.6\text{kJ/kg}$。

n_o——液膜结束截面浓度的型面指数,当液膜表面有液滴飞溅,但没有液滴积存时,取 $n_o = 1$。

$\bar{q}_{m \cdot cj} = q_{m \cdot cj}/q_{mc}$——液膜流量与推进剂总流量之比。

x_o——气幕开始截面的轴向坐标,根据液膜长度计算确定,也可近似取 $x_o = 40 - 50\text{mm}$。

x——沿推力室中心线的轴向坐标。

α——喷管型面母线和中心线的夹角,型面长度 $dl = \dfrac{dx}{\cos\alpha}$。

气幕边界层厚度 δ^* 与气幕厚度之比,$\delta^*/\delta = \dfrac{\delta^*}{D}\dfrac{D}{\delta}$,$D$ 为计算截面推力室身部内壁的直径,取 $\dfrac{\delta}{D} = \bar{q}_{m \cdot cj}/C_{st \cdot o}$,则有

$$\frac{\delta^*}{\delta} = \frac{C_{st \cdot o}}{\bar{q}_{m \cdot cj}}\frac{\delta^*}{D}, \frac{\delta^*}{D} = \left(\frac{\delta^*}{D}\right)_o\left(\frac{D_t}{D_{t \cdot o}}\right)\left(\frac{p_{c \cdot o}}{p_c}\right)^{0.15} \qquad (9-38)$$

$\left(\dfrac{\delta^*}{D}\right)_o$——相似推力室几何型面已知的试验数据。

$\dfrac{\Delta v}{v_g}$——Δv 为气幕层气体的速度和靠近壁面处气体速度之差,v_g——主气流的速度。

如果液膜是在圆筒段中引进,并在圆筒段中消失,即蒸气膜和气流的掺混在燃烧室中已经开始$(x > x_o)$,$\dfrac{\Delta v}{v_g}$可按下式计算:

$$\frac{\Delta v}{v_g} = C_{st} \qquad\qquad (9-39)$$

如果蒸气幕和气流之间的掺混是在喷管收敛段和扩散段部开始,则有

$$\left|\frac{\Delta v}{v_g}\right| = \left[1 - \left(\frac{\rho_{tg}}{\rho_{t \cdot st}}\right)\left(\frac{v_{t \cdot g}}{v_{t \cdot st}}\right)\right]\left(1 - \frac{v_{g \cdot o}}{v_g}\right) + \frac{\Delta v_o}{\Delta v_g} \qquad (9-40)$$

式中　$\rho_{tg}、v_{t \cdot g}$——临界截面处主气流的密度和速度;

　　　$\rho_{t \cdot st}、v_{t \cdot st}$——临界截面近壁处主气流的密度和速度;

　　　$v_o、\Delta v_o$——气幕流开始截面的速度和速度差。

$\dfrac{\rho_{t \cdot g}}{\rho_{t \cdot st}} = \dfrac{(RT)_{t \cdot st}}{(RT)_{t \cdot g}}$ 为临界截面处的热力参数,$(RT)_{t \cdot st}$、$(RT)_{t \cdot g}$由热力计算得到。

$$\frac{v_{t \cdot g}}{v_{t \cdot st}} = \frac{\left[4\dfrac{\rho_{t \cdot g}}{\rho_{t \cdot st}}\left(1 - \dfrac{v_{g \cdot o}}{v_{t \cdot g}}\right) + (1 - C_{st \cdot o})^2\left(\dfrac{v_{g \cdot o}}{v_{t \cdot g}}\right)^2\right]^{1/2}(1 - C_{st \cdot o})\dfrac{v_{g \cdot o}}{v_{t \cdot g}}}{2\left(1 - \dfrac{v_{g \cdot o}}{v_{t \cdot g}}\right)\dfrac{\rho_{t \cdot g}}{\rho_{t \cdot st}}} \quad (9-41)$$

其中,$\dfrac{v_{g \cdot o}}{v_g} = \dfrac{\beta_o}{\beta}$;$\dfrac{v_{g \cdot o}}{v_{t \cdot g}} = \dfrac{\beta_o}{\beta_t}$;$\dfrac{\Delta v_o}{v_g} = C_{st \cdot n \cdot o}\dfrac{\beta_o}{\beta}$;$\beta = f(D) = \dfrac{v}{\sqrt{2c_p T}}$为特征速度比;

$C_{st \cdot n \cdot o} = C_{st \cdot c}$为喷管入口处的浓度。

2)计算顺序

(1)列举原始数据。

推进剂,r_m,冷却剂,p_c,推力室几何尺寸,$q_{m \cdot cj}$。

(2)求 $C_{st \cdot o}$;按式(9-37)求解。

(3)圆筒段部分的 r'_{mst} 计算:将式(9-36)简化为

$$\bar{x} = a\int_{x_o}^{x_c}\left[C_{st} + b\delta^{1.35}\right]dx \qquad (9-42)$$

式中　$a = C_{st \cdot o}/150D_c \cdot q_{m \cdot cj}$;

　　　$b = 0.75C_{st \cdot o}/(D_c^{1.35}q_{m \cdot cj}^{1.35})$。

由式(9-38)和图9-33求 δ^*。

将圆筒段在 x_o 后分成几个截面,设一组 C_{st},按上式求 $\bar{x}_1$,由曲线或查表9-2得 $\bar{C}_{st}$,$C_{st} = \bar{C}_{st} C_{st \cdot o}$,和预设值作比较,反复迭代,直到两组 C_{st} 相同为止,由式(9-35)求得 r'_{mst}。

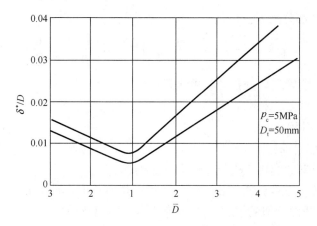

图 9 – 33　气体边界层厚度随推力室相对直径的变化

表 9 – 2　壁面冷却剂浓度 $\overline{C}_{st}$ 随折算长度 $\overline{x}$ 的变化表

$\overline{C}_{st}$	0.8	0.7	0.6	0.5	0.4	0.3	0.2	0.1	0
95	0	0.0019	0.0093	0.027	0.063	0.14	0.31	0.96	4047
90	0	0.0021	0.0100	0.028	0.068	0.145	0.32	1.0	5.01
85	0	0.0024	0.0105	0.030	0.071	0.15	0.34	1.05	5.62
80	0	0.0026	0.0110	0.031	0.072	0.16	0.36	1.12	6.31
75	0	0.0028	0.0117	0.032	0.076	0.165	0.37	1.20	7.08
70	0	0.0032	0.0126	0.034	0.080	0.17	0.39	1.29	7.94
65	0.0003	0.0034	0.0132	0.037	0.081	0.175	0.41	1.38	9.33
60	0.0004	0.0037	0.0138	0.039	0.085	0.18	0.44	1.48	10.5
55	0.0004	0.004	0.0146	0.041	0.089	0.19	0.46	1.58	12.3
50	0.0005	0.0043	0.0155	0.043	0.091	0.20	0.48	1.7	14.1
45	0.0006	0.0047	0.0166	0.044	0.096	0.205	0.51	1.86	17.0
40	0.000	70.0051	0.0174	0.045	0.098	0.21	0.56	2.0	21.9
35	0.0008	0.0055	0.0182	0.047	0.102	0.22	0.59	2.19	25.7
30	0.0009	0.0059	0.0191	0.048	0.105	0.23	0.62	2.34	33.1
25	0.001	0.0063	0.0200	0.050	0.107	0.24	0.65	2.57	40.765
20	0.0011	0.0068	0.0209	0.053	0.112	0.25	0.69	2.82	
15	0.0013	0.0072	0.0224	0.055	0.117	0.26	0.74	3.09	
10	0.0014	0.0078	0.0234	0.056	0.123	0.27	0.80	3.39	
5	0.0016	0.0081	0.0245	0.059	0.129	0.28	0.83	3.72	
0	0.0017	0.0087	0.0257	0.062	0.132	0.30	0.89	4.07	

注:数字为 $\overline{x}$ 值的有效数字,横眉为 $\overline{C}_{st}$ 之小数第一位,左第一数列为小数二、三位,例如: $\overline{x} = 0.041$ 时,
$\overline{C}_{st} = 0.555$

（4）喷管部分的 r'_{mst} 计算：

$$\bar{x} = \bar{x}_1(\bar{x}_1 = \bar{x}_c) + m\int_{l_c}^{l}\left[\frac{\Delta v}{v_g} + s\left(\frac{\delta^*}{D}\right)^{1.35}\right]\frac{dl}{D} \quad (9-43)$$

式中　$\bar{x}_c$——喷管入口处折合长度坐标；

$\quad\quad l_c$——燃烧室末端坐标；

$m = C_{st\cdot o}/150q_{m\cdot cj}$；

$s = 0.75C_{st\cdot o}^{1.35}/q_{mst}^{1.35}$。

为方便计算，可作图 $C_{st} = f(\bar{x})$ 和 $\alpha_{mst} = f(\bar{x})$。

当圆筒段的混合计算求出 r'_{mst} 后，可沿燃烧室长度作轴向的 r'_{mst} 分布，然后延长，求出临界截面近似的 r'_{mst} 值，用它作为第一次近似值，求出相应的 $\bar{x}$ 值，在查曲线得第二次近似值 r'_{mst}，并与第一次近似值比较，反复迭代，直到相邻两次的 r'_{mst} 相等为止。最后得到沿整个推力室轴向的 r'_{mst} 分布。

亚声速和超声速段 β 与 $\bar{D}$ 的对应关系如图 9－34 和图 9－35 所示。

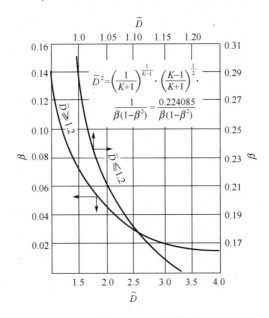

图 9 - 34　亚声速段 $\beta = f(\bar{D})$，$K = 1.2$

3. 多条冷却液膜环带 r'_{mst} 的计算

（1）当只有两条冷却液膜环带时，仍可通过求冷却剂浓度的方法求近壁燃气的混合比，第二个冷却环带后的 $C_{st\cdot i}$ 为

$$C_{st\cdot i} = \frac{C_{st\cdot 2}(1 + \bar{q}_{m\cdot cj\cdot 1}/q_{m\cdot cj\cdot 2})}{(1 + \bar{q}_{m\cdot cj\cdot 1}/q_{m\cdot cj\cdot 2})(C_{st\cdot 2}/C_{st\cdot 1})^2} + \frac{C_{st\cdot 1}(1 - C_{st\cdot 2}) + C_{st\cdot 2}}{1 + (\bar{q}_{m\cdot cj\cdot 2}/\bar{q}_{m\cdot cj\cdot 1})(C_{st\cdot 1}/C_{st\cdot 2})}$$

$$(9-44)$$

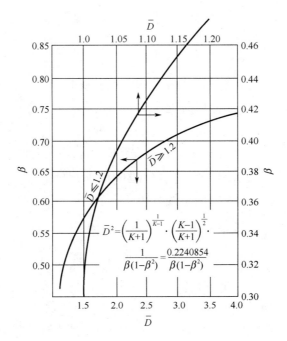

图 9-35 超声速段 $\beta = f(\overline{D})$, $K = 1.2$

式中 $C_{st \cdot 1}$、$C_{st \cdot 2}$——第一、二冷却环带的冷却剂浓度,为 x 的函数;

$$\overline{q}_{m \cdot cj \cdot 1} = q_{m \cdot cj \cdot 1} / (q_{m \cdot c} - q_{m \cdot cj \cdot 1} - q_{m \cdot cj \cdot 2})$$

$$\overline{q}_{m \cdot cj \cdot 2} = q_{m \cdot cj \cdot 2} / (q_{m \cdot c} - q_{m \cdot cj \cdot 2})$$

(2)多条内冷却环带 r'_{mst} 的计算。

膜冷却剂通常在推力室中处于超临界状态,求出边界层燃气混合比,用它来代替近壁燃气混合比。首先利用边界层中和壁面摩擦而造成的动量损失的方法和边界层速度断面可近似用指数规律表示:$v / v_g = (y / \delta^*)^n$,推算出边界层的厚度 $\delta^* = f(Re \cdot x)$,得到边界层流量 $q_{bl} = f(\rho v, \delta^*)$,以及主流燃气沿轴向卷入到边界层的卷吸量 $q_0 = q_{bl,i+1} \cdot f_{bl,i+1} - q_{bl,i} \cdot f_{bl,i}$($f_{bl}$ 为边界层的宽度)。如果主流燃气的混合比和前一个 i 截面的燃气混合比已知,则可求得下游边界层($i+1$)截面燃气混合比 $r'_{bl,i+1}$。

$$r'_{bl,i+1} = \frac{i \text{ 截面燃气中的氧化剂} + (i+1) \text{ 和 } i \text{ 截面间卷吸主流燃气的氧化剂}}{i \text{ 截面燃气中的燃料} + (i+1) \text{ 和 } i \text{ 截面间卷吸主流燃气的燃料}}$$

即 $$r'_{bl,i+1} = \frac{q_{bl} \cdot f_{bl \cdot i} (1 - c_{bl \cdot i}) + q_0 (1 - c_0) \cdot k_t}{q_{bl} \cdot f_{bl \cdot i} c_{b \cdot i} + q_0 c_0 \cdot k_t} \qquad (9-45)$$

式中 $q_{bl} \mid_x$——喷注点下游 x 处的边界层流量:

$$q_{bl} \mid_x = 0.308 \cdot q_{mcj} \cdot (x_i - x_0)^{0.8} \qquad (9-46)$$

x_0 为无量纲化的当量有效前缘:

$$x_0 = (3.25 + x_1^{0.8})^{1.25} - x_1$$

x_1 为喷注点位置

$x_i = K_c x_i$，K_c 为变形系数；

q_0——$(i+1)$ 和 i 截面间从主流燃气的卷吸量

$$q_0 = f_{b1} dq_0 = q_{b1,i+1} f_{i+1} - q_{b1} f_{b1,1}$$

$$q_{b1,i+1} = q_{b1,i} + dq_0 + dq_c$$

dq_c 为由于推力室轮廓收缩使边界层单位圆周流量增加：

$$dq_c = -q_{b1}(1/2)(dD/dx)dx$$

dD/dx 为沿轮廓线直径变化率；

K_t——湍流度修正系数：

$$K_t = 1 + C_t \varepsilon_t = 1 + 0.0367 \left(1 - \delta^* / \frac{D}{2}\right)^{\frac{12}{11}}$$

可以认为，内壁有多条冷却环带时，各冷却环带有可能形成一连续的边界层，即壁面的湍流边界层先后受几次冷却剂喷注，经变形后连续发展，在近壁处形成一完整的边界层，图 9-36 示出了三次冷却剂经环带喷注的情况。

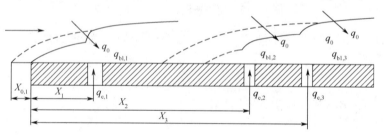

图 9-36　连续发展的边界层模型

9.6　影响热交换系数的因素

（1）冷却液的物理性能。冷却通道内的压力为定值时，冷却液的导热性能越好，比热、密度越大，沸点越高，黏性越小，冷却效果越好。

（2）冷却液在通道内的流速 v_1。v_1 增加可使液壁面附近的层流底层由厚变薄，冷壁向冷却液的传热强度增大（即 h_1 增大）。$T_{wl} = T_1 + q/h_1$，所以在同样的 T_1 和 q 下，h_1 的增加，导致 T_{wl} 减小。又因为 $T_{wg} = T_{wl} + q\delta/\lambda$，则当壁的传热系数 λ、壁厚 δ 和热流 q 不变时，T_{wl} 的减小使 T_{wg} 随之减小。加大 v_1，可使冷却效果提高。

（3）液壁温度 T_{wl}。推力室液壁温度 T_{wl} 的高低，决定了液壁向冷却液的传热状态。当 T_{wl} 高于通道中当地压力下冷却液的沸点 t_s 时，可产生冷却效果好的"泡沸腾"和冷却效果差的"膜沸腾"两种传热状态。

（4）室壁的厚度和材料的导热性能。由式（9-2）可以看出，室壁材料的导热性好,且室壁做得很薄,可以提高冷却效果。导热性能好的薄壁结构,可以使传热状态在较低的 T_{wg} 下达到稳定。T_{wg} 降低有利于减少壁的热应力。如温差不变,则允许有较大的热流通过。也就是说,选择导热性好的材料和减薄壁厚可以提高近壁层的混合比,使喷注器混合效率提高,从而减少了因组织低温近壁层所引起的比冲损失。

(5) 燃烧室内压力 p_c。p_c 对换热强度有很大的影响。因 p_c 增大时,燃烧室中流动气体的密度增大,ρv 增大,由气体传给室壁的热量增加,p_c 改变两倍,可使 q_c 改变 1.8 倍多。p_c 增大,p_{H_2O} 和 p_{CO_2} 也相应增大,传给室壁的辐射热流 q_r 也增加,q_c 和 q_r 增加,将导致室壁温升高。

(6) 燃气温度 T_g。T_g 的升高,可使 q_c 和 q_r 变大,也会产生与 q_c 提高同样的效果,使壁温升高。

(7) 推力室几何尺寸。推力室的绝对尺寸对传热有一定影响,但不显著。例如,临界截面直径改变三倍,导致热流改变 1.09 倍,直径增大,热流减少。

(8) 人为粗糙度。

9.7 推力室身部冷却计算步骤

液体火箭发动机在设计中所进行的身部冷却计算,一般属于校核性计算,在方案论证阶段,当用于冷却的推进剂组元选定之后,通过冷却计算,将冷却液在通道中的流速和通道的几何形状及尺寸,根据冷却和强度的需要预先选定。校核计算的目的是求出热流 q 和温度 T_{wg}、T_{wl} 沿推力室轴向变化的情况,以及冷却液温度 t_1 升高的情况,如不能满足要求,再更改其他参数。

9.7.1 冷却计算的原始数据

(1) 推力室的几何参数及冷却通道的几何参数。

(2) 内壁的厚度,不同温度下内壁材料的导热系数和强度。

(3) 推力室内中心燃气流和近壁区燃气流的热力参数(例如:燃烧室内压力 p_c;流量 q_{mo}、q_{mf};余氧系数——$\alpha_{m中}$、α_{mst}、$\alpha_{m \cdot over}$,燃气温度和气体常数——$T_{g中}$、T_{gst}、$R_{g中}$、R_{gst};黏性系数;燃气成分——p_{H_2O} 和 p_{CO_2};燃气的假想分子量 M_Σ 等)。

(4) 冷却液的参数:冷却液入口温度 $t_{1 \cdot 0}$;冷却液压力和速度在通道中的分布通过液流计算得到;冷却液的物理性质——导热系数、黏度、密度以及它们随温度变化的情况;临界压力、临界温度、沸点等。

9.7.2 计算步骤

首先,按比例画出推力室身部的结构示意图,分段标出各段的序号和几何尺寸。例如:距喷注器面的轴向长度x_i,各段截面的内壁表面的直径D_i等。一般认为液膜在距离喷注器面50~100mm处结束,第一个计算截面可取x_1=70~80mm,如图9-37所示。然后用图解法对每一截面分别按下述步骤进行计算:

(1) 假设气壁温度T_{wg}。按一般规律,T_{wg}在临界截面处最高,对内壁材料为1Cr18Ni9ti时,可取T_{wgt}=1320K;燃烧室部分温度较低,可取T_{wgc}=1200K;喷管出口截面最低,可取T_{wge}=530K。并假设T_{wg}沿推力室轴向为直线分布。

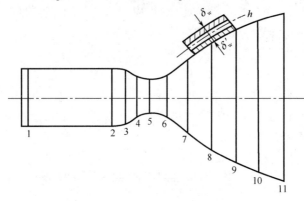

图9-37 冷却计算推力室身部分段示意图

(2) 按式(9-6)求出h_c。参照式(9-1)求出各截面对流热流$q_c = h_c(T_g - T_{wg})$。或按式(9-11)直接求出q_c。

(3) 计算辐射热流q_r。

(4) 计算总热流:$q = q_c + q_r$,并给出q沿推力室轴向长度的变化曲线,并作出$q \sim f(T_{wg})$图。

(5) 计算冷却液的温升:

在推力室任一微元段上,冷却液的温升为

$$\mathrm{d}T = \frac{q}{3600 q_{mx} c_{px}} \mathrm{d}A$$

式中　$\mathrm{d}A = \dfrac{\pi D \Delta x}{\cos\alpha}$——微元段旁侧表面积。

室壁第n段冷却液的温度为

$$T_{xe} = T_{x0} + \sum_{i=1}^{n} \frac{q_i \pi D_i}{\cos\alpha_i} \frac{\Delta x}{q_{mx} c_{px_i} 3600}$$

式中　T_{xe}——冷却液在n段出口处的温度;

　　　T_{x0}——冷却液在冷却套进口处的温度;

　　　q_{mx}——冷却液质量流量,kg/s;

　　　Δx——计算段沿轴向长度,m;

264

c_{px_i}——计算段上冷却液的平均比热,kJ/kg·K,因为在 Δx 长度上,温升不大,可近似认为该段入口处液体的温度为取值温度;

D_i——计算段的平均直径;

α_i——室壁型面母线与轴线的夹角。

检验温升情况,推力室冷却通道出口处冷却液的温度应低于该处压力的沸点。

(6)计算液壁温度 T_{wl}:按式(9-24)计算出与其相对应的 q 值,根据试验曲线查出 T_{wl} 值,并作出 $q \sim f(T_{wl})$ 图。

(7)用平均壁温($T_{w平}$)图解法求平衡点:

任取一 q 值,分别在 $q \sim f(T_{wg})$ 和 $q \sim f(T_{wl})$ 两条曲线上查出 T_{wg} 和 T_{wl},计算平均壁温 $T_{w平} = \dfrac{T_{wg} + T_{wl}}{2}$。每个 q 值和它相应的 $T_{w平}$ 值都在 $q \sim T$ 图形中确定一点。若取两个 q 值则可确定两点,将两点连成直线,即得 $q \sim f_1(T_{w平})$。

任取一对 T_{wg} 和 T_{wl},并计算出 $T_{w平}$,按式(9-2)计算出 q,用两组 q、$T_{w平}$ 值,又可连成 $q \sim f_2(T_{w平})$。

$q \sim f_1(T_{w平})$ 和 $q \sim f_2(T_{w平})$ 的交点即为平衡点,对应的参数(q,T_{wg},T_{wl})即为所求值,如图9-38所示。

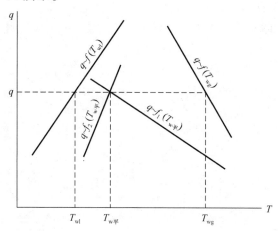

图9-38 冷却计算参数平衡图

(8)核算气壁温度 T_{wg}

根据公式 $T'_{wg} = T_{wl} + \dfrac{\delta_w}{\lambda_w} q$ 计算出 T'_{wg},比较 T'_{wg} 和一开始假设的 T_{wg}。若两者误差小于5%,则认为计算足够精确,计算结束。若误差超过5%,则 T'_{wg} 可作为第一次近似值,进行重复计算,直到满意为止。

第10章　推力室身部结构

10.1　概　　述

　　近代使用的液体火箭发动机推力室身部都是由薄金属板材制成的重量很轻的结构。随着燃烧室压力的提高和高性能推进剂的应用，燃烧室内温度也随之提高。为保证身部工作的可靠性，绝大多数液体火箭发动机的推力室均采用了外冷却措施，使冷却液沿着身部内外壁组成的冷却通道流过，将热量带走。有时还会采用提高冷却液流速、增大壁的传热面积（采用散热片）和在通道内人为增加粗糙度（加大冷却液湍流度）等措施，强化外冷却效果。不少情况下，只采用外冷却一种方法，还不能保证在整个推力室长度上都能得到满意的内壁温度，以保证其可靠工作，还必须采用内冷却措施，这就需要在身部某些部位增加液膜冷却环带，组织膜冷却。

　　在现代的液体火箭发动机中，多数单独采用氧化剂或燃料一种组元作冷却液，也有同时采用上述两种组元作冷却液，为了便于布置，减短冷却液流道的长度以及降低冷却通道的流体阻力，有时将冷却液分几条流路供入，各条流路的冷却液分别冷却燃烧室或喷管的某一段。当采用液氢作为冷却液时，上述的冷却液流路布置很具有代表性。为了冷却推力室身部，往往只用推进剂的一部分流量就足够了。图10-1为冷却液导入推力室冷却通道的各种流路示意图。

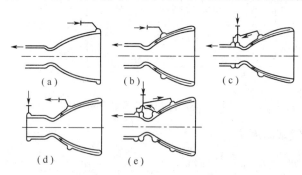

图10-1　将组元导入推力室冷却通道的各种流路示意图

　　流路（a）是最简单的一种流路。所有的冷却液从喷管出口端流入，流向燃烧室头部。在流路（b）中，喷管后段只用部分冷却液冷却，因为这一段壁面的热流密度较小，由于流经的是导管长度短且尺寸较小的集液管（集液器），这种流动方案可稍降低在冷却通道内的流阻损失,也可减小推力室的结构重量及外廓尺寸。流路(c)及(e)在结构上较为复杂,但也可减短导管长度,降低冷却通道的流阻损失,且能将温度较低的冷却液供入热流密度较高的区域(喷管的亚声速区和喉部区)。

流路(d)与流路(a)相反,冷却液从头部进入冷却通道。其优点是减短了流经的导管长度。这种流路使管束式身部结构特别易于设计局部。在这种情况下,冷却液沿一部分细管流向喷管出口端,再沿另一部分细管从出口端返回流向头部。

冷却通道结构是推力室身部结构的最主要组成部分。整个推力室的结构风格、结构强度、外冷却的可靠性,以及结构重量等都与冷却通道结构状态密切相关。有多种不同结构状态和不同内、外壁连接方式的冷却通道结构可供选择。早期的液体火箭发动机,由于燃烧室压力较低,热流密度不大,曾使用内、外壁之间保持一定间隙,但不互相连接的光滑缝隙式冷却通道,见图 10 – 2(a)、(b)。由于身部需要一定的强度和刚性,非连接式冷却通道内、外壁一般都做得比较厚(>2mm),质量较大,在冷却液流量很小的情况下,为保证所需的流速,通道的缝隙尺寸必须很小(≤1.5mm),这在工艺上很难实现。当冷却通道内压力较高时(>3MPa),相对较薄的内壁在温度较高的情况下,很容易失稳变形。随着液体火箭发动机技术的发展,这种缺点较多的冷却通道结构很快被内、外壁牢固连接的冷却通道结构所代替。最早使用的连接式冷却通道是 20 世纪 50 年代苏联在中小推力发动机和燃气发生器上使用的压坑点焊式结构,见图 10 – 2(c)、(d)。事先在外壁上冲出圆形或椭圆形的压坑,再用点焊的方法和内壁连接在一起,以构成冷却通道。通道间隙由压坑的深度保证,一般为 1.5 ~ 2mm。压坑在外壁上的排列一般采用棋盘式,它可保证冷却液在通道中流动时分布比较均匀,且具有较好的结构刚性。这种结构的缺点有二:一是内外壁连接强度受到焊点数目的限制,焊点越多,强度越高,但水力损失增加,因此不能承受较高的冷却压力,一般情况下,通道中所允许的工作压力不超过 7MPa,破坏压力不高于10MPa;二是冷却条件差,焊点位置得不到冷却,沿液流方向压坑后部分的换热条件恶劣。由于工艺上的原因,室内壁又不能做得很薄。这种结构形式可用于燃烧室内压力较低的小推力室或燃气发生器的身部。

在身部上除了焊装有为冷却通道服务的集液器和入口管等零组件外,有时为了在火箭上固定推力室和传递推力,在身部或头、身连接处焊装有支架。如果在火箭飞行期间需要靠推力室的整体摆动对其运行进行控制,则需要将涡轮泵联动装置通过焊装在推力室上的支承组件和推力室连接在一起。为了引进内冷却液进行膜冷却,还焊装有相应的内冷却环带。集液器和入口管、支架和支承组件等身部总体直属件,以及内冷却环带,在推力室上的布局和焊装连接,在设计时都需认真考虑,以免影响身部冷却通道的正常工作和造成身部的局部变形。

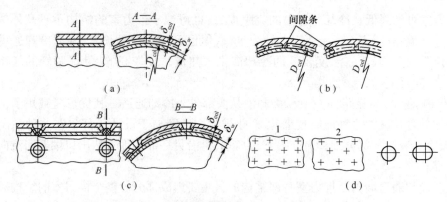

图 10 - 2　推力室缝隙式与压坑式冷却通道示意图

(a)、(b) 缝隙式通道；(c) 在冲压坑处进行内、外壁连接；(d) 冲压坑布局示意图。
1—正方形排列；2—棋盘式排列。

10.2　现代发动机推力室广泛使用的冷却通道结构

10.2.1　波纹板和铣槽式通道

1. 结构特点

波纹板夹层式冷却通道，是在成型好的内、外壁之间放置由薄板材事先压制好的波纹板零件，通过高温钎焊将它们连接在一起，如图 10 - 3 所示。

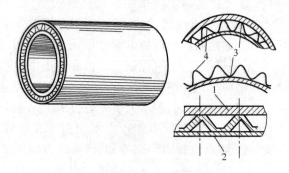

图 10 - 3　波纹板夹层冷却通道
1—外壁；2—内壁；3—钎焊面；4—波纹板。

机械铣槽式冷却通道结构，是在成型好的厚内壁上先铣切出肋条和槽沟，然后与外壁装配，通过高温钎焊将内、外壁连接在一起，如图 10 - 4 所示。

波纹板的高度和槽沟的深度（肋条的高度）保证了冷却通道所要求的间隙。这两种结构形式，内、外壁之间都有大量的相互连接处，从而保证了内、外壁的连接强度，并使推力室身部整体也具有较高的刚性和强度。这两种结构形式的冷却通道内均能承受很高的压力。波纹板夹层式冷却通道内的工作压力，一般可

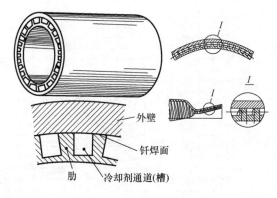

外壁

钎焊面

肋　冷却剂通道(槽)

图 10 - 4　铣槽式冷却通道

达 10 ~ 15MPa,破坏压力 30 ~ 40MPa,多数情况下是在波纹板冲压减薄处撕裂,少数是在钎焊点处裂开。对于铣槽式冷却通道,如钎焊质量好,则每一条槽沟形成的通道就像是一个变截面管,具有很高的承压能力,通常工作压力可达 20 ~ 30MPa,极限承受压力在 50MPa 以上。

将铣槽式和波纹板夹层式两种冷却通道结构进行比较可以看出:

(1) 铣槽式的内、外壁连接强度比波纹板式的连接强度高。铣槽式只有一个钎焊连接面与外壁钎焊连接,而波纹板有两个钎焊连接面与内、外壁都要钎焊上,而且内壁的钎焊连接面工作时处于热状态,其连接强度低于处于外壁冷却面的相应值。尤其是用氧化剂作冷却剂时,由于对内壁钎焊点的热腐蚀冲刷作用,钎焊点连接面积有时会因逐渐减小而断开。

(2) 波纹板夹层结构,制作过程复杂,需要工艺装备多,对工艺质量,尤其是钎焊质量要求高,在内壁外表面用铣切方法加工肋条和槽沟则比较简单。

(3) 肋条的钎焊焊缝连接质量易于检验(比较容易判断 X 光透视底片反映的焊缝质量);而对于波纹板结构,由于内、外壁的焊缝相互紧靠,加上在装配、抽真空以及钎焊过程中波纹板的变形移位,钎焊料熔化后聚集不均匀,使得钎焊缝检验工作十分复杂。

(4) 当减小肋条与波纹板间距时,与肋条相比,波纹板较大程度占用了冷却通道的流通面积,如图 10 - 5 所示。占用系数 ξ_c 为未被占用时通道截面积(自由冷却通道横截面积)与实际的通路横截面积之比。当冷却通道被占用的情况严重时,为保证给定的冷却液速度,必须相应地增加冷却通道的高度,这将导致推力室结构质量的增加,当 ξ_c 大时,流阻损失也相应增加。

(5) 和肋条式相比,波纹板结构有一半的冷却液不能和内壁直接接触,不利于内壁温度的降低。铣槽式肋条效应传热效果比波纹板好,可提高热流约 20% 。

鉴于上述原因,现代多数液体火箭发动机的身部大都采用铣槽式连接结构。

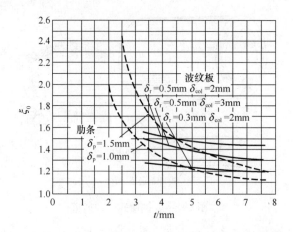

图 10 – 5　不同连接结构的占用系数

2. 结构设计

在身部的圆筒段,因截面直径是不变的,当内壁上铣切的肋条数和波纹板数一定时,肋条和波纹板连接部位的间距在其长度上也是一个常数。在喷管部分,当内、外壁的连接线条数(肋条数和波纹数)在一定压强内为一定值时,连接部位的间距,也得随着直径的改变而变化,如图 10 – 6 所示。最小间距(t_{min})要由生产工艺确定,而最大间距(t_{max})要根据冷却通道压力作出的强度计算结果来确定。图 10 – 7 示出了推荐选用的几个结构尺寸的范围。

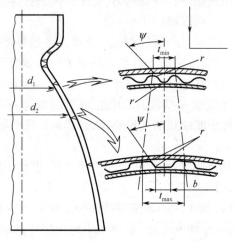

图 10 – 6　内、外壁连接间距沿喷管轴向的改变
（b—钎焊宽度）

对于铣槽式连接结构:

$$t_{max} = 5 \sim 7.5\,\text{mm}; t_{min} = 2 \sim 3.5\,\text{mm}$$

冷却通道高度 $\delta_{col} = 2 \sim 3\text{mm}$

270

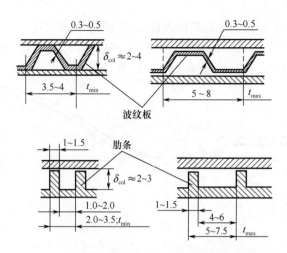

图 10 − 7　肋条和波纹板连接结构中连接尺寸的推荐值

肋条的厚度 $\delta_p = 1 \sim 1.5mm$

对于波纹板连接结构：

$$t_{max} = 5 \sim 8mm; t_{min} = 3.5 \sim 4mm$$

冷却通道高度 $\delta_{col} = 2 \sim 3mm$；波纹板厚度 $\delta_r = 0.3 \sim 0.5mm$

钎焊宽度 b 在满足连接强度的情况下，应尽可能小，一般取 $b = 0.3 \sim 0.7mm$。

冷却通道的高度，在 20 世纪 50 ~ 60 年代，一般取 $\delta_{col} = 3 \sim 5mm$，近些年来都倾向于用减低通道高度的方法来提高冷却液流速，但通道高度 $< 1.8mm$ 是不适宜的，因为钎焊时很容易出现钎焊料熔化后堵塞通道的情况。如要求进一步提高冷却液流速，同时又不过多减小冷却通道高度，可采用螺旋式的线连接，如图 10 − 8 所示。螺旋槽还可使冷却液温度均匀，并防止过热而烧蚀内壁。设 θ 为肋条相对于推力室轴线的倾角，v'_{col} 为冷却液在相应的直肋通道的流速，则有 $v_{col} = v'_{col} / \cos\theta$。

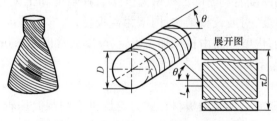

图 10 − 8　推力室内、外壁螺旋式连接示意图

由于存在 t_{min} 和 t_{max} 值的要求，肋条和波纹板的连接线数（连接部位数）沿推力室身部轴线要相应地随截面直径的变化而变化。对于波纹板结构，则要求将波纹板分段设计、生产和装配，相邻的两段（块）波纹板的波纹数（连接线数）是随意选取的，但必须保证在每一段起始端 $t \geqslant t_{min}$，在末端 $t < t_{max}$。对于铣槽式结构，设计

271

时则需要台阶式的分段改变肋条的数目,肋条加工时,要求在每一个随后的分段上将肋条数增加一倍,这时原有的各个肋条并不断开,而是在其中间铣出新的肋条。因此在设计时,肋条的数量 n 最好取 4 的倍数,如图 10 –9 所示。

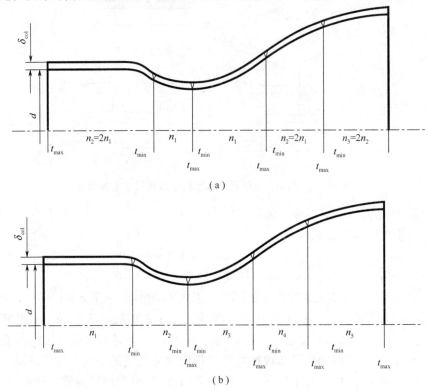

图 10 –9 内、外壁连接件沿推力室轴线的分段
（a）肋条式连接时;（b）波纹板连接时。

减小内壁的厚度有利于降低气壁温度 T_{wg} ,在强度和工艺允许的情况下,尽可能减薄内壁厚度,对波纹板结构,内壁为薄板材,通常取厚度为 1.0mm。对于铣槽肋条式结构,内壁厚度由机械加工确定,厚度通常也为 1.0mm 左右。

3. 零件制造

1) 内、外壁

一般内、外壁的毛坯是用板材在强力旋压机上用圆筒压辊或锥形压辊滚压成型的圆筒式或锥形零件(也可用板材拼焊零件)。然后将这些无焊缝(或有焊缝)的毛坯零件在压力机上分几道工序模压成型。对于钢和铜合金毛坯零件,需要在每道工序后进行退火处理;对于镍合金毛坯零件,则不需要进行退火处理。

成型后的内外壁的内、外表面有时还需要在车床上进行机械加工,以便获得设计给定的均匀厚度。

有时为了同时满足强度与冷却两方面的要求,还需要用不同的材料来制造推力室内壁。例如,在热应力最大的收敛段和喉部(有时也用于圆柱段),用铜合金材料制造内壁,其余部分用钢材制造内壁,这就涉及到不同材料的焊接问题。铜和钢的焊接要在车加工和铣切肋条之前进行。先在内壁3(图10-10)的连接端预先焊上由12Cr21Ni5Ti钢材制成的过渡环1,因这种钢材较其他材料易于和青铜焊接,过渡环的焊接用电子束焊。槽2用以在焊接时对准光束,为了在焊透内壁时不至于将内壁与焊接夹具5焊在一起,需预先把垫环4焊上,焊完过渡环后将其切削掉。如过渡环是车加工零件,则可在其焊接端加工一环形凸边6,以代替垫环。

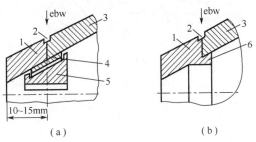

图10-10　内壁过渡环的焊接

(a)过渡环由板材制造时;(b)过渡环为机加工零件时。

1—过渡环;2—小槽;3—内壁;4—垫环;5—焊接夹具的零件;6—凸边;ebw—电子束焊。

2)肋条

内壁外表面上的肋条是用铣刀铣切加工出来的(图10-11)。可以用一对、两对或四对铣刀同时铣出一条、两条或四条肋。若肋条的数量n是4的倍数,可以提高加工效率。采用这种铣切方法可保证肋条的厚度沿长度不变,而在间距增大时,只增加肋条间的槽宽。肋条间距最小值由铣刀厚度及其相互间的距离决定。肋条的厚度应大于1mm,因为在钎焊前酸洗时,其厚度还会减小,厚度太小保证不了需要的钎焊连接强度。为保证铣切时的刚性,铣刀的最小厚度应大于1mm。铣刀的最小直径一般为40mm。

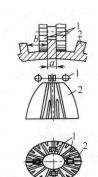

图10-11　肋条的铣切

1—铣刀;2—带肋条的内壁;

a—肋条厚度,即两把铣刀的间隙;

b—槽宽。

肋条之间的槽用两次走刀铣出,在两次走刀后剩下未切的材料上可以铣出新的、较短的肋条。因而每一个随后的分段上,肋条数(连接线数)增加一倍。

当按一定的倾角铣出螺旋形肋条和槽沟时,应使与母线的夹角θ为15°~20°,在直径变化较大的喷管型面部分,如靠近临界截面处也可铣出斜的肋条。

3）波纹板

各段波纹板采用带状板材在专用的工装上用冲压方法制造（图 10-12）。工装上的波纹型面应与各段长度的变化状况相对应。然后将冲压好的波纹板弯曲成截锥形，再利用特制的冲模将其冲压成所需的型面。要特别注意在冲模冲压时，不允许波纹产生明显的起皱变形。

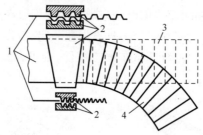

图 10-12　波纹板制造示意图

1—毛环-带材；2—冲模；3—身部圆筒形波纹板分段；4—身部锥形波纹板分段。

4. 装配钎焊

1）装配

一般身部都是分段装配整体钎焊的，通常是先装配成两大部件：圆柱段和收敛段合为一个部件，喷管扩散段部分为一部件。在装配前先将各个零件进行酸洗除掉污垢和氧化物，以保证钎焊质量。

对由钢材制成的外壁和铜制成的内壁进行钎焊时，均采用扩散钎焊。钎焊料可为镀层或银铜钎焊料。若采用镀层则需要对内、外壁的相应表面进行电镀处理：在钢制外壁的内表面上镀铜（镀层厚度约为 $5\mu m$），在铜内壁的肋条上镀银（镀层厚度为 $5\mu m$）。若采用节状钎焊料，则先将薄带状钎焊料固定在内、外壁相应表面适当位置。对波纹板结构则需要先将波纹板套在内壁外表面上，然后以适当的紧度将内、外壁装配在一起。

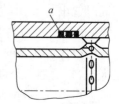

图 10-13　身部内、
外壁的钎焊

a—装填钢丝网处。

有时需在外壁的内表面上特意车出几条环形槽，槽内装填钢丝网（材料为 12Cr18Ni9Ti），在加热与钎焊过程中，使"多余的"钎焊料流入槽网中（图 10-13）。槽和网常设置在靠近内冷却环带的部位，以免钎焊时焊料流入内冷却小孔的缝隙中。

2）连接

身部两大部件装配好之后，需在专门的夹具上在喉部进行连接（图 10-14）。有多种连接方式可以采用。波纹板结构的身部多采用直接搭接的连接方式，先将内壁用电子束焊焊好，并将内外表面打磨平滑。点焊上钎焊料和小波纹板，再将由两半组成的连接环装配焊接在外壁上。在装配时留有适当间隙，以防焊接

274

收缩变形。这种连接方式的缺点是:在喉部热流密度最大、应力也较大的部位存在一条焊缝及其附近强度减低的热影响区。

对于肋条式结构,为避免喉部存在焊缝和热影响区,常采用先将内壁扩口,然后进行搭接式连接的方式。装配喉部部件时,先将一端为筒形的一段内壁(内径为 d_t)进行扩口,直至其外表面上的肋与外壁的内表面接触为止(图 10 - 15)。若内壁材料为铜,允许变形量为 $\Delta d = 2\Delta r = (0.4 \sim 0.45)d_t$;若为钢材,则 $\Delta d = (0.15 \sim 0.2)d_t$。

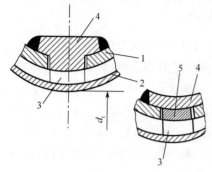
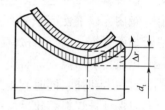

图 10 - 14　喉部连接
1—外壁;2—内壁;
3—小波纹板;4—连接环;5—衬板。

图 10 - 15　内壁的扩口
d_t—喷管喉部直径;
Δr—扩口后半径的增量。

扩口在液压机上进行,冲压时,可直接采用光滑的锥形阳模,模具可沿轴向移动,也可采用沿轴向不移动但可沿半径方向张开的分瓣阳模。采用后一种模具时,要分多个工序进行加工。在每一工序中,将分瓣阳模的撑块绕中心轴线移动一下,每次转动的位移量不大于撑块的宽度,以免在推力室内表面留下明显的痕迹。最后校准时也采用光滑的阳模,其型面要与喷管设计型面相符合。

扩口后推力室喉部处两大部件的连接,以及身部其他各段部件存在的连接,一般都采用沿内、外壁进行焊接的方法。先在外壁上焊接好车削加工好的转接环,然后在两部件外壁结合面的开口处,对两部件的内壁进行无填料的对接焊(图 10 - 16)。外壁通过连接环进行焊接,连接环是车加工好的由两半组成的零件,中间有两道横的焊缝。如果连接环两端的配合面呈锥形,如图 10 - 16(a)所示,则沿圆周进行封闭焊接时,可能会由于焊缝的收缩而对部件"拉紧",将此环向外推出。因此,环的两个端面应互相平行,并垂直于轴线(图 10 - 16(c)),而不是垂直于壁的母线(图 10 - 16(b)),因为在后一种情况下不能装配,装配时需进行修合,使端面之间没有轴向间隙。在焊接外壁时,部件之间的"拉紧"会对内壁的焊缝有影响,如外壁没有轴向间隙,就可排除内壁焊缝的变形和破坏。

3)钎焊

钎焊身部大组件装配好之后,在组件的端面预留的加工余量上进行工艺焊

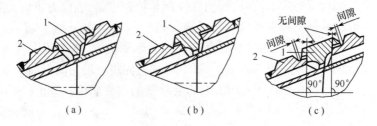

图 10 - 16　推力室两段部件的焊接

1—连接环;2—转接环。

接,并在身部组件的两端焊上工艺接管嘴。然后用氮气进行吹除,挤出冷却通道内的空气,接着对冷却通道内腔抽真空。将抽了真空的钎焊身部大组件置于钎焊箱内,箱内充以惰性(氩、氮)气体,压力可为 $5 \times 10^5 \text{Pa}$,将钎焊箱置于钎焊炉内,进行加压钎焊,以保证钎焊质量。事先将各热电偶装好,通过箱盖炉盖将导线引出,以监控炉内温度。将组件与钎焊箱一起加热到钎焊料熔化温度,并在此温度下保持一定时间,同时利用带减速器的电动机通过炉盖带着钎焊箱夹具绕轴转动,以保证钎焊料熔化后流动均匀。

钎焊完毕并经过质量检验后,对两端进行车加工,切掉工艺堵环,下一步即可与头部进行对接,并装配焊接其他组件。

10.2.2　管束式冷却通道

管束式是欧美国家液体火箭发动机广泛采用的冷却通道结构形式,如图 10 - 17 所示。首先将均匀的圆截面薄壁细管切割成所需要的长度,然后将管子中充满石蜡,放在一个专门的夹具中弯曲成推力室身部的型面(预变形)。除

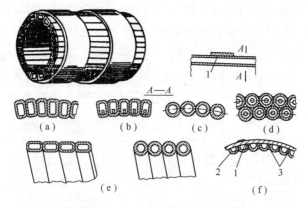

图 10 - 17　管束式冷却通道

(a) 矩形截面的细管;(b) 内壁带肋的细管;(c) 圆形截面的细管;
(d) 双排配置的细管;(e) 螺旋形细管;(f) 具有 U 形截面的冷却通道。

1—承力外壁;2—U 形型面;3—钎焊处。

去石蜡后,将每根管子放在改变截面积的模具中,在管子内充入液体介质,使管子和模具紧贴在一起,压制成最后的变截面管。通过检验、校准,再将变截面管排放在一个钎焊夹具上(芯轴),使管子间的间隙均匀分布,最后再点上钎焊料,放入炉中钎焊成推力室身部。对于推力较大的推力室,组成身部细管的数目通常为200~400根。细管多采用传热性能好的不锈合金钢制造,管子的直径一般为8~10mm,管子壁厚为0.3~1.0mm。管子的型面和截面随身部外型尺寸的变化而变化。为保证推力室所需要的总承载强度和刚性,一般在燃烧室和喷管收敛段加上金属或非金属制成的外壳。在喷管扩散段,因室内压力较低可根据需要加若干条加强箍。

这种结构质量较轻,管子当中可以承受很高的压力,由于管壁很薄,再加上两管之间"肋条"的散热效应,使外冷却条件大为改善。

10.3 集液器和入口管的结构

10.3.1 入口管和集液器的安放位置与冷却液的进入

图10-1示出了冷却通道的不同流路方案。为保证冷却液沿冷却通道的周边均匀进入,必须设置专用的入口管和集液器。可以看出,随流路方案的不同,入口管和冷却液可以安放在推力室身部不同的截面上。最常见的是集液器不安放在喷管出口截面,因为喷管部分燃气温度低,可以减少外冷却液流量,而且可以减小总体外廓尺寸。这时冷却液(设流量为 q_{mcol})进入外冷却通道后即分为两部分(相应的流量为 q_{m1}、q_{m2}),如图10-18所示。

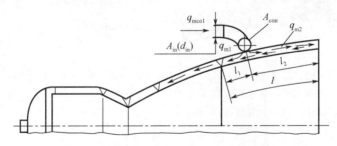

图10-18 集液器装在喷管后段的特点

A_{con}—集液器截面积;A_{in}—入口管截面积。

在波纹板连接结构中,流量为 q_{m1} 的冷却液直接流向喷管喉部方向,流量为 q_{m2} 的冷却液先沿波纹板和外壁组成的上部分通道流向喷管出口方向,在喷口出口截面处,此冷却液绕过波纹板端头,再沿由波纹板和内壁组成的下部分通道流向喉部,两股流量(q_{m1}、q_{m2})在最后一段长波纹板的起始截面汇合在一起,经过简化可以得出(不计 q_{m2} 绕波纹板端头的拐弯水力损失和沿程水力损失的差异):

$$\frac{q_{m2}}{q_{m1}} \approx \sqrt{\frac{L_1}{L_2 + L}}$$

式中 L——最后一段长波纹板的长度;

L_1, L_2——相应各段长度(图 10–18)。

从流动示意图上可以看出:集液器安放位置离最后一段波纹板的前段越近,流量 q_{m2} 占 q_{mcol} 的百分数越小。所以应注意,采用这种方案时,不能把集液器安放在最后一段波纹板前端的近旁,因为此时,流量的 q_{m2} 大部分将在此波纹板的前头"转悠"而形成滞止压,而向后流动的流量则非常小。为了使喷管尾部有足够多的冷却液流过,进行外冷却,通常的做法是,在 q_{m1} 的流路上增加局部阻力(一部分或全部波纹板上部分通道在前端头用堵块或堵棒堵住,见图 10–19),迫使大部分或全部冷却液先通过波纹板上部分通道流向喷管出口处,然后绕下端头折回,流向喉部。

对于肋条连接式结构,冷却液流向喷管尾端及返回路线与上述情况类似。所不同的是:将在集液器壳体上钻的一排(或多排)小孔中的一部分与肋条间的一部分通道相连,如图 10–20、图 10–21 所示。流量为 q_{m2} 的冷却液沿该部分通道流向喷管的出口处,这部分冷却液随后沿不与集液器壳体上小孔相通的另一部分肋间通道返回喷管喉部。

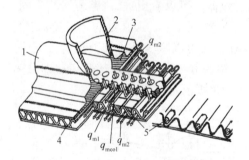

图 10–19 冷却液的供入

1—集液器环;2—入口管;3—集液器壳体;4—内、外壁连接件—波纹板;5—堵住波纹通道的小堵头。

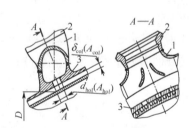

图 10–20 铣槽式冷却通道的入口集液器

1—入口管;2—转接管;3—集液器壳体。

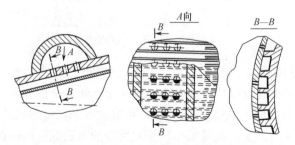

图 10–21 将冷却液供入铣槽式冷却通道的结构方案

通常入口管的直径 d_{in} 需根据冷却液在入口管内的流速 v_{in} 来选取,为保证冷却液在集液器内压力的均匀性,v_{in} 不宜过大,对常温推进剂,可取 $v_{in} \leqslant 15\text{m/s}$,对氢可取 $v_{in} \leqslant 60\text{m/s}$,如不能满足上述推荐值,应加大 d_{in} 的尺寸,或同时采用两条入口管,但同时也要考虑到泵出口尺寸、总装布局等结构方面的因素。如果 d_{in} 增大有限,而总装空间又不允许采用两条入口管,可适当增加 v_{in},但不应超过 18m/s(对常温推进剂)。

对于现代液体火箭发动机,集液器的横截面积 A_{con} 可选为:$A_{con} \approx (0.8 \sim 1.0)$ A_{in}。在集液器壳体中,向冷却通道供入液体的所有孔的总面积 A_{hol} 应为:$A_{hol} \geqslant (1.5 \sim 2)A_{col}$,$A_{col}$ 为冷却通道的横截面积。集液器壳体上的通孔可有各种不同形状,也可以在外壁上车出一环形连续的缝隙式通道。

10.3.2　入口管和集液器的结构类型

入口管一般用管材制造。如果集液器环的直径较大,入口管可以直接插入,则简单的从管材中截取一段,稍加成型,即可作为入口管(图 10 - 22(a))。不少情况下,为保证入口管中的低速度,入口管的直径稍大。而集液器环的尺寸则不够大,则需要将管子的插入部分先压扁(图 10 - 22(b))。有时为了提高入口管和集液器环的连接强度,在入口管和集液器环上增焊三角形加强片(图 10 - 22 (c))。

入口管也可以用两半冲压件制成,还可带一小段集液器环,先将两半冲压零件焊在一起,然后再与集液器环对接焊(图 10 - 22(d))。

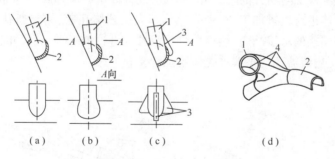

(a)　　　(b)　　　(c)　　　　　(d)

图 10 - 22　集液器的入口管
1—入口管;2—集液器环;3—加强片;4—焊缝。

集液器环可用直径较大的管材制造,先按要求弯曲成环状,并在内侧机械加工出相应的尺寸,切成两半,然后与钎焊身部进行装配焊接。集液器环也可以用板材经多道工序冲压成型(图 10 - 23)。

早期用于缝隙式冷却通道和压坑点焊式冷却通道的集液器,一般都是将集液器环直接焊在靠近喷管出口截面的身部外壁上。压坑点焊式结构的集液器需要盖住两排钻在外壁上的进口小孔,所以需用尺寸较大的冲压件制成(图 10 - 24)。

279

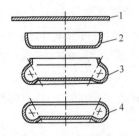

图 10 - 23　集液器环的成型

1—原始毛坯；2、3、4—相继的冲压工序。

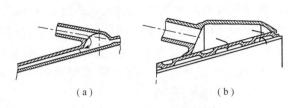

图 10 - 24　入口集液器

（a）缝隙式结构；（b）带冲压坑的结构。

对于波纹板式和肋条式结构的冷却通道，一般外壁比较薄，如果将集液器环直接焊在钎焊好的身部外壁上，粗大的搭接焊缝将影响波纹板和肋条与外壁的连接强度。为了能做到不直接将集液器环焊在钎焊身部外壁上，常采用以下两种结构形式：

一种是垫板、孔板式结构（图 10 - 25）：在身部钎焊装配前，先将外壁按一定尺寸断开，并焊上壁厚相对较厚的垫板 6，将已断开的外壁连接起来。身部钎焊好后，将垫板中间部分车去，露出外壁车开的环形缝隙。在此缝隙处焊上壁厚较薄的带有一排到两排通孔（或间断铣槽孔）的孔板 3，然后在垫板 6 上装配焊接集液器环 5。

第二种是带集液器壳体的结构（图 10 - 26）：同样是在钎焊前先将外壁在一定部位断开，将一个带有加工余量，并钻有一排或两排通孔（或间断铣槽孔）的集液器壳体零件 3 与断开的外壁焊在一起，成为外壁的一部分。身部钎焊好后，将集液器壳体进行机械加工，在中间部分车去工艺堵孔盖，露出通孔，并车出与集液器环相连接的对接凸边，然后再将集液器环进行加工，使其尺寸与凸边尺寸相符，最后将集液器环与集液器壳体装配焊接在一起。

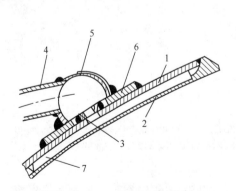

图 10 - 25　垫板、孔板结构

1—外壁；2—内壁；3—孔板；4—入口管；
5—集液器环；6—垫板；7—波纹板。

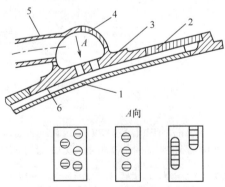

图 10 - 26　带集液器壳体结构

1—内壁；2—外壁；3—集液器壳体；4—集液器环；
5—入口管；6—铣槽肋条。

280

10.4　液膜内冷却环带的结构

现代液体火箭发动机广泛采用的内冷方法有两种:由喷注器设计建立的低温近壁层内冷却和靠内冷却环带提供的膜冷却。尽管液膜冷却有着经济性好等明显的优点,但在研制实践中,如有可能,我们还是习惯于采用低温近壁层内冷却方案,因为它可以使推力室的结构和生产工艺大大简化。但是随着火箭推进技术的发展和应用,在一些情况下,还必须采用燃料膜冷却,来满足对发动机的内冷却要求:一是对发动机有较高的经济性和可靠性要求;二是发动机热工作环境十分恶劣;三是某些高压补燃类型发动机,进入推力室被补燃的低温燃气是富氧燃气。

可以沿推力室轴向设置多条冷却环带,每条冷却环带的冷却液量尽管都很小,但冷却效率却是很高的。但是如果采用过多的冷却环带将使推力室结构和生产工艺明显复杂化。在实际应用中一般只设置 $1 \sim 3$ 条冷却环带。用于内冷却液膜的燃料流量,通常为推力室总流量的 $1.5\% \sim 2.5\%$,最高 $6\% \sim 8\%$,对应的具体冷却液用量是使推力室横截面周边处于 $5 \sim 6g/cm$ 至 $20 \sim 25g/cm$ 。通过每条内冷却环带的流量大小取决于液膜冷却的具体任务,并由环带的结构尺寸加以控制。如果推力室已采用了喷注器组织的低温近壁层内冷却,液膜冷却是辅助性的,则其流量可取最小值。如果液膜冷却是内冷却的基本方案,则流量可取较大值,其具体量值要由传热计算确定,并通过试验加以修正。

和其他组件一样,目前有多种内冷却环带方案可供选择。设计时,一方面要使冷却环带结构较为简单,工艺性好;另一方面,在冷却液流量沿冷却带截面周边均匀分布的前提下,保证在室壁的内表面形成均匀连续的液膜。前面我们已经提到,在大多数冷却环带结构中,都使流向内壁表面液体的流速有一个切向分量,给液膜一个旋转运动,这样在离心力作用下可使液膜紧贴于壁面,向外飞溅较少,而且被破坏得也比较晚,可在较大长度上保护内壁。

在图 $10 - 13$ 中示出了一种最简单的内冷却环带结构,内冷却液流量 q_{mej} 直接取自身部(外)冷却通道,该通道在内冷却环带处有一个不大的入口集液腔。液体从此集液腔进入多个孔状管道,这些管道对内壁呈切向布局。为了保证流量沿圆周分布,通道数(即内冷却小孔数)应足够多,其间距约为 $25 \sim 35mm$ 。此外,在内壁内表面的小孔出口处专门车出一道环形槽,使流出的液体在此槽内汇合。环形槽相当于内冷却液的出口集液腔。

尽管上述的以及类似的内冷却环带方案可使推力室结构简单,但这类方案的使用不是很广泛。其主要缺点是在制成之后,不能根据推力室液流试验结果来精确调整冷却液的流量。由于内冷却小孔的制造偏差和身部外冷却通道中内冷却环带截面处液体压力的偏差,都会影响内冷却环带流量产生较大的偏差。因此在不同台次的推力室中,冷却液流量特性及其冷却效果可能有明显的差别。

用得比较广泛的内冷却环带结构,是其集液环与身部冷却通道分开,且内冷却液沿单独的导管供入冷却带的集液环。

图10-27示出与身部冷却通道"隔离"的两种内冷却带方案。图中,身部冷却通道内的冷却剂,从上面绕过内冷却带的入口集液器,内冷却液进入集液器时与身部冷却通道无关。这时,内冷却液流量可用选取节流圈—限流嘴1的方法进行调整,如图10-28所示。

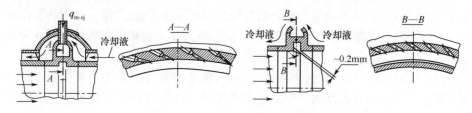

图10-27 单独供入液体的内冷却带

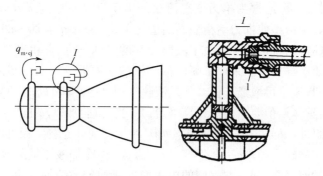

图10-28 限流嘴的安装

图10-29示出内冷却带的结构方案之一。在这个方案中,身部冷却通道中的冷却液沿内冷却带结构上的一圈水平通道流过。

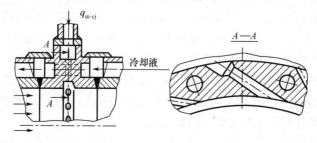

图10-29 内冷却带结构方案之一(在内冷却带构件上有一圈水平通道)

图10-30示出一种比较复杂的内冷却带结构方案。此冷却带结构特点是:内冷却液在通过一圈水平的斜孔(见剖面B—B)后开始旋转,旋转的液体进入

282

特设的"出口"集液腔。然后再沿斜向通道流向壁的内表面。这种冷却带结构能赋予内冷却液较强的旋转运动,因而可在壁面形成稳定性较高的液膜。

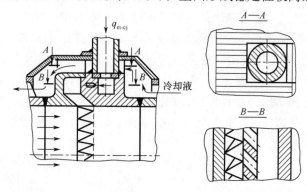

图 10 - 30　内冷却带结构方案之二(带一圈水平斜孔使内冷却液产生旋转)

图 10 - 31 示出另一种冷却带结构,在这种方案中,内冷却液通过互相靠近的两个出口截面流到壁面。其流程为:内冷却液首先通过与身部通道无关的导管进入入口总集液腔,然后从入口集液腔沿两圈对面设置的水平方向的斜孔流向各自的出口集液腔,再分别从出口腔沿一圈倾斜通道流向壁的内表面。在内冷却液流量较大时,由互相靠近的两圈出口液流形成的液膜比较稳定,冷却效果较好。

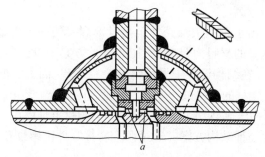

图 10 - 31　内冷却带结构方案之三(内冷却液从两个出口截面流到壁面)

冷却环带结构有两个重要参数:环带出口处"凸缘"高度和环带缝隙宽度,并考虑环带出口处的相对倾角。采用"凸缘"结构是防止燃气冲毁冷却液膜。"凸缘"高度要大于液膜厚度。

10. 5　头部与身部的连接

早期中、小推力发动机的推力室和燃气发生器,具有典型三底(外底、中底、内底)结构的离心式喷注器头部和波纹板(或压坑点焊)式身部,头、身连接多采用内壁对接焊和外壁通过搭接板搭接焊的结构(图 8 - 25、图 8 - 26)。对于推力较大的

283

离心式喷注器头部,因直径较大,身部较长,为增加推力室整体的强度和刚性,以及其他方面的需要,可采用通过工艺环连接的结构方案。将外、中、内三部和身部通过一个机械加工成的强度较大的工艺环连接在一起(图8-32)。

图10-32示出了直流式喷注器头部与身部连接的结构方案。在机械加工的喷注器盘上,事先加工出和身部内壁对接与身部外壁搭接环对接的焊接坡口,通过焊接连接在一起。图10-33示出了推力室身部与头部的连接方案之一,在头部内底的外侧车出一个环形槽,以免在焊接此内底与身部的焊缝时焊料流入推力室内部。在截面A—A上示出一些小沟。焊接时,从环形槽挤出的空气可通过这些小沟向外排出。

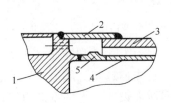

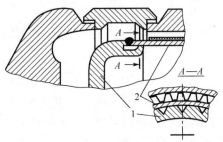

图10-32 头部与身部的连接
1—头部;2—搭接环;3—身部外壁;
4—身部内壁;5—内壁对接环。

图10-33 推力室身部与头部的连接
1—头部内底;2—身部内壁。

图10-34示出了钢制头部壳体1与身部焊接的一个方案。身部内壁3的材料为青铜,外壁2的材料为合金钢,在此设计方案中,冷却液从冷却套流向靠近头部的集液器。在结构设计中采用钛合金很理想,因为它的结构强度与钢材的一样,而密度比钢材的几乎减小1/3。但此时在制造工艺上比较复杂。与钢材相比,钛合金难以冲压成型,难以焊接,特别是与钢材更难焊在一起。图10-35示出头、身连接处的一种结构方案。通过两个转接零件用螺纹互相连接。

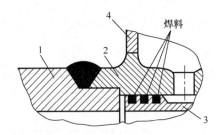

图10-34 头部、身部的焊接与钎焊方案之一
1—头部壳体;2—身部外壁;3—身部内壁;4—集液器。

如果必须将薄的身部内壁与厚的头部零件进行焊接,则应预先在内壁端面焊上一个比较厚的过渡环(图10-36),其材料与内壁材料一样。

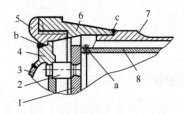

图 10−35　头部与身部连接结构方案之一

1—用青铜制造的头部内底;2—喷嘴;3—用钢材制造的头部外底;4—头部中底;

5、6—用螺纹互相连接的两个转接零件;7—用钛合金制造的身部外壁;

8—用青铜制造的身部内壁;a、b、c—焊接。

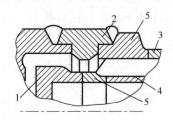

图 10−36　采用过渡环的头部与身部连接方案

1—头部内底;2—连接环;3、4—身部的外、内壁;5—过渡环。

图 10−37 示出了一个典型的管束式身部与直流式喷注器头部用螺栓连接的结构方案,头、身可拆卸的两大部件在连接时,采用耐高温塑料涂层的金属片作为密封件。

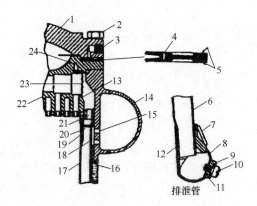

排泄管

图 10−37　典型的再生冷却管束式推力室的喷注器集液腔和回转集液腔详图

1—液氧顶盖;2—转矩 54~57N·m;3—密封泄漏检查口;4—孔;5—0.025mm 厚的聚四氟乙烯涂层表面;

6—管;7—导片(4);8—壳体组件;9—垫片;10—转矩 0.7~2.5N·m;11—排泄组件;12—环;

13—银焊;14—燃料集液环;15—随位置变化的孔;16—外壳;17—292 根管子,真空熔化;

18—槽 4.8mm×19mm;19—环;20—每根间隔管子的盖子;21—146 个 9mm 的孔;

22—喷注器;23—陶瓷涂层,100 网格的过滤网;24—点火燃料集液环。

10.6 典型的身部结构方案

10.6.1 波纹板身部结构

图 10-38 示出了一个常规可储存推进剂大推力液体火箭发动机的身部结构。整个身部从喉部分开,分为前段和扩散段两大组件,在喉部连接后,整体钎焊,然后再装配焊接上集液器环和入口管等零件。前段由圆筒段与收敛段内壁和圆筒段与收敛段外壁及 4 块波纹板(圆筒段 1 块,收敛段 3 块)组成。扩散段由内壁、外壁及 7 块波纹板组成。两大组件钎焊前在喉部连接时,先焊内壁,再装上小波纹板,衬板并通过连接半环将外壁焊接在一起。

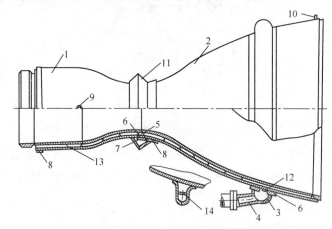

图 10-38 波纹板式身部

1—前段;2—扩散段;3—集液器;4—入口管;5—小波纹板;6—衬板;7—连接半环;
8—垫板;9—测压管嘴;10—泄出管嘴;11—人字环;12—孔板;13—波纹板;14—带孔的加强环。

为了防止焊接其他零件时,影响钎焊质量,在钎焊前,分别在圆筒段前端、喉部和扩散段大集液器处的外壁上焊有垫板 8。

集液器可用冲压好的半环焊接而成,也可以是由管材弯制而成。如采用半环焊接形式,为防止变形,一般在其内部焊有带孔的加强环。在集液器上开椭圆孔,将冷却液入口管插入焊在上面。入口管的数目可用两个对称排列,也可用一个。

在身部圆筒段焊有测压管嘴,在喷管出口处焊有泄出管嘴。

内、外壁采用较高强度的不锈钢制造。内壁厚度主要从传热角度选取,一般为 $1.0 \sim 1.5mm$,外壁厚度主要从保证承载室内压力的强度选取,前段内压较大,外壁厚可取 $3.0 \sim 3.5mm$,扩散段部分,内压较低,一般为 $2mm$。

为了满足总体和局部强度的需要,在身部有时还焊有其他零件,如:喉部处的"人字环"、入口管处的加强片等。

　　需要进一步说明的是,现代液体火箭发动机的压力一般都比较高,而且要求推力室的总承载强度有一定的裕度,安全系数一般取大于1.4,承受内压最大的前段部分,若采用厚度为3mm一般钢材(如1Cr21Ni5Ti),往往满足不了这一要求,若要达到此要求,又考虑到钎焊回火后材料强度的降低,外壁厚度将可能达到5mm左右,这给零件的成型、装配、钎焊都带来不便,工艺上实现起来较困难。解决的办法是先用3.0mm厚的较薄板材制作外壁,然后根据需要,在外面增焊一定厚度和宽度,并按一定间距排列的加强箍。这样,重量较轻、工艺上易实现,材料也不受钎焊回火强度下降的影响。加箍后总承载最大压力可提高1.5~2.0倍。

10.6.2　波纹板与肋条铣槽组合式身部结构

　　图10-39示出了一个波纹板与肋条铣槽组合式身部结构的示意图,这是一个采用高能推进剂的高空发动机身部,喷管面积比大约为 $\varepsilon_e = 100$。整个身部由三大组件和一些身部总体直属件组成。三大组件是:圆筒段和一部分收敛段(组件1)、喉部组件(组件2)和喷管扩散段组件(组件3)。组件1和组件2为铣槽式冷却通道,组件1内壁材料为耐热合金钢,组件2内壁材料为导热性能好的铬青铜合金,外壁均为高强度合金纲。组件3为波纹板式冷却通道。为减轻结构重量,在面积比25之前为有外壁的波纹板夹层结构,在面积比为25~100的喷管长度上,波纹板只与内壁钎焊连接,不覆盖外壁。集液器在喷管出口处,有两个入口管对称与集液器连接。组件3的内壁在面积比为45处分为两段组成。在收敛段处设置一条内冷却液膜环带,由一根独立导管供应内冷却液。

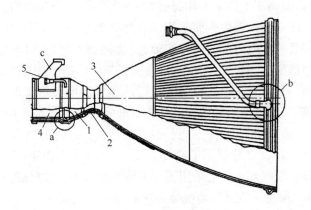

图10-39　波纹板与铣槽组合式身部

1—组件1;2—组件2;3—组件3;4—圆筒段;5—液膜内冷却液供给导管。

a—内冷却环带部件;b—冷却液入口集液器;c—固定推力室的部件。

10.6.3 肋条铣槽式身部结构

1. 高压补燃液氧＋煤油发动机推力室身部

图10-40示出了一个高压补燃液氧＋煤油发动机推力室身部结构的示意图。由图中可以看出，整个身部由燃烧室、喷管收扩段和喷管扩张段三大组件及一些身部总体直属件组成，身部的冷却通道为肋条铣槽式结构，燃烧室内壁和喷管收扩段内壁采用螺旋铣槽结构，喷管扩张段为平直铣槽式结构，喷管收扩段的铣槽在喉部后插肋，使铣槽数目增加一倍。燃烧室和喷管收扩段的内壁材料为具有高导热性的铬青铜，喷管扩张段内壁为耐热高强度合金钢，外壁均为高强度合金钢。

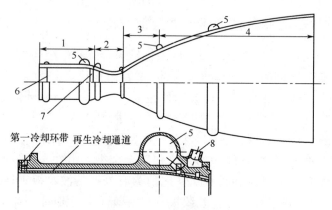

图10-40　铣槽式身部

1—圆筒段；2—收扩段；3—扩张段1段；4—扩张段2段；5—集液器；6—第一冷却环带；
7—第二、第三冷却环带；8—第二、第三冷却环带集液器。

推力室在高温高压条件下工作，热防护问题突出。身部结构设计采取了多项热防护措施：①部分内壁内表面采用了导热系数较小的金属镀层。燃烧室内壁表面镀镍，喷管收扩段内壁表面先镀镍，在镀镍层上镀铬，以增加抗燃气流冲刷能力，既使铬镀层出现裂纹，燃气也不会接触到铜内壁。②身部设置三条液膜内冷却环带：第一条设置在喷注器下游附近的燃气温度和热流密度开始大增的快速燃烧区，第二、第三条同时设置在热流密度最大的喷管喉部上游。③喉部采用无焊缝加工工艺，有利于冷却性能和强度的提高。④冷却液在热流密度最高处的喷管收扩段引入，充分利用了冷却剂（如煤油）在低温下冷却性能好的特点。此外，在收扩段喉部内壁上采用了人为粗糙度技术，以强化冷却。

2. 高压补燃液氢-液氧发动机推力室身部

图10-41示出一个高压补燃液氢-液氧发动机推力室身部的结构示意图。从预燃室出来进入燃烧室的为富燃燃气。燃烧室压力约为14MPa。燃烧室圆筒段及头部内底用液氧冷却，喷管收敛段及截面Ⅲ之前的喷管扩张段用液氢冷却。

288

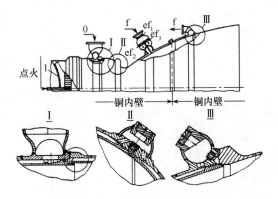

图 10 –41　高压补燃液氢 – 液氧发动机推力室身部结构示意图

O—氧化剂进入冷却通道的入口;f—燃料进入冷却通道的入口(及出口);

Ⅰ、Ⅱ、Ⅲ—设置内冷却带的相应部位;ef—可更换的节流圈;1—燃气导管的导流栅。

喷管扩张段在截面Ⅲ之后为没有外冷却的单层壁,此壁采用耐热高强度合金钢制成,并采用内冷却液膜及外部辐射冷却,工作壁温不超过 1400K。

　　大部分液氧从泵后进入身部集液器,流过冷却通道后直接进入头腔,通过离心式喷嘴入燃烧室。大部分液氧从泵后出来进入预燃室,在预燃室成为富燃料燃气后,即去驱动涡轮,然后沿燃气导管进入燃烧室头部,再通过双组元直流 – 离心式气液喷嘴喷入燃烧室。喷注器上的喷嘴都是一样的,没有组织低温近壁层。

　　液氢的 25% 被引入身部集液器,进入集液器后分为两部分,小部分液氢流向头部方向,大部分液氢流向喷管出口方向,两股液氢流过各自的冷却通道后,全部流入相应的内冷却液膜环带,在部分扩张段和收扩段形成较强的液膜内冷却。去Ⅰ、Ⅱ、Ⅲ内冷却带的流量由安装在入口集液器内节流圈进行控制。

10.6.4　管束式身部结构

　　图 10 –42 示出了一个典型的再生冷却推力室管束式身部结构示意图。身部的前段管束外面有一整体的高强度金属外壳。喷管扩张段部分仅用间断的外加强箍加强,加强箍一般为槽型结构。

　　身部前段有一小大集液器 1,尾部有一小集液器 2,互相间隔的一半管子的前端头侧面开有长方形的槽 3,并在端头装有堵头 4。冷却液由大集合器进入,经孔 5 进入半数侧面开槽的管束冷却通道,流向喷管出口方向,在小集液器汇合后,折转进入另一半前段侧面没有开槽和没加堵头的管束,流向头部,通过孔 6进入头部喷注器下腔。

　　喉部外侧装配焊接有"人字环"7,以提高焊接其他总装零件的位置,并加强身部刚性。

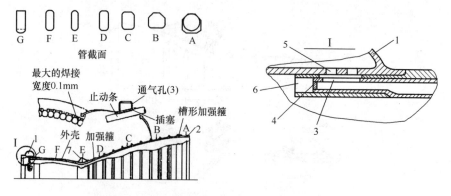

图 10 - 42　典型的再生冷却管束式推力室身部

1—大集液器;2—小集液器;3—长方型开槽;4—堵头;5—孔;6—通道;7—人字环。

10.6.5　SSME(航天飞机主发动机)发动机身部

SSME 是多次使用、长寿命的氢-氧发动机,它的身部为可拆卸的两部分:由圆筒段、喷管收敛段及部分扩张段组成前段;喷管扩张段(大喷管)为后段。在喷管扩张段面积比为 $\varepsilon_n = 5$ 的截面处用法兰盘连接。头、身也为法兰盘连接,连接处截面直径为 560mm,并带有环槽型的两道密封。

图 10 - 43 示出的为喷管面积比 $\varepsilon_n = 5$ 之前的前段部分,为肋条铣槽式冷却通道,由钎焊连接的内、外壁组成。从图上可以看出,圆筒段很短,喉部前后为光滑过渡的连续曲线型面。内壁采用导热性能好的以铜、银、锆为基的合金制成,在较高温度下,有满意的强度及可塑性、稳定性。内壁是用锻造(或铸造)的毛坯经机械加工而成,外表面铣出尺寸变化的 390 条平直矩形槽。在喉部处,肋条厚为 1mm,槽宽为 1mm,槽深为 2.5mm。内壁保持厚度为 0.71mm(加工精度为

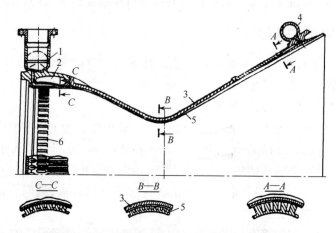

图 10 - 43　SSME 主发动机推力室身部前段

1—出口集液器;2—声腔阻尼器;3—身部外壁;4—入口集液器;5—身部内壁;6—声(阻尼)槽。

7.6μm），热流密度为 $q_{\Sigma} = 164 \times 10^{6} \mathrm{W/m^2}$，$T_{wg} = 810\mathrm{K}$。外壁由两半组成，用高强度合金冲压制成。

有 20% 的液氢通过集液器 4 进入冷却通道，在出口集液器 1 处，成为温度达 305K 的气氢，用来驱动燃料涡轮泵中的涡轮。

图中未示出的面积比 $\varepsilon_{n} = 5$ 至喷管出口截面（$\varepsilon_{e} = 77.5$）的喷管扩段后段是管束式身部，由 1086 根变截面管组成冷却通道。管子的材料为铬镍合金钢。管束身部外面有若干条用钎焊连接的加强环。用 25% 的液氢来冷却这段身部，入口集液器安装在喷管面积 $\varepsilon_{n} = 20$ 处。在面积壁为 $\varepsilon_{n} = 5$ 处，装有连接法兰盘和出口集液器。从冷却通道中出来的气氢与来自泵后的液氢相混合，成为温度为 164K 的气氢，将其导入液体燃气发生器。涡轮出口处的大燃气管道（集合器）也是具有冷却通道的结构，降低了构件的温度，提高了该导管的结构强度，同时也改善了周围部件的热工作条件。

为了提高相对于高频振荡的工作稳定性，身部前段设计了声阻尼结构。

第 11 章　推力室的结构强度

11.1　推力室的受力情况和强度计算特点

11.1.1　工作状态与受力情况

推力室由头部和身部两部分组成。头部又由外底和喷注器两部分组成,喷注器是中底和内底通过多个喷嘴钎焊连接的双层圆板式结构或盘环式结构。身部是由内、外壁通过波纹板或肋条用钎焊或焊接工艺连接起来的筒壳式结构。它们所承受的载荷种类和量级随工作状态(液压试验状态、正常工作状态、起动关机状态)的不同而变化。

1. 液压试验状态

液压试验的目的是检验推力室整体和局部的焊接与钎焊质量。通常在试验时,将头部加上工艺堵盖,在身部的喉部用专用堵头夹具进行密封,给推力室喉部之前的燃气腔和液体腔充压,其压力 $p_{L\,exp}$ 应大于其正常工作状态下所遇到的最大压力。

$$p_{L\,exp} = (p_c + \Delta p_h + \Delta p_e)K_{el}$$

式中　p_c——工作状态下燃烧室中的最大压力;

　　　Δp_h——喷嘴压降;

　　　Δp_e——身部与头腔内的压力损失;

　　　K_{el}——考虑液压冷工作状态和热工作状态载荷不等价所引进的系数,一般取 $K_{el} = 1.3 \sim 1.5$。

此时,压力处处相等,且不随时间变化,推力室只受静载荷的作用。对于喉部之后的喷管部分,虽然内壁处于非工作的冷状态,但冷却通道内压力 $p_{L\,exp}$ 是最高的,所造成的压差 $\Delta p = p_{L\,exp} - p_a$($p_a$ 为周围大气压力),也是比较高的,需对此状态下内、外壁连接强度和局部强度进行校核。

2. 正常工作状态

所谓正常工作状态,就是不计不稳定工作状态的载荷情况。正常工作状态下,在推力室的构件上作用着机械载荷(燃气压力、工作液体压力、推力)和由温度引起的较大的热力载荷。在分析身部结构强度时,应选取强化了的工作状态参数(p_g 为燃气压力,T_g 为燃气温度),例如,飞行过载工作状态和推力调节工作状态等。图 11 - 1 示出了 p_g,冷却通道中冷却液压力 p_L,T_g,内壁平均温度 T'_w 以

及 $p_{L\,exp}$ 随身部长度变化的情况。从图上可以看出,p_g 沿推力室长度有着显著的变化,在燃烧室内压力最大,可达数十兆帕,在临界截面处约有燃烧室压力的一半,到达喷管出口截面 p_g 约为 0.001 ~ 0.1 MPa。推力室冷却通道内的液体压力 p_L 在所有截面上都高于 p_g。最大压差 $\Delta p_L = p_L - p_g$,在喷管出口截面,最小压差在头身连接处。在工作状态下,推力室构件还受到燃气高温的作用,在燃烧室末端 T_g 最高,可达 3000℃ ~ 3500℃,沿喷管出口方向减小到 1200℃ ~ 1800℃。推力室内壁和燃气接触,由于内冷却和外冷却液传热的结果,内壁温度要比燃气温度低很多,但内壁温度还是相当高,特别是在临界截面前后,因而大大降低了内壁材料的机械性能,还要考虑到热应力而引起的变形。内壁的平均温度可达 500℃ ~ 600℃,外壁的平均温度可达 150℃ ~ 200℃。

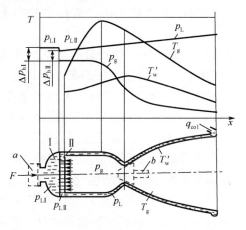

图 11 - 1　工作状态下载荷沿推力室长度的分布
Ⅰ—第一种推进剂组元腔;Ⅱ—第二种推进剂组元腔。
a—液压试验堵盖;b—液压试验堵锥夹具;F—推力室推力。

还应该指出的是,当发动机使用低温推进剂组元(如:液氢、液氧等)时,低温将会使内、外壁材料的强度、硬度、冲击韧度等机械性能发生变化,特别是冲击韧度随温度的下降变化较大。一般碳钢和低合金钢随温度降低更显著,尤其冲击韧度有较大程度的减小(材料"冷脆")。有色金属及其合金,低温对材料的冲击韧度影响不大明显。奥氏体合金钢及火箭发动机常用的不锈钢,低温对材料的冲击韧度影响虽不像碳钢和低合金钢那样显著,但也会随温度降低而减小。对氢 - 氧发动机,进行强度计算时,不但要考虑一般载荷,还应考虑低温对材料机械性能的影响。

3. 起动关机状态

起动时压力 p_g、p_L 随时间增加,和燃气接触的推力室构件的温度也在短时间内急骤增加,形成热冲击。在关机状态下,燃烧室腔已没有压力,但此时与燃气接触的构件尚处于温度比较高的状态,并且冷却通道内仍有一定的液体压力。

在不少情况下,随着发动机系统及起动和关机条件的不用,这些工作状态下的强度问题有可能比发动机强化工作状态下的强度问题还要严重。例如,在起动时,燃烧室内常伴随有大的、短时间的燃气压力过载;而在关机状态,在内壁尚处于高温状态时,冷却通道内产生水击。

11.1.2　强度计算特点

推力室的强度计算,通常是校核计算,根据已知的结构参数和工作条件(几何尺寸,机械载荷和温度载荷的分布及所用的材料等)进行强度计算,给出结构强度的评价,当结构不能满足要求时,适当改变材料牌号和结构参数。在进行头部和身部强度核算时,主要考虑工作状态下的各种载荷情况,其他工作状态(液压试验、起动关机)下的载荷,在对某些构件进行强度分析时也要加以适当考虑。

推力室身部的强度计算是推力室强度计算的重点。身部是一个同时承受机械载荷和热应力载荷的构件。尽管按应力状态来评定强度的计算方法,是头部和身部不少承力件强度计算的基础,但在进行推力室身部筒形壳体的总承载能力计算时,只根据应力状态分析,还不能对其强度做出客观的评价。因为只考虑单一的温度影响,在内壁所产生的应力,就已经超过屈服极限,因此必须考虑壳体在塑性变形范围内工作的可能性。也就是说,只要推力室在工作期间能使其形状和尺寸保持在规定的范围内,保证发动机处于正常工作状态,不受到破坏,推力室身部壳体在适度塑性变形状态下工作是允许的。但在进行冷却通道连接强度和局部强度计算时,仍要用应力分析来评价强度计算结果,温度的影响只作为降低材料结构强度的因素来考虑。

头部强度计算分喷注器强度计算和外底强度计算。直流式喷注器工艺上通常采用整体加工,其刚性和强度都远大于工作载荷,可不进行强度核算,只对离心式喷注器进行强度计算。对于离心式喷注器,再有强度要求的同时,还有较高的弯曲刚度的要求,因为刚度不够时,会在推力室工作过程中产生振动,同时喷嘴的密封性也将受到破坏。

在进行推力室的结构强度计算时,一般不计动载荷,只考虑静载荷的作用,否则将使计算十分复杂。虽说计算结果由于一系列简化,只是一些近似值,但它在工程上仍有一定的参考价值。通过验算,如果发现某些零件或组件不满足强度要求,则需相应改变结构形式和尺寸,或选用新的高强度材料。推力室的工作强度最终要靠静力、动力试验和实际工作来验证。

11.2　推力室身部壳体的总承载能力

承载能力是结构在允许的尺寸和形状变化范围内所能承受的加给它的载荷

的能力。因为对于工作时间相对较短,多数情况下为一次使用的液体火箭发动机推力室来说,其部分组件工作在塑性状态下是允许的,我们把总承载能力(或称极限承载能力)所能承受的载荷定义为极限载荷。总承载能力的计算是把变形和整体结构形状的改变联系在一起的,认为极限载荷引起的塑性变形状态为身部壳体正常工作所允许。当载荷超过极限载荷之后,即使载荷增加不大,也会引起结构产生明显的变形,即变形增加很快,进入到了更大的塑性变形阶段。

总承载能力的计算有两种方法。一是基于弹性力学理论推导出的方法,它是 20 世纪 50 年代由苏联学者维·依·费奥多西耶夫提出的。这种方法计算起来较为繁琐,计算结果偏于保守,但它能比较清晰地阐明变形与载荷之间的关系,便于根据计算结果采取相应措施。二是采用塑性力学中极限分析方法推导出来的计算公式,理论计算和试验证明,这一近似的工程计算方法有如下优点:①方法简便,物理概念清晰,能较快地推导出工程计算所使用的公式,而且计算结果具有足够的工程近似度;②国内外学者对极限分析方法的研究证明,结构的初始应力、初始挠度、温度应力均不影响结构的总承载能力,有利于使问题简化;③用这种方法分析结构强度,能挖掘结构抗载能力的潜力。极限分析认为,如果材料有足够的延伸性,结构内部的塑性变形并不立即导致结构总体承载能力的丧失,局部的塑性变形使得结构内部应力重新分配,以一种最合理的应力分布形式抵御外载荷,由此确定的允许外载荷将比任何弹性力学分析方法所得结果都要高。

11.2.1　极限分析计算方法

一般塑性力学理论,由于数学方程的非线性,特别是由于材料真实变形规律的复杂性,使得一些不甚复杂的问题解起来很困难,不便于实际应用。因此,许多学者建议,将塑性变形规律做一些必要的简化,即:略去材料变形中的弹性部分和硬化部分,使之理想为"刚 - 塑"性化(图 11 - 2),并在此基础上产生了极限分析方法。认为用具有这种性质材料制成的结构,在极限状态之前完全不变形,当达到极限状态时,结构塑性变形无限延长(又称发生塑性流动)。结构开始发生塑性流动时的外载荷称为极限载荷。结构抵抗极限载荷的能力称为结构的总承载能力。

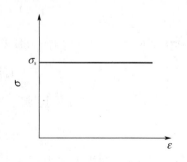

图 11 - 2　极限分析法
计算示意图

只对身部强度较薄弱部分——燃烧室圆筒段进行强度校核,如图 11 - 3 所示。我们所校核的圆筒段是一个具有加强肋的波纹板夹层筒壳。为计算方便,特做以下假设:①圆筒段的一端与喷注器相连,另一端与收敛段相连,两端的强度均高于圆

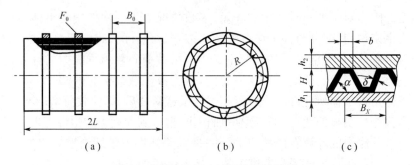

图 11-3 波纹板连接时身部圆筒段

(a) 带加强肋的身部圆筒段;(b) 波纹板连接;(c) 波纹板。

筒段的强度。当圆筒段进入塑性变形时,与之连接的两端尚处在弹性阶段。根据"刚-塑"性假设,可视两端为固支端。②因初始应力不影响极限承载能力,故认为内外壁之间流动着的高压冷却液与总承载能力无关。③燃烧室内壁温度沿轴向及壁厚取平均值,即认为内壁屈服应力为常数。由于内壁较薄,又在高温下工作,材料性能很低,它对承载能力的贡献不大。这样简化不会给计算结果带来很大影响。

运用静力法及简化屈服条件,得到总承载能力为

$$p = \frac{\sigma_1 h_1 + \sigma_2 h_2}{R} \cdot n \qquad (11-1)$$

式中　p——燃烧室圆筒段最大承载压力,kg/cm^2

　　　R——燃烧室圆筒段平均半径,mm;

　　　h_1, h_2——分别为内、外壁厚度,mm;

　　　σ_1, σ_2——内、外壁在平均温度下所对应的材料屈服应力,kg/cm^2;

　　　n——无量纲均布压力极限值。n 由下式确定:

$$n = 1 + a_\theta + \frac{4 - 2\varphi - 2\varphi a_\theta + 4a_X}{2\varphi + C^2(1 + a_X)} \qquad (11-2)$$

式中　a_θ——与周向加强肋有关的无量纲参数(无加强肋时,$a_\theta = 0$);

$$a_\theta = \frac{A_\theta \cdot \sigma_{2\theta}}{B_\theta(\sigma_1 h_1 + \sigma_2 h_2)}$$

　　　a_X——与波纹板起轴向加强肋作用有关的无量纲参数,有

$$a_X = \frac{A_X \cdot \sigma_{2X}}{B_X(\sigma_1 h_1 + \sigma_2 h_2)}$$

　　　φ——为推力和内压引起的轴向力系数,它反映了燃烧室半开筒壳的特点;

$$\varphi = 1 - \frac{F}{\pi \cdot R^2 \cdot p_c^*}$$

　　　C^2——筒壳本身的结构参数,有

$$C^2 = \frac{L^2}{R} \cdot \frac{\sigma_1 h_1 + \sigma_2 h_2}{M_X^s}$$

F——发动机推力,kg;

p_c^*——燃烧室内压力,kg/cm^2;

L——燃烧室圆筒段长度的1/2;

B_X——波纹板的波距;

A_X——在一个波距内,波纹板横截面面积,有

$$A_X = 2\left(\frac{H}{\sin\alpha} + b\right) \cdot \delta$$

H, δ——分别为波纹板的高度和厚度;

σ_{2X}——波纹板材料的屈服应力;

B_θ——圆周方向加强肋的间距;

A_θ——圆周方向一个加强肋的横截面积;

$\sigma_{2\theta}$——圆周方向加强肋材料的屈服应力;

M_X^s——包括波纹板在内的,由内外壁组成的夹层筒壳在单位长度上的屈服弯矩,有

$$M_X^s = \frac{\sigma_2 h_2^2}{4}\Big[1 + 2\frac{\sigma_1}{\sigma_2}\frac{h_1}{h_2}\Big(1 + \frac{h_1}{h_2} - \frac{1}{2}\frac{\sigma_1}{\sigma_2}\frac{h_1}{h_2} + 2\frac{H}{h_2}\Big)$$
$$+ 2\frac{\sigma_{2X}}{\sigma_2}\frac{A_X}{B_X h_2}\Big(1 - \frac{\sigma_1 h_1}{\sigma_2 h_2} - \frac{1}{2}\frac{\sigma_{2X}}{\sigma_2}\frac{A_X}{B_X h_2} + \frac{H}{h_2}\Big)\Big]$$

试验结果与式(11-1)计算值较为符合。图11-4示出了无周向加强肋时,燃烧室承载能力试验曲线与理论计算的比较。

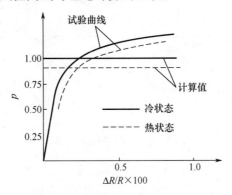

图11-4 用百分数表示的压力和相对变量的关系

11.2.2 维·依·费奥多西耶夫计算方法

1. 计算假设

(1)内、外壁是刚性连接,没有相对变形。

（2）所计算的圆筒段是相当长的，不计支承对计算段变形之影响。

（3）燃气压力 p_g 沿燃烧室长度不变。内外壁温度沿燃烧室长度和壁厚均不变。计算时，其取值温度为额定工况下内壁内外表面的平均值。

（4）认为冷却通道很小，内、外壁半径相等，即 $R' = R'' = R$。

2. 计算公式

推力室身部的总承载能力用燃烧室内压力极限值 p_{gmax} 来衡量，为求得 p_{gmax}，要绘制一个 p_g 随推力室身部在圆周方向的总相对变形量（用 $\varepsilon_{y \cdot n}$ 表示）而变化的曲线：$p_g = f(\varepsilon_{y \cdot n})$。

$$\varepsilon_{y \cdot n} = \Delta R / R \qquad (11-3)$$

式中　R——推力室身部计算截面的半径；

　　　ΔR——在载荷作用下半径 R 的增量。

图 11-5、图 11-6 为计算图和壳体应力图，内、外壁处于二维应力状态，σ_x、σ_y 分别为轴向和切向的正应力。

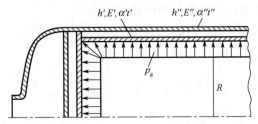

图 11-5　内、外壁相连的燃烧室身部计算简图

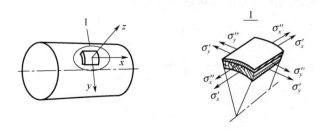

图 11-6　壳体的应力分量图

图中，h 为壁厚，σ 为应力强度，ε 为应变强度，下角"n"、"x,y,z"、"i"、"t"分别表示"总的"、"x,y,z 三个方向的"、"壳体的"、"温度的"。

（1）以应力表示的壳体在横向和纵向的受力平衡方程。在横向（圆周方向），有（图 11-7）

$$\sigma_y' h' + \sigma_y'' h'' = p_g \cdot R \qquad (11-4)$$

如果将传递的推力的支架安置在头部位置，通过支架传递的推力为 F，则在轴向方向有（图 11-8）

298

$$2\pi R(\sigma'_x h' + \sigma''_x h'') = \pi R^2 \cdot p_g - F$$

$$(\sigma'_x h' + \sigma''_x h'') = \frac{\pi R^2 \cdot p_g - F}{2\pi R}$$

与式(11-4)相比：

$$\frac{\sigma'_x h' + \sigma''_x h''}{\sigma'_y h' + \sigma''_y h''} = \frac{\pi R^2 \cdot p_g - F}{2\pi R^2 p_g} = \frac{1}{2} - \frac{F}{2\pi R^2 p_g} = K \qquad (11-5)$$

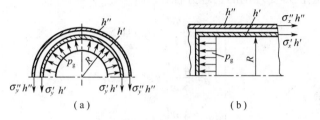

图 11-7 壳体的载荷和内应力

(a) 在横截面上；(b) 在纵截面上。

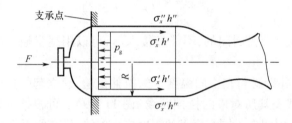

图 11-8 支承点在头部的身部受力情况

（2）总变形和受力变形及温度变形之间的关系。内外壁分别沿 x 和 y 方向的总变形是由力的作用和温度引起的变形两部分组成，即

$$\begin{cases} \varepsilon'_{x \cdot n} = \varepsilon'_x + a't' \\ \varepsilon''_{x \cdot n} = \varepsilon''_x + a''t'' \\ \varepsilon'_{y \cdot n} = \varepsilon'_y + a't' \\ \varepsilon''_{y \cdot n} = \varepsilon''_y + a''t'' \\ \varepsilon'_{x \cdot n} = \varepsilon''_{x \cdot n} = \varepsilon_{x \cdot n} \\ \varepsilon'_{y \cdot n} = \varepsilon''_{y \cdot n} = \varepsilon_{y \cdot n} \end{cases} \qquad (11-6)$$

式中 $\varepsilon'_t = a't'$，$\varepsilon''_t = a''t''$，即：$\varepsilon'_{x \cdot n} = \varepsilon'_x + \varepsilon'_t$；$\varepsilon''_{x \cdot n} = \varepsilon''_x + \varepsilon''_t$；$\varepsilon'_{y \cdot n} = \varepsilon'_y + \varepsilon'_t$；$\varepsilon''_{y \cdot n} = \varepsilon''_y + \varepsilon''_t$。

（3）内、外壁的材料处于塑性状态下工作，并且其变形是轴对称的变形。虽处于塑性状态，但材料的体积不变。

$$\begin{cases} \varepsilon_i = \dfrac{2}{\sqrt{3}}\sqrt{\varepsilon_x^2 + \varepsilon_x\varepsilon_y + \varepsilon_y^2} \\[4mm] \varepsilon_i' = \dfrac{2}{\sqrt{3}}\sqrt{\varepsilon_x' + \varepsilon_x'\varepsilon_y' + \varepsilon_y'} \\[4mm] \varepsilon_i'' = \dfrac{2}{\sqrt{3}}\sqrt{\varepsilon_x''^2 + \varepsilon_x''\varepsilon_y'' + \varepsilon_y''^2} \end{cases} \qquad (11-7)$$

（4）弹塑性形变理论的物理方程：

$$\begin{cases} \sigma_x' = \dfrac{4}{3}\dfrac{\sigma_i'}{\varepsilon_i'}(\varepsilon_x' + 0.5\varepsilon_y') \\[4mm] \sigma_x'' = \dfrac{4}{3}\dfrac{\sigma_i''}{\varepsilon_i'}(\varepsilon_x'' + 0.5\varepsilon_y'') \\[4mm] \sigma_y' = \dfrac{4}{3}\dfrac{\sigma_i'}{\varepsilon_i'}(\varepsilon_y' + 0.5\varepsilon_x') \\[4mm] \sigma_y'' = \dfrac{4}{3}\dfrac{\sigma_i''}{\varepsilon_i''}(\varepsilon_y'' + 0.5\varepsilon_x'') \end{cases} \qquad (11-8)$$

上述方程组并不是封闭的，不能直接求解，可以用逐步逼近法（试凑法）进行计算。

通过对内、外壁材料在不同温度下的拉伸试验，建立起壳体应力 σ_i 与壳体应变 ε_i 的关系式及其所对应的拉伸曲线（图 11-9）。可根据 ε_i 从曲线上求出 σ_i。作出内外壁材料在不同温度下的温度应变曲线，已知所用材料和温度，可查得 ε_i' 和 ε_i''。

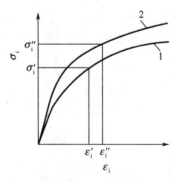

图 11-9 金属材料试样拉伸试验得出的 σ—ε 曲线示意图
1—内壁材料；2—外壁材料。

3. 计算顺序

（1）给出 ΔR 值。根据 p_c 的大小，参照其他发动机推力室身部总承载能力计算的数据给出。

300

$$\varepsilon_{y \cdot n} = \varepsilon'_{y \cdot n} = \varepsilon''_{y \cdot n} = \frac{\Delta R}{R}$$

目的是根据给出的 ΔR，求出相应的压力 $p_c = p_g$。

（2）选择和 $\varepsilon_{y \cdot n}$ 相对应的 $\varepsilon_{x \cdot n}$ 值。第一次近似可选取 $\varepsilon_{x \cdot n} = (0.5 \sim 0.7)\varepsilon_{y \cdot n}$。

（3）根据推力室身部室壁所用材料。由壁的平均温度查曲线得到温度应变值 $\varepsilon'_t, \varepsilon''_t$。

（4）由式(11-6)算出 $\varepsilon'_x, \varepsilon''_x, \varepsilon'_y, \varepsilon''_y$。

（5）算出壳体的应变值 $\varepsilon'_i, \varepsilon''_i$，并根据试验曲线确定应力值 σ'_i, σ''_i。

（6）利用式(11-8)算出 $\sigma'_x, \sigma''_x, \sigma'_y, \sigma''_y$

（7）检查式(11-5)是否相等。若两侧数值相等（即满足原定的精度），即可按(11-4)式求得 p_g，得到曲线 $p_g = f(\varepsilon_{y \cdot n})$ 的第一个点。

$$p_g = \frac{\sigma'_y h' + \sigma''_y h''}{R} \qquad (11-9)$$

重复上述步骤，算得更多点。

如果所取数据 ΔR 不能满足式(11-5)，两侧数值不相等，则回到(2)，改变 $\varepsilon_{x \cdot n}$，然后重新计算，直到满足式(11-5)为止。算出一系列和给定的 $\varepsilon_{y \cdot n}$ 值相对应的 p_g 值，并绘制相应的曲线 $p_g = f(\varepsilon_{y \cdot n})$。

图 11-10 示出一个典型的 $p_g = f(\varepsilon_{y \cdot n})$ 曲线。曲线上的 A、B、C、D 点是曲率最大处，利用这四个点可把曲线划分为四段。对于 Ⅰ、Ⅲ 段，其特点是当压力 p_g 增加时，壳体的变形量 $\varepsilon_{y \cdot n}$ 变化较小；对于 Ⅱ、Ⅳ 段，情况则相反，当压力 p_g 增加时，壳体的变形量变化很大。

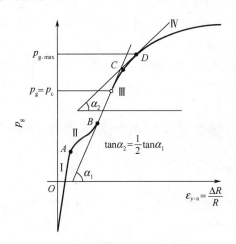

图 11-10　典型的 $p_g = f(\varepsilon_{y \cdot n})$

在 Ⅰ 段中，压力 p_g 值较低，因此壳体的主要载荷是热膨胀不一样引起的温度力。内壁温度较高，此时受压缩；外壁受拉伸，但应力值未超过屈服极限 $\sigma''_{0.2}$。

因此,结构对载荷有较高的抵抗力。由于这种原因,该段的曲线对横坐标的倾角很大。

在Ⅱ段中,压力 p_g 比Ⅰ段高。在压力 p_g 和温度力的共同作用下,承载壳体内的应力开始超过屈服极限。与此同时,内壁由温度引起的压应力仍旧大于由压力 p_g 引起的拉应力,因此内壁并没有加强外壁,而是给外壁增加了作用力。由于这个原因,在Ⅱ段中结构对载荷的抵抗能力下降了,故曲线对横坐标的倾角减小。

在Ⅲ段中,由于压力 p_g 的增加,内壁上由 p_g 引起的拉应力开始超过温度应力,因此内壁开始成为承受由压力 p_g 引起的力的承力构件。结构承受外载荷的能力再度增加。在本段中,内壁的应力没有超过屈服极限 $\sigma'_{0.2}$,这也是使得结构抵抗外载荷能力较大的一个因素。

在Ⅳ段中,由于压力 p_g 的进一步增加,内壁的应力变得超过了屈服极限。而外壁的应力从Ⅱ段开始就已超出了屈服极限 $\sigma''_{0.2}$。因此,结构的承载能力大大下降,即达到了极限承载能力。

计算的最后一步是确定总承载能力的安全系数,它是两个压力的比值,即

$$n = \frac{p_{g \cdot max}}{p_c} \qquad (11-10)$$

式中 $p_{g \cdot max}$——燃气压力极限值;

p_c——工作状态下燃气压力的最大值(最大燃烧室压力)。

确定极限点的最方便的方法,是用曲线 $p_g = f(\varepsilon_{y \cdot n})$ 的切线倾角来确定。如果这个角度小,则变形增加快,应视为这是不允许的。可以这样确定极限点,即曲线在该点(图11-10中的 D 点)处切线倾角的正切 $\tan\alpha_2$ 等于 $(1/2)\tan\alpha_1$,α_1 是在Ⅲ段中最大的切线倾角。

允许用的总承载能力安全系数 $n = 1.2 \sim 1.5$。在不满足强度条件的情况下,必须改变外壁的厚度或者改用其他材料。

11.3 推力室身部的连接强度和局部强度

11.3.1 连接强度

在现代液体火箭发动机中,推力室所采用的肋条铣槽式或波纹板式钎焊连接的筒壳式身部,属于稠密连接。

在稠密连接的壳体内,壳体小段的宽度都远小于其长度,因此进行受力分析时,可以把连接件看成是一个具有单位长度的梁,其两端刚性固定,且压力载荷为均匀分布(图11-11)。

稠密连接壳体的主要特点是,在压力差作用下各连接点之间的壳体所产生

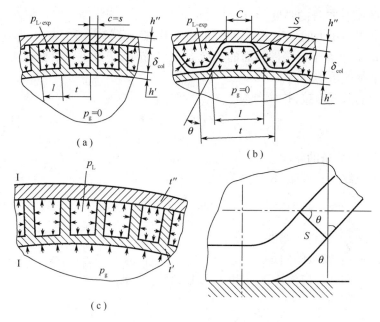

图 11-11　内、外壁相连的壳体计算简图

（a）、（b）液压试验状态下；（c）工作状态下。

的弯曲变形量很小,可忽略不计。在这种情况下,壳体局部强度的破坏可能是由于连接件(波纹板、肋条)与壁在钎焊焊缝处脱开或者是连接件本身拉断,有些情况下是连接件处周围的基本金属被剪断。

1. 钎焊焊缝的连接强度

在工作状态下,连接件在 p_L 和 p_g 的作用下受拉,在钎焊焊缝产生脱开的应力为 σ_{sep},可根据钎焊缝处内、外力的平衡式求出:

$$\sigma_{sep} \cdot c = p_L \cdot l - p_g \cdot t \qquad (11-11)$$

式中　c——钎焊缝宽度;

　　　t——连接点间距。

由上式,得

$$\sigma_{sep} = \frac{p_L \cdot l - p_g \cdot t}{C} \qquad (11-11)'$$

安全系数为

$$n_{sep} = \frac{\sigma_{b.t}}{\sigma_{sep}} \geqslant n$$

式中　$\sigma_{b.t}$——工作温度 t 下,钎焊缝的强度极限(例如,对钎焊料一号合金,当 $t=150℃$ 时,可取 $\sigma_{b.t}=30kg/cm^2$);

　　　n——规定的强度安全系数。

在液压试验状态下,式(11-11)'中,$p_g=0$,$p_L=p_{L\,exp}$,t 为室内温度。

303

2. 连接件本身的强度

在夹层内压力的作用下,连接件的应力状态可分解为两个应力,即连接件的拉应力 σ_p 和垂直于连接件侧面的压应力 σ_{pr}。拉压应力还可根据连接件上内、外力的平衡式求得,即:

对于肋条式连接,拉应力为

$$\sigma_p = \frac{p_L \cdot l - p_g \cdot t}{S} \tag{11-12}$$

式中　S——肋条的厚度。

对于波纹板式连接,拉应力为

$$\sigma_p = \frac{p_L \cdot l - p_g \cdot t}{2S\cos\theta} \tag{11-13}$$

式中　S——波纹板的厚度;

　　　θ——波纹板的倾角。

压应力和夹层内液体压力相等,符号相反,即 $\sigma_{pr} = -p_L$。

安全系数为

$$n_j = \frac{\sigma_{b \cdot t}}{\sigma_i} \geqslant n$$

式中　$\sigma_{b \cdot t}$——工作温度下连接件材料的强度极限;

　　　σ_i——连接件的应力强度,有

$$\sigma_i = \sqrt{\sigma_p^2 + \sigma_{pr}^2 - \sigma_p \sigma_{pr}} \tag{11-14}$$

　　　n——规定的强度安全系数。

计算液压试验状态下的连接件强度时,式(11-12)~式(11-14)中的 $p_g = 0$,$p_L = p_{L\,exp}$;t 为室内温度。

11.3.2　局部强度

对于在压差作用下的冷却通道壳体的非固支端,其长度 l 和内壁厚度的比值(l/h')具有重要意义。如果 l/h' 比较小($l/h' < 0.4$),内壁的局部强度可按壳体和连接件结合处的剪应力计算。截面 I—I(图11-11(c))上作用的剪力 Q_{SC} 值为

$$Q_{SC} = \frac{1}{2}(p_L - p_g)l$$

相应的剪应力为

$$\tau_{SC} = \frac{Q_{SC}}{h'} = \frac{1}{2}(p_L - p_g)\frac{l}{h'} \tag{11-15}$$

此时,壳体内的局部强度的安全系数为

$$n_{SC} = \frac{K_\tau \cdot \sigma'_{b \cdot t}}{\tau_{SC}}$$

式中 K_τ——考虑在剪力工作状态下的减弱系数,可取 $K_\tau = 0.8$;

$\sigma'_{b\cdot t}$——在工作状态温度影响下的内壁材料的强度极限。

在液压试验状态下,$p_g = 0$,内壁处于冷状态,$p_L = P_{L\cdot exp}$。

11.3.3 管束式推力室身部结构的局部强度

管束式结构的推力室身部是由近于矩形截面并在其管壁两侧相互钎焊在一起的数根特型变截面细管组成。这些管子的壁厚同铣槽式或波纹管式推力室身部的冷却通道壳体的壁厚相比要薄得多。这种结构的局部强度计算可归结为非固支管束的强度计算。

管壁受到压差 $\Delta p = p_L - p_g$ 的作用(图 11 – 12),并在材料处于高塑性状态下产生弯曲变形,其形状变为接近于圆筒形。和相互连接的壳体结构一样,其计算简单取为具有单位长度的梁,两端刚性固定,载荷 Δp 均匀分布(图 11 – 13)。这个梁在负载时的弯曲承载能力为

$$\Delta p_{cur} = 4\sigma_{0.2}(h/l)^2 \qquad (11-16)$$

弯曲承载能力的安全系数为

$$n_{cur} = \Delta p_{cur}/\Delta p$$

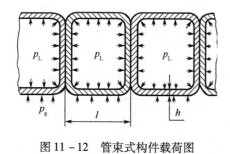

图 11 – 12 管束式构件载荷图   图 11 – 13 管束式构件计算简图

11.4 离心式喷注器的强度

11.4.1 计算假设

(1)从受力和应力分析角度,可把由两层底(中底、内底)和多个喷嘴通过钎焊连接在一起的喷注器盘整体,看作是一个有一定厚度的圆柱形平板,在这个平板上只作用着组元腔的压力 p_{LI} 和燃气的压力 p_g ($p_g = p_{c\cdot o} = p_c^*$),是均匀分布的压力差 $\Delta p = p_{LI} - p_g$ 使整个喷注器盘产生弯曲形变。这里将另一组元腔 II 的压力 p_{LII} 忽略不计,因为它只能引起内底和中底的局部弯曲变形,即相邻喷嘴之间小块底部的变形。在现代燃烧室头部结构中,相邻喷嘴之间小块底部尺寸和底部的厚度尺寸为同一数量级,因此这些小块底部弯曲刚度很大,(图 11 – 14)。

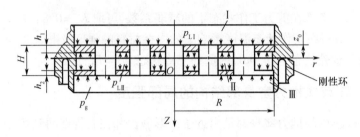

图 11 – 14　喷注器盘计算简图

（2）认为双层底和很多在底上均匀分布的喷嘴的连接是刚性连接,没有相对变形,喷嘴本身也是绝对刚性的。

（3）若喷注器盘为两底和刚性环焊在一起的结构,则盘沿周边全部固定,认为盘的边缘支承是"固支";若喷注器盘沿周边和较薄的身部壳体相连接,则认为盘的边缘支承是铰接。

（4）中底温度 t_1 和内底温度 t_2 按其厚度确定,可以认为它们沿半径方向和周围方向是不变的。因为内底是在高温下工作,也可以考虑温度沿半径方向的变化,靠近圆板边缘温度较低,圆板中心温度较高。

11.4.2　薄板理论计算方法

在用薄板工程学理论对喷注器盘两底的应力 – 变形状态进行分析时,首先假设两底都处于弹性范围,这个假说无异适用于液压试验状态。但在起动和稳定工作状态,两底内的应力很可能会超过弹性极限(首先是内底会出现塑性变形),认为即使在此情况下,"弹性解"也是可以用的,因为一般情况下,允许用一种"弹性可变参数方法"近似的对盘的弹塑性应变状态求解。

根据薄板工程学理论,认为两个底板内的应变具有径向应力 σ_r 和垂直于底板半径方向的圆周应力 σ_θ 二维状态。每一个应力都可视为由均布压力 Δp 引起的弯曲应力 σ_r^u、σ_θ^u 和由温度引起的温度应力 σ_r^t、σ_θ^t 之和,即

$$\sigma_r = \sigma_r^u + \sigma_r^t ; \sigma_\theta = \sigma_\theta^u + \sigma_\theta^t$$

喷注器盘的强度条件为

$$n_1 = \sigma_{b1}/\sigma_{i1} \geqslant n$$
$$n_2 = \sigma_{b2}/\sigma_{i2} \geqslant n$$

式中　σ_{b1},σ_{b2}——中底和内底材料的强度极限;

　　　σ_{i1},σ_{i2}——中底和内底的应力强度。

应力强度 σ_i 按下式计算:

$$\sigma_i = \sqrt{\sigma_r^2 + \sigma_\theta^2 - \sigma_r \sigma_\theta}$$

在计算中,弹性变形范围内的载荷应力和温度应力可根据应力叠加原理分别求出。

306

下面用薄板理论的方程,描述盘在压力差 Δp 作用下产生弯曲时,平板的应力 - 变形状态。

1. 平板弯曲的微分方程

$$\frac{\mathrm{d}}{\mathrm{d}r}\left[\frac{1}{r}\frac{\mathrm{d}}{\mathrm{d}r}\left(r\frac{\mathrm{d}w}{\mathrm{d}r}\right)\right]=\frac{\Delta p \cdot r}{2D} \tag{11-17}$$

式中　w——平板弯曲量;

　　　D——平板的圆柱刚性,有

$$D=\frac{1}{1-\mu^2}\int_{-z_0}^{H-z_0}Ez^2\mathrm{d}z$$

2. 几何方程

$$\varepsilon_\theta=-\frac{z}{r}\frac{\partial w}{\partial r}$$

$$\varepsilon_r=-z\frac{\partial^2 w}{\partial r^2} \tag{11-18}$$

式中　ε_θ——周向相对变形量;

　　　$z=H-z_0$;

　　　ε_r——径向相对变形量。

3. 物理方程

$$\sigma_\theta^u=\frac{E}{1-\mu^2}(\varepsilon_\theta+\mu\varepsilon_r) \tag{11-19}$$

$$\sigma_r^u=\frac{E}{1-\mu^2}(\varepsilon_r+\mu\varepsilon_\theta) \tag{11-20}$$

式中　E——弹性模量;

　　　μ——泊松比。

我们把喷注器盘假设成柱形平板,但它究竟和均质的平板是不一样的,两底的材料性能和厚度均不相同,而且两底上都打有很多喷嘴孔。喷嘴孔可使底板受到削弱,因而降低了底板及盘的刚性。为了考虑底板因有孔引起的削弱,引入了一个所谓的打孔系数。最简单的方法是引入一个换算的底板材料弹性模量的概念。

即

$$\overline{E}_1=E_1\xi_1;\overline{E}_2=E_2\xi_2$$

式中　ξ_1,ξ_2——中底和内底的打孔系数,有

$$\xi_1=1-\frac{A_{01}}{A_1};\xi_2=1-\frac{A_{02}}{A_2}$$

A_{01},A_{02}——中底和内底上孔的总面积;

A_1,A_2——中底和内底的面积。

从中底外表面开始算起的基本表面的坐标 z_0(图 11 -14)可根据下列条件

确定:

$$\int_{-z_0}^{H-z_0} Ez\mathrm{d}z = 0$$

$$或 \int_{-z_0}^{-z_0+h_1} \overline{E}_1 z\mathrm{d}z + \int_{H-z_0-h_2}^{H-z_0} \overline{E}_2 z\mathrm{d}z = 0$$

积分后解出 z_0,得

$$z_0 = \frac{\overline{E}h_1^2 + \overline{E}_2 h_2^2(2H - h_2)}{2(\overline{E}_1 h_1 + \overline{E}_2 h_2)} \qquad (11-21)$$

知道 z_0 和换算的弹性模量之后,即可确定圆柱刚性为

$$D = \frac{1}{1-\mu^2}\left(\int_{-z_0}^{-z_0+h_1} \overline{E}_1 z^2 \mathrm{d}z + \int_{H-z_0-h_2}^{H-z_0} \overline{E}_2 z^2 \mathrm{d}z\right)$$

积分和代入积分极限值之后,得

$$D = \frac{1}{3(1-\mu^2)}\{\overline{E}_1[z_0^3 - (z_0 - h_1)^3]$$
$$+ \overline{E}_2[(H-z_0)^3 - (H-z_0-h_2)^3]\} \qquad (11-22)$$

式(11-17)~式(11-20)和式(11-21)、式(11-22)对于求解喷注器底盘的应力-变形状态和弯曲量已足够了。

式(11-17)的通解为

$$w = \frac{\Delta pr^4}{64D} + C_1\frac{r^2}{4} + C_2\ln r + C_3 \qquad (11-23)$$

式中 C_1、C_2、C_3——根据边界条件确定的积分常数。

(1)对于周边固定的喷注器底盘,边界条件为

① $r = 0$ 时,$\frac{\partial w}{\partial r} = 0$;

② $r = R$ 时,$\frac{\partial w}{\partial r} = 0$,$w = 0$。

图 11-15 给出了弯曲量 w 沿轴线 r 变化的特性曲线。将边界条件代入式(11-23),可获得三个代数方程,即

$$C_1 = -\frac{\Delta pR^2}{8D}; C_2 = 0; C_3 = -\frac{\Delta pR^4}{64D}$$

因此,可获得周边固定的喷注器底盘的弯曲变形公式如下:

$$w = \frac{\Delta p}{64D}(R^2 - r^2)^2 \qquad (11-24)$$

利用式(11-18)~式(11-20),可获得计算喷注器底盘内的周向和径向应力的公式(对于中底有 $\overline{E} = \overline{E}_1$;对于内底有 $-\overline{E} = \overline{E}_2$):

$$\sigma_\theta^u = \frac{\overline{E}}{1-\mu^2}\frac{\Delta pz}{16D}[(R^2 - r^2) + \mu(R^2 - 3r^2)] \qquad (11-25)$$

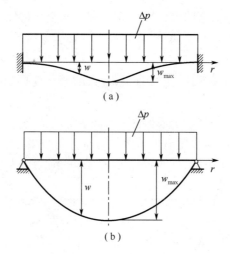

图 11 - 15 喷注器底盘的弯曲变形

(a) 周边固定的;(b) 周边铰接的。

$$\sigma_r^u = \frac{\overline{E}}{1-\mu^2} \frac{\Delta pz}{16D} [(R^2 - 3r^2) + \mu (R^2 - r^2)] \qquad (11-26)$$

在图 11 - 16 上给出了内底和中底内的无量纲应力的分布图(图中 $\sigma_{r=0}$ 为中心点(即 $r=0$ 处)的径向或周向的应力)。

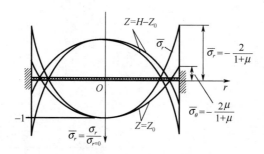

图 11 - 16 周边固定的喷注器底盘沿半径方向的应力分布

底板中的最大径向应力(按其绝对值)在周边处($r=R$),最大的周向应力则在中心处($r=0$)。

对喷注器底盘弯曲量及其应力分布图起主要影响的是其周边的固定方式。上述的分析是假定了喷注器底盘周边是固定的,这和在周边有刚性承力环的实际情况比较接近。

(2)喷注器底盘周边铰接时其边界条件为

$r=0$ 时,$\dfrac{\partial w}{\partial r}=0$;

$r=R$ 时,$w=0$,$M_r=0$,M_r 为作用在周边上的弯曲力矩。

图 11 – 15(b)示出弯曲量(挠度)沿半径 r 的变化特性。在铰接条件下,有

$$w = \frac{\Delta p}{64D}(R^2 - r^2)\left(\frac{5+\mu}{1+\mu}R^2 - r^2\right) \tag{11-27}$$

和周边固定的情况相比,不难看出,最大的弯曲变形量(在 $\mu = 0.3$ 时)大约要增加 3 倍。

图 11 – 17 给出了铰接情况下喷注器底盘的应力分布。最大的应力在中心处,其值大大超过了周边固定时的最大应力值。可以看出,铰接固定和周边全部固定相比,其刚性有所下降,同时喷注器底盘内的应力分布也不太理想。

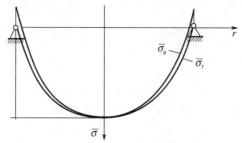

图 11 – 17　周边铰接时喷注器底盘沿半径方向的应力分布

铰接时中底和内底中的温度应力公式为

$$\sigma_{ri}^t = \sigma_{\theta i}^t = (3 - 2i)A\frac{1}{h_i} - \frac{E_i}{1-\mu}zB \tag{11-28}$$

式中　i——底的标号($i = 1$ 为中底,$i = 2$ 为内底);

　　A、B——包括喷注器底盘几何参数和材料性能的综合参数:

$$A = \frac{a_1 t_1 - a_2 t_2}{1-\mu}\frac{E_1 h_1 E_2 h_2}{E_1 h_1 + E_2 h_2};$$

$$B = \frac{E_2 h_2 a_2 t_2\left(H - z_0 - \frac{1}{2}h_2\right)}{E_1 h_1\left(z_0^2 - z_0 h_1 + \frac{1}{3}h_1^2\right)} \times \frac{-E_1 h_1 a_1 t_1\left(z_0 - \frac{1}{2}h_1\right)}{E_2 h_2\left[(H - z_0)^2 - (H - z_0)h_2 + \frac{1}{3}h_2\right]}$$

　　a_1、a_2——平均温度下中底和内底材料的线膨胀系数;

　　t_1、t_2——中底、内底的平均温度。

11.4.3　极限分析计算方法

1. 温度的影响

假设温度沿内底流动半径 r 的非线性变化规律为

$$t(r) = t_{中} - (t_{中} - t_{边}) \cdot \rho^n \tag{11-29}$$

式中　$t_{中}$——内底中心处温度;

　　$t_{边}$——内底边缘处温度;

$$\rho = \frac{r}{R}$$ ——径向流动半径 r 与内底半径 R 之比；

n——大于 1.0 的一个常数；

r——径向流动半径。

认为热应力不影响最后的极限承载能力结论，温度只影响材料的屈服应力值 σ_s。如果圆板中心与边缘的温差不是很大，材料的屈服极限值的差异可近似写成线性关系，即

$$\sigma_s(t) = \sigma_s(1 - a \cdot t)$$

式中　σ_s——常温下材料的屈服极限值；

a——随材料不同而变化的一个常数。

上式又可写成

$$\sigma_s(r) = \sigma_s(C + D \cdot \rho^n) \qquad (11-31)$$

式中　$C = 1 - at_{中}$；$D = a(t_{中} - t_{边})$。

2. 喷嘴孔的影响

为估计喷嘴孔对底板承载能力的影响，引入一个系数 ξ，则有

$$\xi = 1 - \frac{A_0}{A} \qquad (11-32)$$

式中　A_0——底板上所有喷嘴孔面积之和，A_{01} 为中底的喷嘴孔面积和，A_{02} 为内底的喷嘴孔面积和；

A——底板的总面积。

若中底和内底上的喷嘴孔数或孔径不一样，则有

$$\xi_1 = 1 - \frac{A_{01}}{A_1}；\xi_2 = 1 - \frac{A_{02}}{A_2}$$

根据屈服状态下应力沿底板的分布状态，可有

$$\sigma_2 = \sigma_{s_2}(C + D\rho^n)\xi_2$$

$$\sigma_1 = \sigma_{s_1} \cdot \xi_1$$

3. 承受均布压力的承载能力公式

所承受的均布压力为 $\Delta p = p_{L1} - p_g$，设 $p = \Delta p$。

（1）喷注器盘周边为固定的（边缘支承为固支）：

$$p = \frac{6M_2}{R^2 \rho_b^2}\left[1 + 2a\beta\gamma\left(C + \frac{D\rho_b^n}{n+1}\right) - a^2\beta^2\left(C + \frac{2CD\rho_b^n}{n+1} + \frac{D^2\rho_b^{2n}}{2n+1}\right)\right] \qquad (11-33)$$

式中　$M_2 = \dfrac{\sigma_2 h_2^2}{4}$；

$a = \dfrac{h_1}{h_2}$；

$\beta = \dfrac{\sigma_1}{\sigma_2} \cdot \dfrac{\xi_1}{\xi_2}$；

$$\gamma = 1 + a + \frac{aH}{h_2}。$$

ρ_b 由下式确定:

$$A\rho_b^{2(n+1)} + B\rho_b^{2n} + G\rho_b^{n+2} - F\rho_b^n + E\rho_b^2\ln\rho_b + K\rho_b^2 - L = 0$$

式中 $\quad A = -\dfrac{a^2\beta^2 D^2(1-n)}{2(2n+1)}$;

$$B = \frac{3a^2\beta^2 D^2}{2(2n+1)};$$

$$G = \frac{a\beta D(\gamma - a\beta C)\cdot(n-2)}{n(n+1)};$$

$$F = \frac{3\alpha\beta D(\gamma - \alpha\beta C)\cdot(n-2)}{n+1};$$

$$E = a\beta C(a\beta C - 2\gamma) - 1;$$

$$K = \frac{a\beta D}{n}\left[2(\gamma - d\beta C) - \frac{1}{2}a\beta D\right] + \frac{5}{2} + a\beta\left[\gamma(5C+2D) - a\beta\left(\frac{5}{2}C^2 + 2DC + D^2\right)\right];$$

$$L = \frac{3}{2}\left[1 + a\beta C(2\gamma - a\beta C)\right]。$$

(2) 喷注器盘周边为铰接(边缘支承为简支):

$$p = \frac{6M_2}{R^2}\left[1 + 2a\cdot\beta\cdot r\cdot\left(C + \frac{D}{n+1}\right) - a^2\cdot\beta^2\left(C^2 + \frac{2CD}{n+1} + \frac{D^2}{2n+1}\right)\right]$$

$$(11-34)$$

11.5　头部外底强度

推力室头部的外底一般受到内腔液体压力的作用。在补燃发动机情况下,外底的形状为燃气导管形状,管中受到燃气压力的作用,和推力室身部类似。一般情况下,可以把它看成是一个受内压的容器盖。

在设计外底时,必须确保它在有限的尺寸和质量的条件下有大的刚性和高的强度。外底作为一个壳体,其强度计算时可以这样考虑,即在远离外底和承力环相接的地方,外底处于无力矩的应力状态。在现代推力室和燃气发生器设计中,所采用的外底形状是有效的,多数是椭圆形的、半球形的和球顶形的(图11-18)。对于同时承受内压和集中载荷的外底,一般采用壁厚较厚的锥形顶盖,对于前三种外底的强度计算一般采用半经验公式,这些公式都是根据生产和使用经验得出的,在底厚 h 和其特征尺寸 R 的比值 $h/R \leqslant 0.2$ 的条件下,这些公式能给出工

312

程计算可以接受的精度。对于锥形顶盖，一般使用在强度试验基础上推导出的计算公式。计算结果可以用壁厚表示，也可以用液体压力来表示。

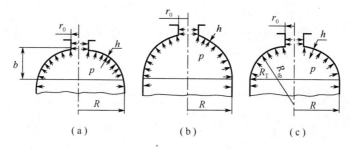

图 11-18 外底的计算简图

(a) 椭圆形图；(b) 半球形的；(c) 球顶形的。

1. 椭圆形外底

如图 11-18(a) 所示，当比值满足 $b/R \geqslant 0.4$ 时，壁厚 h 可按下式计算：

$$h = \frac{2pR}{4\dfrac{\sigma_b}{n}K_{h01} - p} \cdot \frac{R}{b} \qquad (11-35)$$

式中　n——强度安全系数；

　　　σ_b——外底材料的强度极限；

　　　K_{h01}——考虑外底中间的孔削弱外底强度的系数，有

$$K_{h01} = 1 - \frac{r_0}{R}$$

2. 半球形外底

如图 11-18(b 所示，外底壁厚为

$$h = \frac{pR}{2\dfrac{\sigma_b}{n}K_{h01} - 0.2p} \qquad (11-36)$$

3. 球顶形外底

如图 11-18(c) 所示，外底壁厚为

$$h = \frac{pR}{2\dfrac{\sigma_b}{n}K_{h01} - 0.2p} \cdot K_T \qquad (11-37)$$

式中　K_T——考虑壳体在连接处强度减弱的系数，有

$$K_T = \frac{1}{4}\left(3 + \sqrt{\frac{R_{sp}}{R_T}}\right)$$

式(11-36)和式(11-37)中的 n 及 K_{h01} 的含义与式(11-35)相同。

4. 承受均布内压及集中载荷的截锥顶盖

通常所使用的截锥顶盖有等厚截锥壳和带径向加强肋旳等厚截锥壳两种。外部作用着集中载荷 p，内腔作用着均匀载荷 q。

图 11-19 为等厚截锥壳的力学模型图及其极限失稳状态示意图。等厚截锥壳的极限载荷能力由下式确定：

$$p = \pi \cdot \sigma_s \cdot h \left[(x + r_0) \cdot \cos\alpha + \frac{h}{4}\sin^2\alpha \right] + \frac{\pi}{2}\sigma_s \cdot h^2 \frac{x + r_0}{x - r_0}\sin^2\alpha$$

$$+ \frac{1}{3}\pi q \cdot \left[x^2 + r_0(x + r_0) \right] \qquad (11-38)$$

$$\frac{q}{\sigma_s \cdot h}x^3 + \frac{3}{2}\left(\cos\alpha - \frac{qr_0}{\sigma_s \cdot h} \right)x^2 - (3r_0\cos\alpha)x$$

$$+ \frac{r_0}{2}\left[3(r_0\cos\alpha - h\sin^2\alpha) + \frac{qr_0^2}{\sigma_s \cdot h} \right] = 0 \qquad (11-39)$$

若均布载荷 q 为已知，则可通过式(11-39)求得 x 值。

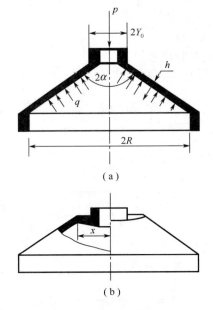

图 11-19　等厚截锥壳计算示意图
(a) 等厚截锥壳；(b) 等厚截锥壳极限状态。

x 值确定了极限状态下塑性区的位置，用壳面距旋转轴的距离表示。由试验得知，轴向集中载荷引起截锥壳的破坏只发生在小端的局部区域里。若能使塑性区向远离小端的部位扩展，承受能力就可以提高。

带径向加强肋的等厚截锥壳的力学模型见图 11-20。加强肋的数目为 n，

314

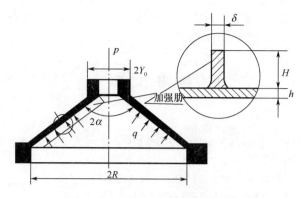

图 11 - 20 带加强肋的截锥壳计算图

沿锥壳内侧均匀分布。肋的材料与截锥壳相同,屈服应力为 σ_s。集中载荷的极限值 p_{max} 可由下式求得:

$$p_{max} = \pi\sigma_s h\left[(x+r_0)\cos\alpha + \frac{h}{4}\sin^2\alpha\right] + \left[\frac{\pi h^2}{2}(x+r_0) + n \cdot \delta \cdot H(H+h)\right.$$

$$\left. - \frac{n^2 \cdot \delta^2 \cdot H^2}{8\pi}\left(\frac{1}{x}+\frac{1}{r_0}\right)\right]\frac{\sin^2\alpha\sigma_s}{x-r_0} + n \cdot H\sigma_s \cdot \cos\alpha$$

$$+ \frac{1}{3}q\pi\left[x^2 + r_0(x+r_0)\right] \tag{11-40}$$

式中 x 值由下式确定:

$$\frac{Qx^3}{r_0} + \frac{3}{2}(\cos\alpha - Q)x^2 - (3r_0\cos\alpha)x + \frac{3}{2}\left[r_0^2\cos\alpha + \frac{Qr_0^2}{3}\right.$$

$$\left. - hr_0\sin^2\alpha - \frac{n\delta H(H+h)}{\pi h}\sin^2\alpha\right] = 0 \tag{11-41}$$

式中 $Q = \dfrac{q \cdot r_0}{\sigma_s \cdot h}$。

若塑性区发生在整个壳面之内,则按式(11-41)求出的 x 值将可能大于 R,此时取 $x = R$。

将所得的极限载荷值 p_{max}(kg)与集中载荷值 p 相比,便可得到结构的安全系数,即

$$n = \frac{p_{max}}{p} \tag{11-42}$$

参 考 文 献

[1] 王治军. 关于可贮存推进剂大推力液体火箭发动机的研制(王治军教授科技论文选集). 航天科技 集团公司第六研究院第十一研究所,2005.

[2] 王治军,郭克芳. 液体火箭发动机. 炮兵工程学院,1987.

[3] 103教研室. 液体火箭发动机推力室设计基础. 长沙工学院,1979.

[4] 阿列玛索夫. 火箭发动机原理. 张中钦,庄逢辰,等,译. 北京:宇航出版社,1993.

[5] 加洪. 液体火箭发动机结构设计. 任汉芬,译. 北京:宇航出版社,1993.

[6] 张贵田. 高压补燃液氧煤油发动机. 北京:国防工业出版社,2005.

[7] 休泽尔. 液体火箭发动机现代工程设计. 朱宁昌,等,译. 北京:宇航出版社,1994.

[8] 孙纪国. 氢氧同轴式喷嘴燃烧性能试验研究. 火箭推进,2005(3).

[9] 葛明龙,郑孟伟. 声腔深度和相对开口面积的确定. 火箭推进,2004(4).

[10] 黄崇锡. 最大推力喷管原理. 国防科技大学学报,1979.

[11] 王之任. 离心式喷嘴工况理论分析. 推进技术,1996.

[12] 葛明龙. 离心式喷嘴理论的改进. 宇航学报,1981(2).

[13] 吴宏恩. 直流式喷嘴流量系数的试验研究. 航天部十一所,1975.

[14] 周家利. 可贮存推进剂组元的传热试验研究. 航天部十一所,1978.

[15] 郝兆星. 大推力发动机推力室组件的强度试验与计算. 航天部十一所,1979.

[16] Паневин И Г. о распределении жидкости в факле форсуки со сталкивающимися струями.

[17] И. Г. Паневин о распыливании жидкости форсукой со сталкивающимися струями. *сборник тепловых двигатей* ,москва,1960.

内 容 简 介

液体火箭发动机推力室是火箭动力装置系统中唯一主要产生推力的组件。种类繁多的火箭发动机系统中的其他组件,都是围绕着能使推力室产生推力这一目的而设置的。从某种意义上讲,推力室的研制水平代表了液体火箭发动机的研制水平。本书将一般原理、组件设计原理和设计方法三者结合起来,全面系统、简要清晰地介绍了推力室的工程设计知识。全书包括三部分内容:一是一般原理和工作过程(第 1、2、3、6、7 章);二是组件设计原理及设计方法(第 4、5、8、10 章);三是组件结构的检验性校核计算(第 9、11 章)。

本书的特点:一是注重理论与实践的结合,既介绍了基本原理、概念,也介绍了具体的设计方法;二是由浅入深,易读易懂,能够使读者循序渐进地掌握液体火箭发动机推力室的设计知识。

本书可作为相关专业大学高年级本科生和研究生的教材,同时也可作为本专业工程技术人员的参考书或培训教材。

The thrust chamber of liquid propellant rocket engine, as one of the components in power plant, produces the major thrust force. The other components, in large numbers, all serve for this purpose. To some degree, the development level of the thrust chamber represents that of an engine. This book introduces engineering design of the thrust chamber in a systematical and distinct way. To be specific, it consists of three parts: general principles and the whole cycle of operation(chapter one, two, three, six and seven), component design principles and design approaches (chapter four, five, eight and ten) and check calculations of component structures (chapter nine and eleven).

The characteristics of this book includes: it emphasizes the combination of theory and practice in terms of both principles and approaches; it introduces the design knowledge of the thrust chamber of liquid propellant rocket engine from shallower to deeper and enables readers to learn step by step.

This book can be used as teaching material for college senior undergraduate or graduate students, as well as reference and training textbooks for engineers and technicians.